MORT,
voici ta défaite

DU MÊME AUTEUR

Ouvrages de Physique

Éléments d'une théorie unitaire d'Univers, Paris, Éditions La Grange-Batelière et Genève, Éditions Kister, 1962.
Quinze leçons sur la Relativité générale, Paris, Éditions La Grange-Batelière et Genève, Éditions Kister, 1963.
La Crise actuelle de la Physique, Paris, Éditions La Grande-Batelière et Genève, Éditions Kister, 1966.
Cours de théorie relativiste unitaire, Paris, Albin Michel, 1969.
Théorie unitaire : analyse numérique des équations, Paris, Albin Michel, 1974.
Théorie de la Relativité complexe, Paris, Albin Michel, 1974.
L'Esprit et la Relativité complexe, Paris, Albin Michel, 1983.
Complex Relativity and the Unification of All Four Physical Interactions, New York, Paragon House Édition, 1987 (en anglais).
La Relativité complexe et l'unification de l'ensemble des quatre interactions physiques, Paris, Albin Michel, 1987 (texte légèrement différent du texte anglais de l'ouvrage précédent).

Ouvrages de philosophie scientifique

La Connaissance de l'Univers, Paris, Le Seuil, 1961, prix Nautilus, 1962 (traduit en espagnol).
Du Temps, de l'Espace et des Hommes, Paris, Le Seuil, 1962 (traduit en espagnol).
L'Homme à la recherche de lui-même, Paris, Le Seuil, 1963 (traduit en anglais et américain).
De la Physique à l'Homme, Paris, Gonthier, 1965 (traduit en espagnol).
La Matière et la Vie, Paris, Plon, 1966 (traduit en espagnol).
L'Être et le Verbe, Paris, Planète, 1965, réédité par Éditions du Rocher, 1983.
Pourquoi la Lune? Paris, Éditions Planète-Denoël, 1968 (traduit en espagnol).
Les Grandes Énigmes de l'Astronomie, Paris, Éditions Planète-Denoël, 1967 (traduit en espagnol).
La Conception de l'Univers depuis 25 siècles, Paris, Hachette, 1970, réédité par les Éditions Stock, 1981, sous le titre *25 siècles de Cosmologie* (traduit en anglais, allemand, italien, néerlandais, espagnol, suédois et japonais).
L'Âge de l'ordinateur, Paris, Hachette, 1971 (traduit en espagnol).
Treize questions pour l'Homme moderne, Paris, Albin Michel, 1972 (traduit en portugais).
L'Homme et l'Univers, Paris, Albin Michel, 1974.
L'Esprit, cet inconnu, Paris, Albin Michel, 1977 (traduit en anglais, allemand, italien, grec, portugais).
Mort, voici ta défaite, Paris, Albin Michel, 1979 (traduit en allemand).
Le Monde éternel des Éons, en collaboration avec Christian de Bartillat, Paris, Stock, 1980. Réédité aux Éditions du Rocher, Paris, 1987.
J'ai vécu quinze milliards d'années, Paris, Albin Michel, 1983 (traduit en italien et néerlandais).
L'Esprit et la Science, Paris, Albin Michel, 1984, ouvrage collectif (symposium de Fès, Maroc).
Imaginaire et Réalité, Paris, Albin Michel, 1985, ouvrage collectif (International Committee à Washington D.C., USA).
Imaginary and Reality (Imaginaire et Réalité), New York, Paragon House, 1987, ouvrage collectif (International Committee in Washington D.C., USA), en anglais.
Les Lumières de l'Invisible, Paris, Albin Michel, 1985 (traduit en polonais et allemand).
Le Tout, l'Esprit et la Matière, Paris, Albin Michel, 1987.
Sur la barque du temps, Paris, Albin Michel, 1989.

Ouvrages d'enseignement sur l'informatique

Cours d'initiation à l'ordinateur et à la programmation, tomes 1 et 2, édité par CERCLE, Boîte postale 310, 91400 Villebon-sur-Yvette, France.
Cours de COBOL, tomes 1, 2 et 3, édité par CERCLE, Boîte postale 310, 91400, Villebon-sur-Yvette, France.

Roman, Science et Fiction

La Femme de la Genèse, Paris, Éditions du Rocher, 1983.

JEAN E. CHARON

MORT,
voici ta défaite...

AM

Albin Michel

© Éditions Albin Michel, 1979.
22, rue Huyghens, 75014 Paris.

ISBN 2-226-00852-7

Le Seigneur Dieu dit : « Voilà l'Homme devenu l'un de nous pour la connaissance du bien et du mal. Attention, maintenant, qu'il n'étende la main et ne prenne aussi des fruits de l'Arbre de Vie et qu'après en avoir mangé il ne vive éternellement. »

ANCIEN TESTAMENT, *Genèse.*

Sache que ne peut être anéanti ce qui pénètre le corps tout entier. Nul ne peut détruire l'âme impérissable.

BHAGAVAD-GITA, chapitre 2, verset 17.

Table

La mémoire et le raisonnement comme l'espace-temps d'un trou noir. — Mort d'un trou noir. — Le trou noir n'est qu'un Esprit confus et éphémère. — Un micro-trou noir à l'Esprit clair et éternel : l'électron.

Les grands nombres et le « chiffrage paradoxal » des néo-gnostiques. — Nos éons et nous parlons le même langage. — Mes éons ne tirent pas les ficelles de mon Esprit : *je suis* mes éons. — Archétypes et symboles comme éléments de base de notre représentation du monde. — La Physique contemporaine ne peut plus se permettre de laisser « l'Esprit à la porte ». — Un humanisme s'inspirant de l'Esprit dans la Matière. — Le Bien, le Mal et la direction de l'évolution.

8   DE L'ACTE   181

Les éons refusent le « non-agir ». — Les éons cherchent continuellement le « bon chemin » de l'évolution. — Les Actes humains et les Actes éoniques. — De l'humain vers l'humanité. — Les structures universitaires. — Les structures socio-politiques. — Les structures économiques. — Une colère grandissante des jeunes.

9   DE LA RÉFLEXION   203

Le mécanisme de la Réflexion. — Élaboration d'un langage. — La Réflexion prépare l'Acte ou la parole. — Les langages non humains. — La Méditation et son rôle évolutif. — Les troubles de la Réflexion. — Réflexion et médecine actuelle.

10   DE LA CONNAISSANCE   218

Connaissance et re-connaissance. — Les signes du monde extérieur et le signifié fourni par l'Esprit. — Notre Esprit donne « existence » au monde extérieur. — Pourquoi nous mettons-nous d'accord à plusieurs sur notre représentation du monde extérieur? — L'éducation « stérilise » notre imagination. — Pourquoi l'Homme n'a-t-il pas, comme les animaux, une connaissance « innée »? — L'Amour est une connaissance télépathique. — La Connaissance progresse par généralisation, et non par synthèse.

11   DE L'AMOUR   232

L'Amour est communication directe des consciences. — L'Amour est découverte réciproque de significations complémentaires pour bâtir notre représentation du monde. — Les gestes de l'Amour. — L'Amour révélateur d'infini. — Les « semblants » de l'Amour. — L'Amour ne comporte pas d'interdits sociaux. — L'Amour-passion. — L'amitié. — La haine. — Comment aimer celui que l'on croit haïr? — Une grâce : l'amour toujours. — L'Amour authentique est toujours « sauvage ». — Aimer autrui, c'est d'abord reconnaître son identité. — Dieu a donné le monde à Adam et Lilith, et non pas à Adam et Ève. — La civilisation « virile » : ras le bol!

Trois siècles sur une mauvaise route : l'Esprit ne peut être « enfanté » par la Matière, quelle que soit sa complexité. — L'Esprit est, au contraire, logé dans l'extrêmement simple : l'électron. — L'étude des « pouvoirs » spirituels de l'électron ouvre la voie à l'étude des « pouvoirs » mal connus de notre Esprit. — Deux Esprits peuvent-ils communiquer « à distance »? — L'intensité des communications entre Esprits diminue-t-elle avec la distance? — Nous recevons des nouvelles du bout du monde. — Le monde est à nous. — Peut-on avoir une vision du futur? — Une conséquence de la liberté de nos Actes : pas de passé immuable, pas de futur préexistant. — Puisque l'Amour existe, la télépathie paraît possible. — L'Esprit est premier, et il faut commencer par son étude.

Comprendre les sages et les prophètes, c'est les interpréter à travers une double trame de significations complémentaires. — La chute originelle et l'Arbre de la Connaissance. — L'Arbre de Vie et la vie éternelle. — Ton Esprit est éternel... mais éternel dans un monde créé par ton Esprit. — Deviens celui que tu es et « invente » ce monde que tu souhaites voir éclore.

Préface

C'est vrai, je suis sans doute préoccupé plus que d'autres par le problème de la Mort. Mais ce n'est pas là, simplement, l'angoisse que chacun de nous éprouve vis-à-vis de sa propre Mort, quand il accepte d'y penser sérieusement, et quand il accepte aussi de s'avouer cette angoisse. C'est bien le problème de LA MORT en général, qui depuis déjà mes jeunes années, de manière presque obsessionnelle, vient se poser à mon esprit. La Mort dans ce qu'elle a d'absurde, dans ce qu'elle a d'« illogique » pour celui qui réfléchit à l'évolution de notre immense Univers.

Quoi! cet Univers aurait mis au point des mécanismes aussi merveilleux que ceux qui fabriquent une rose ou donnent naissance à la vie animale; il aurait inventé la reproduction, la synthèse chlorophyllienne, le vol des oiseaux; il aurait su perfectionner la vie pour la faire évoluer des premières cellules nageant dans les eaux tièdes de l'océan primitif jusqu'à l'Homme; il aurait su bâtir un monde utilisant ce joyau de la communication directe entre les consciences qu'est l'Amour; et, après avoir su découvrir tous ces chemins assurant une progression continue de la création vers un objectif lointain, quel que soit celui-ci, il aurait laissé cependant s'installer cette discontinuité brutale dans les procédés évolutifs que représente la Mort!

Car la Mort, qu'est-ce au juste, si on la considère comme cet anéantissement total où l'être s'engloutit dans le néant, emportant avec lui toute l'expérience mémorisée durant sa vie, tous ses souvenirs, tous ses sentiments, tous ses liens d'amour avec les autres, tout ce qui, précisément, avait constitué l'essentiel de son « passage » dans cet Univers? Qu'est donc la Mort, si ce n'est, par excellence, une invention cherchant à faire obstacle à l'évolution?

Qu'il est joli, ce papillon multicolore qui va butinant de fleur en fleur, mêlant harmonieusement ses nuances à la Nature qui l'environne! Mais quelle complexité de mécanismes aperçoit-on chez ce papillon, dès qu'on l'amène sous le microscope du biologiste, pour examiner ce qui assure le fonctionnement de ses cellules et la transformation de celles-ci depuis l'œuf fécondé jusqu'à ce merveilleux petit engin volant, qui se pose gracieusement ici et là. Mais à quoi sert tout ce déploiement d'inventions de la Nature? Pourquoi cette Nature a-t-elle, pendant des milliards d'années, cherché et réussi à inventer les yeux, l'aile, les couleurs du papillon, pour ne lui donner que cette brève existence de quelques jours? Pourquoi avoir sorti du limon de la terre, de la matière brute, ce petit être merveilleux, pour ne lui assurer qu'une aussi brève réalisation de toutes les potentialités mises au point? Il n'aura pas fallu moins du milliard d'années à l'évolution de la vie pour achever son travail de création du papillon : et, tout ce temps passé, pour n'obtenir qu'une « machine » à durée d'existence pratiquement nulle! C'est un peu comme si nos ingénieurs avaient inventé, au cours de quelques dizaines d'années de recherche, le vol d'un plus lourd que l'air, mais s'étaient ensuite estimés satisfaits d'avoir finalement obtenu des avions utilisables pendant environ... un centième de seconde. Car ç'est là, quantitativement, numériquement, la comparaison correcte : quelques jours de vie pour le papillon, pour un travail d'élaboration du milliard d'années; un centième de seconde de marche pour l'avion des hommes, inventé au prix d'un travail de plusieurs dizaines d'années! Et nous ne sommes guère mieux lotis, nous, les humains, avec notre durée de vie presque 10 000 fois plus longue que celle du papillon : dans la comparaison à l'invention de l'avion, nous ne serions qu'un aéroplane destiné à ne marcher qu'environ une minute, pour être ensuite jeté à la ferraille!

Bien sûr, on objectera peut-être que les choses ne doivent pas être aperçues d'une manière aussi « simpliste », que si le papillon ne dure que quelques jours il aura, cependant, sans doute eu le temps, durant cette brève durée, de donner naissance à une descendance, en pondant des œufs qui, eux aussi, deviendront un jour de merveilleux petits papillons. Je veux bien; mais si la Mort, dans son aspect traditionnel de « grande faucheuse », est passée par là, nos jeunes papillons ne représenteront nullement le « prolongement » de la vie de leurs parents papillons, ce seront de nouveaux êtres indépendants reprenant tout de zéro, ayant eux aussi eu l'impression de naître, vivre un bref instant et mourir. Certes le corps des jeunes papillons a bien le souvenir des générations de papillons qui ont précédé, puisque toutes les cellules de leur corps sont capables, automatiquement, de se multiplier depuis l'œuf jusqu'à l'être achevé : mais cet être achevé, lui, est à peine terminé qu'il est condamné à disparaître corps et biens, à retourner à la poussière. La Nature ne serait donc que cet immense architecte qui aurait décidé de briser en mille morceaux chacune de ses œuvres à l'instant même où elle est achevée, pour recommencer encore et encore, sans jamais être satisfait. Si encore l'œuvre nouvelle était un peu différente, marquant un « perfectionnement » par rapport à l'œuvre qui vient d'être achevée : mais non, nos biologistes nous apprennent que dans la duplication cellulaire, les deux cellules filles sont strictement identiques à la cellule mère; et, dans la reproduction sexuée, celle qui nous concerne en même temps que la plupart des animaux, les gènes transmis des parents aux enfants n'ont aucun « souvenir » de l'expérience de la vie faite par les parents, puisqu'il n'y aurait pas de « caractères acquis [1] ». Bref, la Nature, cette géniale pourvoyeuse d'idées, cet « inventeur » qui nous laisse émerveillé dès qu'on regarde d'un peu plus près les mécanismes qu'il sait mettre en œuvre, et que nos techniques les plus avancées sont aujourd'hui (comme demain sans doute) à cent lieues de pouvoir reproduire, cette Nature aurait été incapable de créer des produits à durée de vie comparable aux échelles de temps auxquelles elle travaille; toutes ses réalisations ne seraient que de brefs feux d'artifice, spectaculaires certes, mais sans consistance temporelle réelle.

1. Ou seulement exceptionnellement, dans le cas de mutations « accidentelles ».

Ce n'est d'ailleurs pas tant le fait que la durée de vie des êtres produits par la Nature soit si courte qui est choquant pour l'esprit (et j'entends ici l'esprit logique, je ne veux faire aucune « sentimentalité »); ce qui nous apparaît comme inacceptable, c'est que la Nature ait laissé place à la Mort, dans toute son absurdité, c'est-à-dire à la chute de l'être dans le néant pour ne RIEN transmettre à quiconque de *l'expérience vécue*. Alors, et c'est là sans doute la question essentielle, pourquoi la Vie s'il doit y avoir la Mort, ou plutôt pourquoi la Vie si la Mort est cette destructrice de *tout* ce qu'avait amassé la Vie?

Pour ma part, je ne crois pas que la Nature joint l'absurdité à, par ailleurs, ses immenses dons d'invention et son efficacité. Il me semble que le problème de la Mort-discontinuité, de la Mort-néant, est un problème mal posé, et qu'il ne faut pas chercher à « vaincre » cette forme de Mort-néant, mais plutôt à comprendre qu'elle n'est qu'un spectre sans consistance, que notre expérience vécue ne s'anéantit pas dans la Mort, mais plus probablement que cette expérience débute, au contraire, bien avant notre naissance, et se poursuit par-delà ce que nous nommons notre mort corporelle, à une échelle de temps en harmonie avec les durées qui sont celles avec lesquelles œuvre la Nature, c'est-à-dire des millions, voire des milliards d'années.

Oui, mais s'agit-il là simplement d'un « vœu pieux »? Qu'il y ait une certaine forme de « survie », après tout, c'est ce que nous ont promis la plupart des religions de notre Terre : la Mort n'est pas la Mort-néant, c'est une simple transformation, nous revivrons un jour, et sans doute pour l'éternité, soit dans des réincarnations successives, soit parce qu'un Dieu bienveillant rappellera les morts près de lui, en les rassemblant; soit parce qu'il faudrait distinguer en nous, à côté de notre substance matérielle, une substance immatérielle, éthérée, qui s'échapperait de nous et « poursuivrait » notre vie, après notre mort corporelle.

La difficulté est cependant que, à notre époque dite « scientifique », ce genre de « survie » apparaît à beaucoup comme de moins en moins convaincant. Il nous est bien difficile, aujourd'hui, de

croire qu'une forme d'Esprit, cet Esprit qui avait constitué notre
« personne », puisse subsister sous quelque aspect que ce soit
s'il n'est pas supporté par de la Matière. Or, que reste-t-il de nous
après notre mort corporelle? On se rallie volontiers, ici, à la pro-
phétie biblique qui annonçait que « nous sommes poussière et
nous retournerons à la poussière ». Il n'est pas permis de douter
du fait que cette enveloppe charnelle, qui forme ce qu'on nomme
notre corps, finira après notre mort par se désintégrer et retourner
complètement à la matière inerte, c'est-à-dire, précisément, à la
poussière. Même ces chromosomes, qui nous sont propres et qui
jouent dans chacune de nos cellules vivantes ce rôle de « chef
d'orchestre », commandant et harmonisant tous nos processus
biologiques, finiront eux-mêmes par se désagréger et retourner
à la poussière. Alors, comment croire à une certaine forme de
survie de ce qui a été notre personne, c'est-à-dire nous-même,
avec tous nos souvenirs vécus, si toute notre matière est retournée à la poussière? On voudrait bien croire à l'âme mais, comme
le remarquait déjà Paul Valéry de manière humoristique : « On
aurait beau errer dans un cerveau, on n'y trouverait pas un état
d'âme. » Et, sans état d'âme, où donc est l'âme, où est cette partie
éthérée de nous-même qui assurerait la persistance de notre Esprit
par-delà notre mort corporelle? Ne s'agit-il pas en tout cas là
d'une hypothèse un peu trop « gratuite », qui répond plus à notre
angoisse qu'à nos connaissances actuelles?

Mais, malgré le sérieux du sujet de la Mort, ne devrait-on pas
raisonner ici comme notre ami Rouletabille dans *Le Mystère de
la chambre jaune?* Dans cette fameuse « chambre jaune », on
s'en souvient, on avait découvert qu'un crime avait été commis
alors que toutes les ouvertures de la chambre étaient, après le
crime, fermées *de l'intérieur.* Et Rouletabille de déclarer qu'il
n'y avait qu'*une seule* conclusion : l'auteur du crime devait être
encore enfermé à l'intérieur de la chambre jaune au moment où
les policiers ont dû fracturer les portes pour pénétrer à l'intérieur,
en dépit *des apparences* qui laissaient croire qu'il n'y avait alors
personne dans la chambre jaune, sauf le corps de la victime.

Pour la Mort, il en est un peu de même. (Que Gaston Leroux m'excuse si je trahis sa pensée en osant comparer ce grave problème de la Mort aux déductions de son célèbre roman!) S'il doit « logiquement » y avoir survie de notre personne, en dépit des apparences qui nous démontrent, sans l'ombre d'un seul doute, que TOUT ce qui avait constitué la matière de notre corps est retourné à la poussière, c'est que notre personne *est encore enfermée dans cette poussière,* alors que tout ce qui avait fait notre apparence corporelle est complètement désagrégé. Alors, oui, je comprends dans ce cas le sens véritable de la parole biblique : « Tu es poussière et tu retourneras à la poussière. » Oui, je suis poussière, mais j'étais déjà dans cette poussière avant qu'elle ne se rassemble pour me donner naissance; en d'autres termes, moi, ma personne, mon expérience vécue, aurais débuté bien avant ma naissance. Et, après ma mort, alors que je serai retourné à la poussière, cette expérience se poursuivra *dans* cette poussière. Autrement dit, comme Rouletabille, je déclare que puisque la survie de ma personne doit être « logiquement » réalisée par la Nature alors que celle-ci m'a, après ma mort corporelle, renvoyé à la poussière, c'est que ma personne était *déjà,* avant ma naissance, et durant ma propre Vie, *enfermée dans cette poussière* qui est la seule chose dont je suis fait, et qui est la seule substance qui demeurera de moi après ma mort. Mais, si cela est exact, alors je comprends mieux aussi que la promesse de « vie éternelle » faite intuitivement pour le mythe religieux a un sens profond : car cette poussière, et cette fois-ci la science actuelle nous le confirme, cette poussière a pratiquement une vie *éternelle.* Les particules les plus petites qui constituent cette poussière, ces particules qu'étudient les physiciens en les qualifiant d' « élémentaires », car elles forment l'essence même de ce qui forme toute chose (notre corps compris), ces particules ont une durée de vie aussi longue que l'Univers lui-même, c'est-à-dire *des milliards* d'années. Et, si notre personne est « dedans », alors, oui, notre personne est assurée d'une vie « éternelle »!

Mais, aussi « logique » que puisse paraître le raisonnement qui précède, ne s'agit-il pas finalement encore là d'un « vœu pieux »? D'un vœu logique, certes, mais d'un simple vœu quand même?

J'ai tenté d'expliquer dans un précédent ouvrage, *L'Esprit, cet inconnu* [1], comment la Physique actuelle permettait de supporter cette idée que notre personne, ou plutôt notre Esprit, c'est-à-dire ce qui forme nos souvenirs et plus généralement toutes nos pensées, conscientes et inconscientes, était contenu « à l'intérieur » de certaines des particules de matière formant notre corps. Pour le constater, il est nécessaire d'examiner avec soin ce que la Physique contemporaine peut nous apprendre sur la « structure » de ces particules, et plus précisément la structure des électrons. J'ai, par ailleurs, puisque je suis moi-même physicien, publié simultanément à *L'Esprit, cet inconnu,* un ouvrage s'adressant aux scientifiques [2], où j'expose cette question dans le langage de la Physique.

Ces deux ouvrages, et surtout *L'Esprit, cet inconnu* (qui seul s'adressait au « grand public »), m'ont valu un très abondant courrier de mes lecteurs. J'ai pu, en prenant connaissance des nombreuses questions qu'ils m'ont posées, me rendre compte à quel point ce problème de la Mort était parfois pour eux une angoissante préoccupation. Croyant ou incroyant, l'homme contemporain a pris aujourd'hui, à travers la science et la technique, une connaissance plus « objective » de l'immensité de l'Univers où il vit, dans l'espace comme dans le temps. Un Univers qui lui donne un peu le « vertige » s'il ne réussit pas à situer son existence par rapport à l'ensemble du cosmos. Comment éviter, concernant notre propre vie, la dramatique question : « A quoi bon? »

C'est principalement pour répondre à ces questions de mes lecteurs que j'écris le présent ouvrage. Je veux y apporter des éclaircissements plus larges sur ce fait que la Physique jette aujourd'hui de la lumière sur un problème fondamental de la *Métaphysique,* à savoir celui de la Mort, ou plus exactement le problème des relations entre notre Matière et notre Esprit.

1. Éd. Albin Michel, 1977.
2. *Théorie de la Relativité complexe,* Albin Michel, 1977.

Je sais et je m'en suis expliqué dans *L'Esprit, cet inconnu,* que beaucoup de physiciens n'aiment guère qu'on cherche à tirer de la Physique des implications « métaphysiques ». Mais je réponds, à ceux-là, que si les physiciens eux-mêmes ne le font pas, alors qui cherchera à répondre « scientifiquement » à la question qui doit (ou en tout cas devrait) intéresser chacun de nous : qui sommes-nous? Comment ce qu'on nomme notre Esprit est-il en relation avec ce qu'on nomme notre Matière? Y a-t-il, dans la science contemporaine, des éléments de réponse à de telles questions? Et d'ailleurs, de plus en plus d'hommes de science s'intéressent aujourd'hui à de telles questions [1], et ne veulent plus se contenter de construire une Physique laissant l'Esprit à la porte. Pour ma part, je souscris entièrement à la prédiction faite dès 1955 par Pierre Teilhard de Chardin [2] : « Le moment est venu de se rendre compte qu'une interprétation, même positiviste, de l'Univers doit, pour être satisfaisante, couvrir le dedans aussi bien que le dehors des choses — l'Esprit autant que la Matière. La vraie Physique est celle qui parviendra, quelque jour, à intégrer l'Homme total dans une représentation cohérente du monde. »

J. C.

---

1. Voir, à ce sujet, l'excellent ouvrage *La Gnose de Princeton,* de Raymond RUYER, Fayard, 1976.
2. *Le Phénomène humain,* Le Seuil, 1955.

CHAPITRE PREMIER

Qui es-tu?

Les relations du corps et de l'Esprit. — Tout l'espace et tout le temps sont *extérieurs* à notre Esprit. — L'Esprit dans la cellule. — De l'Esprit dans toute matière. — Unité et diversité des éléments de notre Esprit. — L'Esprit vu par les « réductionnistes ». — Discussion de la thèse teilhardienne. — Les progrès de l'Esprit au niveau de la matière élémentaire. — Les éons, ou électrons porteurs d'Esprit. — Mort, voici ta défaite...

Il n'est pas nécessaire de présenter beaucoup d'arguments pour se convaincre que l'essentiel de nous-même n'est pas ce corps fait de chair et d'os que j'aperçois dans la glace. Ce que je suis avant tout, ce n'est pas la matière de mon corps, quelle que soit sa forme, mais essentiellement l'Esprit qui est contenu quelque part dans la matière de ce corps. On pourrait presque paraphraser ici le célèbre « Je pense, donc je suis » de René Descartes et affirmer que : « Je suis ce que je pense », je suis à chaque instant l'ensemble des pensées que contient mon Esprit.

Bien sûr, je constate que ce corps a quelque chose à voir avec moi-même : si je me pince, par exemple, je ressens immédiatement une douleur localisée à l'endroit précis où j'ai produit le pincement. Mais qu'est donc cette douleur, si ce n'est encore un « produit » de mon Esprit? La preuve en est que, si j'empêche, au moyen d'une anesthésie locale par exemple, mon Esprit d'être informé des mauvais traitements que j'inflige à une partie de mon corps, alors cette absence de fabrication par mon Esprit de « produits » de nature spirituelle entraîne que je ne ressens plus aucune douleur.

Cela ne signifie nullement que les pensées que forme mon Esprit ne sont pas étroitement tributaires de mon corps. Ainsi, j'apprécierais de manière très différente une marche en forêt selon que je serais en pleine forme au petit lever le matin ou après ne m'être pas couché pendant quarante-huit heures, ou encore avec une jambe à demi fracturée. Cette influence du corps sur la forme de pensée du sujet présent est particulièrement nette pour les impressions gustatives : tel aliment sera estimé par l'un comme agréable à manger, alors que pour l'autre le même aliment se traduira par une répulsion. Il suffit que je sois malade pour que mon palais perçoive le miel comme amer, alors que, bien portant, je le trouvais doux. Le daltonien confondra le vert et le rouge. Tout cela traduit bien l'influence du corps sur l'Esprit : mais il n'en reste pas moins que c'est l'Esprit seul qui formulera la conclusion, car cette conclusion ne peut être qu'une pensée et seul l'Esprit est capable de penser (par définition, dirons-nous). Les choses se passent un peu comme si l'Esprit percevait le monde extérieur par l'intermédiaire d'un système matériel qu'est la matière du corps, à la manière dont nous nous aidons nous-mêmes pour percevoir les étoiles et les galaxies lointaines, au moyen d'un système matériel fait de télescopes optiques, de radiotélescopes, de spectrographes, et d'analyseurs de tous types. Si ces systèmes sont « détraqués », les observateurs humains formuleront au sujet du cosmos des conclusions différentes de celles auxquelles ils seraient conduits si ces « tentacules » pour sonder le cosmos étaient bien réglés. Plus simplement d'ailleurs, même avec des matériels fournissant des informations correctes, des observateurs différents pourront formuler des conclusions différentes, selon le contexte scientifique à l'intérieur duquel ils viendront loger leurs observations. Semblablement, notre corps et ses « tentacules » pour connaître le monde extérieur, à savoir nos organes des sens, joueront un rôle fondamental pour suggérer à notre Esprit telle ou telle forme de pensée.

Mais il faudrait sans doute ici être plus général encore : pourquoi nous arrêter à notre propre corps, pour affirmer que c'est lui et lui seul qui serait à l'origine des pensées de notre Esprit? Il faudrait faire intervenir ici, en fait, tout le temps et tout l'espace qui nous entoure.

On sait l'expérience bien connue de tremper la main dans de l'eau tiède, une première fois après l'avoir plongée dans un bac d'eau glacée, une seconde fois après l'avoir plongée dans de l'eau très chaude. Dans le premier cas, l'eau tiède nous paraîtra chaude (c'est-à-dire que notre Esprit formera la pensée que l'eau est chaude); dans le second cas, notre Esprit jugera que l'eau tiède est froide. C'est là un effet de la *relativité* des pensées que formulera notre Esprit; et comme de l'eau tiède ne peut être à la fois froide et chaude, cela signifie que le facteur temps intervient au premier chef dans les jugements de notre Esprit.

Plus généralement encore, il est bien clair que les informations que notre Esprit a reçues dans le passé, comme celles de l'éducation, ou de l'expérience vécue proche ou lointaine, jouent un rôle primordial dans l'interprétation par l'Esprit d'un phénomène quelconque. Un violent orage sera interprété par une tribu primitive comme une indication de la colère des dieux, et par une tribu moins « primitive » comme les résultats d'une évolution météorologique.

Les formes de notre pensée sont également influencées par tout l'espace extérieur, et non seulement par le temps. C'est d'ailleurs là une conclusion d'une grande banalité, car la plupart de nos pensées sont inséparables de ce qui se déroule autour de nous dans le monde extérieur; c'est généralement ce monde extérieur qui est à l'origine de nos initiatives pour « penser plus loin », ou pour agir. Mais, une fois encore, il est bon d'insister ici sur le fait que, si on se place sur le plan de la pensée pure, c'est-à-dire sur celui de notre Esprit, il n'y a guère de différence entre ce monde extérieur et notre propre corps : on se trouve mêlé à une foule agitée ou hostile et notre Esprit éprouve un sentiment de malaise, voire d'angoisse ou de peur; une partie de notre corps est malade, et nous éprouvons aussi un sentiment de malaise ou d'angoisse. En ce sens, on peut dire que notre corps peut être lui aussi considéré par notre Esprit comme son « monde intérieur ». Certes, nous transportons ce corps avec nous, en tout lieu et à tout moment; mais, comme le milieu qui nous entoure, il n'est pas toujours le même, parfois on le sent « bien », parfois il nous fait souffrir. Pour notre Esprit, cela se traduit toujours par cette substance irréductible qu'est la pensée : je pense que je suis bien, je pense que je suis mal.

En bref, nous dirons donc que tout se ramène, pour nous-mêmes, durant toute notre vie, à de la pensée; nous ignorons, par définition, ce que nous ne pensons pas. C'est ce que Berkeley avait résumé dès le XVIIIᵉ siècle dans la formule célèbre : « Être, c'est être perçu [1]. » Pour chacun de nous, ce qui n'est pas formulable par une pensée n'a pas d'existence, qu'il s'agisse de choses matérielles ou d'abstractions. Je suis donc, vous êtes donc, un pur Esprit en relation avec un monde « extérieur » de nature matérielle; mais cet Esprit transporte avec lui un système « tentaculaire », qui est lui aussi partie du monde extérieur puisqu'il n'est pas Esprit, et que nous appelons notre propre corps.

Mais où se « loge »-t-il donc, cet Esprit qui est le nôtre? La Matière n'est pas Esprit, soit, elle est le monde extérieur; mais ce monde extérieur, c'est *tout* ce qui nous entoure, y compris, nous venons de le dire, notre propre corps. Alors, il n'y a apparemment plus de place dans l'étendue de l'Univers pour « loger » l'Esprit, puisque l'Esprit *n'est pas* le monde extérieur et que *tout* l'espace de l'Univers constitue ce monde extérieur. L'Univers serait-il plus complexe que nous l'aurait appris la Physique traditionnelle? L'espace-temps formant notre Univers aurait-il un « dehors » et un « dedans », un dehors où se loge ce que nous nommons habituellement la Matière, et un « dedans » où se logerait l'Esprit?

Nous allons revenir longuement sur ces problèmes. Mais, avant, et afin de chercher un peu mieux à répondre à l'interrogation « Qui suis-je? », il importe de se poser une question importante. J'ai dit que, essentiellement, j'étais Esprit car c'est mon Esprit, et lui

---

1. Et ce que j'avais repris moi-même dans mon ouvrage *L'Être et le Verbe* (Denoël, 1965) sous la formulation un peu différente : « Exister, c'est être pensé. »

seulement, qui prend conscience (par des pensées) du monde extérieur de la Matière, c'est lui qui est à l'origine de toutes mes sensations, de toutes mes réflexions, de toutes mes initiatives, de toutes mes actions. Mais la prise de conscience et l'action sur le monde extérieur ne sont pas une prérogative de l'Homme seul, c'est en fait un attribut de tout le Vivant. Je ne vois pas pourquoi je prétendrais que l'Homme, qui après tout est fabriqué comme un « animal », aurait seul le privilège de prendre conscience du monde extérieur, c'est-à-dire d'avoir de l'Esprit. Je veux bien que *la forme* de conscience du monde qu'obtient une souris ou un singe soit différente de celle d'un Homme; mais ce n'est pas tant cela qui m'intéresse; j'affirme que tout être vivant a une certaine *forme de conscience* du monde extérieur, donc une certaine forme de « quelque chose » qui n'est pas réductible à de la simple Matière — disons-le, une certaine forme d'Esprit.

Allons plus loin : mon propre corps est lui-même formé de milliards de cellules, qui chacune pour sa part constitue un être vivant. Cet être cellulaire, à tout instant, agit sur le monde extérieur (notre corps), pour accomplir des tâches complexes qui assurent généralement le fonctionnement harmonieux de notre corps. Je ne vois pas pourquoi, sous prétexte que ces êtres sont beaucoup plus petits que moi, je leur refuserais une certaine forme d'Esprit; d'autant que chaque fois qu'un biologiste se penche sur eux, pour examiner leurs actions, il reste émerveillé devant ce que ces êtres cellulaires sont capables de faire, en mettant en œuvre des processus physico-chimiques que notre science actuelle a généralement beaucoup de mal à comprendre.

A la réflexion, cette idée que l'Esprit est nécessairement associé à tout être vivant, aussi différent de nous soit-il, me paraît même d'autant moins choquante que je choisis l'exemple des milliards de cellules de mon corps. Je reconnais en effet l'existence de l'Esprit chez l'homme adulte; mais, naturellement aussi, chez l'enfant; et, aussi, chez le bébé qui vient de naître. Vais-je m'arrêter là, comme ceux-là prônant « l'avortement » sous prétexte que l'enfant n'aurait pas d'Esprit et donc n'existerait pas vraiment, quelques mois avant la naissance? Je ne me sens nullement autorisé à le faire, si je poursuis logiquement ma réflexion,

sans parti pris : et j'affirme que l'Esprit existe aussi dans ce petit
être étrange mais bien vivant qui se nomme un fœtus se développant dans le ventre maternel[1]. Mais pourquoi s'arrêter là :
l'Esprit était naturellement présent dès la fécondation de l'ovule
par le spermatozoïde; il était présent, séparément dans l'ovule
comme dans le spermatozoïde.

Quoi! cette idée ferait sourire? Le milliard d'initiatives et d'actions complexes qui mènent de l'ovule fécondé au bébé qui vient
de naître seraient qualifiées d'actes où l'Esprit serait absent! Il
faudrait prendre le mot « Esprit » dans un sens bien restrictif pour
prétendre une telle absurdité!

Ainsi nous voilà en présence d'une conclusion un peu plus
précise que tout à l'heure. Qui suis-je? Je suis essentiellement
Esprit; mais cet Esprit, malgré son apparence d'unité, est en fait
une unité dans la diversité : c'est un Esprit formé par le groupement de l'Esprit individuel des milliards de cellules qui forment
mon corps. Car je ne vois nulle part ailleurs de place « privilégiée » dans mon corps pour loger « mon » Esprit; ou, formulé de
manière plus adéquate, je dirais que je ne vois pas pourquoi j'irais
chercher pour mon Esprit une autre essence que celle de l'Esprit
contenu dans chacune de mes cellules, puisque je viens de reconnaître que chacune de ces cellules possédait une certaine forme
d'Esprit.

A vrai dire, d'ailleurs, je ne suis pas certain d'être descendu
dans l'échelle des dimensions encore suffisamment bas quand je
m'arrête à la cellule : car les biologistes qui se penchent, avec leur
microscope, sur le fonctionnement du corps cellulaire, mettent en
évidence, *à l'intérieur* de chaque cellule individuelle, des processus si complexes que la tendance à extrapoler à la cellule elle-
même ce que nous venons de dire pour l'Homme entier me paraît

---

1. On se heurte toujours à cette tendance du plus fort à formuler des
affirmations « qui l'arrangent », aussi illogiques soient-elles : doit-on se souvenir qu'il y a quelques siècles seulement on se demandait encore si les
Indiens d'Amérique avaient une âme (c'est-à-dire de l'Esprit)? Il est vrai
qu'on a posé la même question pour les femmes. (Rappelons-nous que, en
France, elles ne votent que depuis 1945!)

très forte et très naturelle : la cellule, elle aussi, serait faite de parcelles minuscules de matières élémentaires, dont *chacune* posséderait une certaine forme d'Esprit. Et comme il n'y a aucune raison pour s'arrêter dans ce renseignement à ce que nos microscopes les plus puissants sont capables de discerner, je prêterai volontiers une certaine forme d'Esprit aux particules *les plus élémentaires,* celles qui sont l'objet des études des physiciens, les électrons par exemple.

Mais n'anticipons pas. Et contentons-nous pour le moment de la conclusion que « notre » Esprit, notre personne, notre âme, a certainement d'étroites connexions avec l'Esprit contenu dans les milliards de cellules de notre corps; notre Esprit serait en fait comme un « chant concerté et harmonieux » de l'ensemble des Esprits de ces cellules.

Cependant, aussitôt formulée, il semble que cette conclusion suscite des objections graves, qui réclament en tout cas des explications.

Comment aurions-nous, en premier lieu, cette très forte intuition de *l'unité* de notre Esprit, si cet Esprit prend ses racines dans les milliards d'Esprits individuels contenus dans les cellules de notre corps?

Pour le comprendre, on peut utiliser une image, qui représente d'ailleurs relativement fidèlement comment les choses se passent. Supposons que quelques musiciens décident de monter un grand orchestre. Ils vont prendre des contacts avec de nombreux autres musiciens, et s'efforcer de les réunir dans une formation orchestrale, comprenant des instruments de musique variés. Puis viendra enfin le jour où ils joueront tous ensemble. Les musiciens de l'orchestre sont tous des individus possédant un Esprit différent, une expérience vécue différente, ils jouent sur des instruments de musique différents. Cependant, s'ils ont par exemple décidé de jouer, après s'être concertés, la *Cinquième Symphonie* de Beethoven, ils vont suivre des partitions de musique *parallèles,* de manière à donner une unité à l'ensemble des sons qu'ils vont produire. Un auditeur ne distinguera que difficilement chaque instrument particulier, il entendra une musique plus riche faite de l'ensemble des instruments jouant en même temps. Semblablement, les cellules de notre corps se sont assemblées, au cours de la conception de notre individu. Chacune d'elles accomplit, avec son propre Esprit, des tâches particulières; mais ces cellules sont toutes en relation, et joignent leurs caractéristiques spirituelles pour accomplir des tâches harmonisées en commun. Ce que nous nommons notre Esprit est, comme je le disais plus haut, une sorte de « chant concerté » émanant de l'ensemble des Esprits individuels de nos cellules, « jouant » en harmonie.

Comme pour l'orchestre — où les musiciens utilisaient leur Esprit non seulement pour jouer tous ensemble des symphonies, mais encore, entre deux symphonies, pour accomplir des tâches n'ayant souvent aucun rapport avec la musique —, de même nos cellules ne sont pas toujours toutes à « jouer ensemble », elles accomplissent aussi des tâches individuelles, ici pour assurer notre respiration, là pour purifier notre sang, ou encore pour assurer la digestion de nos aliments. Parce que ces actions ne sont pas le fait spirituel concerté de *toutes* nos cellules, elles ne forment plus cette action unifiée que nous ressentons quand nous croyons notre « propre » Esprit à l'œuvre. Mais il n'en reste pas moins que c'est bien de l'Esprit que nos cellules, chacune dans leur coin du corps, mettent en œuvre en assurant notre respiration, notre digestion et plus simplement l'ensemble de notre métabolisme. Comment ne pas vouloir nommer Esprit ce qui préside à des activités aussi complexes? Certes, ces fonctions individuelles, accomplies par nos cellules, ne sont pas ressenties comme une activité « en chœur » *de l'ensemble* de nos cellules; pour cette raison, on les nomme d'ailleurs fonctions inconscientes, et elles donnent l'apparence de ne pas participer à notre propre Esprit. Mais ce n'est là qu'une apparence, c'est un peu comme si l'on prétendait qu'entre deux concerts les musiciens n'accomplissaient que des actions où l'Esprit serait absent : il n'en est évidemment rien, mais le « jeu » de leur Esprit est ici tout à fait différent de celui qu'ils mettent en œuvre quand, avec tous les autres musiciens, ils se réunissent pour jouer une partition musicale.

Et d'ailleurs, beaucoup de sages vous apprendront que votre Esprit se portera d'autant mieux que vous serez capable de sentir le jeu de vos fonctions inconscientes, comme la respiration par exemple. Qu'est-ce que « sentir sa respiration », sinon ouvrir plus largement notre Esprit à la « voie intérieure » de notre corps, c'est-à-dire prêter attention à l'Esprit des groupes de cellules de notre corps occupées à des actions bien spécifiques comme la respiration, nécessitant de toute évidence, compte tenu de leur complexité, une certaine forme d'Esprit?

Il importe de bien voir comment la conception de ce qu'est notre Esprit, de ce que nous sommes finalement, telle qu'elle a été exposée ci-dessus, diffère radicalement de ce qu'on pourrait nommer la conception « réductionniste [1] ». Si nous poursuivons sur l'exemple de l'orchestre, où l'Esprit de l'Homme a été comparé à la symphonie que les musiciens jouent tous ensemble, la conception réductionniste consisterait à tenir le raisonnement suivant : la symphonie ne naît pas du fait que chaque musicien y contribue par une certaine forme de musique (entendez par là que chaque musicien contribue par l'esprit de sa musique à l'esprit de la symphonie telle que l'orchestre complet la fait entendre); la symphonie naît seulement, affirment les « réductionnistes », de la *position relative* des musiciens les uns par rapport aux autres sur la scène d'orchestre; il existerait des dispositions géométriques suffisamment complexes pour que, brusquement, la musique, et plus précisément la symphonie, naisse spontanément de cette disposition. C'est évidemment, à l'examen, complètement absurde. On peut imaginer des édifices moléculaires géométriquement aussi complexes que l'on voudra : s'il s'agit d'édifices construits avec des « briques » qui sont de la simple Matière, c'est-à-dire des briques complètement démunies d'Esprit, alors ils ne pourront jamais donner naissance à une structure mani-

1. Les biologistes qualifient parfois de « réductionnistes » leurs confrères qui prétendent expliquer le fonctionnement du Vivant à l'aide seulement d'interactions physico-chimiques mécanistes, en laissant toute forme d'Esprit « à la porte ».

festant un Esprit quelconque. Il est instructif de relire à ce sujet un texte que Diderot avait écrit dès le XVIIIᵉ siècle pour stigmatiser l'absurdité du raisonnement « réductionniste ». Ce texte ne concernait pas spécifiquement la création de l'Esprit par quelque chose ne possédant pas déjà de l'Esprit, mais la création du vivant par quelque chose ne possédant pas déjà la qualité du vivant — ce qui revient à peu près au même. Dans une lettre à Sophie Volland en date du 15 octobre 1759, Diderot écrivait : « Supposer qu'en mettant à côté d'une particule morte une, deux ou trois particules mortes, on formera un système de corps vivant, c'est avancer, ce me semble, une absurdité très forte, ou je ne m'y connais pas. Quoi! la particule A placée à gauche de la particule B n'avait point la conscience de son existence, ne sentait point, était inerte et morte; et voilà que celle qui était à gauche mise à droite et celle qui était à droite mise à gauche, le tout vit, se connaît, se sent! Cela ne se peut. Que fait ici la droite et la gauche? »

Semblablement, comment peut-on expliquer les manifestations de notre Esprit, en supposant que le Hasard (il a bon dos!) ait réussi à assembler des matériaux complètement dénués d'Esprit dans des édifices géométriquement si complexes que, brusquement, comme par miracle, ce Hasard aurait donné naissance à de l'Esprit. Que vient faire ici, comme le remarque Diderot, la droite et la gauche, le haut et le bas, le géométriquement plus ou moins complexe?

La seule explication possible à l'existence de notre Esprit est celle qu'il est formé de matériaux élémentaires possédant *déjà* eux-mêmes une certaine forme d'Esprit.

Cette idée n'est pas neuve d'ailleurs. Six siècles avant Jésus-Christ, Thalès, fondateur de l'École de Milet, en Ionie, affirmait déjà que : « Toutes les choses sont pleines de dieux », ce qui était une manière d'exprimer qu'une sorte de psyché, une émanation de ces êtres spirituels que sont les dieux, complète toujours la substance matérielle. Empédocle, vers la même époque, avant de se jeter dans l'Etna, proposait de son côté que l'Amour et la

Haine sont depuis l'origine les moteurs qui animent toute la Matière. L'Amour et la Haine, ne sommes-nous pas ici en présence de qualités de nature spirituelle? Anaxagore, de son côté, va soutenir que les grains de matière se meuvent grâce au *noûs,* qui est à nouveau une sorte de psyché ou d'Esprit.

Après le Moyen Age, des idées analogues furent reprises par les plus grands physiciens : c'est Descartes avec ses « esprits animaux » donnant la vie à la matière brute, ou Leibniz avec ses « monades », ou encore Newton avec ses très nombreuses recherches « alchimiques » (que les rationalistes qui l'ont suivi voudraient bien faire oublier [1]). Plus près de nous encore, on trouve le philosophe Bergson, avec son « élan vital ». Mais nul mieux que Pierre Teilhard de Chardin ne me semble avoir su donner à cette idée d'une « psyché » associée à la matière sous son aspect le plus élémentaire une forme convaincante pour l'esprit scientifique. Teilhard n'était pas physicien, mais anthropologue. Il a tiré d'une étude minutieuse de toute l'évolution, depuis la Matière inerte jusqu'au Vivant, puis au Pensant, la conviction qu'une certaine forme d'Esprit doit se loger dans chaque parcelle de Matière, aussi petite soit-elle. Cette Matière est donc faussement qualifiée d'inerte, elle possède déjà des caractéristiques pensantes. « Nous sommes logiquement amenés à conjecturer dans tout composant de matière — nous dit Teilhard dans *Le Phénomène humain,* écrit peu d'années avant sa mort (1955) — l'existence rudimentaire (à l'état d'infiniment petit, c'est-à-dire d'infiniment diffus) de quelque psyché. »

J'ai longtemps souscrit sans réserve à cette idée de Teilhard associant une psyché élémentaire à chaque corpuscule de matière. Je pense toujours qu'une telle psyché est incorporée aux grains les plus fins de la Matière; mais, à la réflexion, j'ai dû abandonner son interprétation que *la complexification* de la matière entraînait un progrès de conscience de l'être complexe seul et qu'aucun progrès n'était réalisé dans la conscience *individuelle* de chaque corpuscule élémentaire formant la structure complexe.

1. Voir, au sujet de Newton « métaphysicien », l'excellent ouvrage *Sensorium Dei* de Jean ZAFIROPULO et Catherine MONOD, Les Belles-Lettres, Paris, 1976.

Reprenons cette thèse teilhardienne, pour bien faire apparaître comment ce que nous avons exposé ci-dessus s'en distingue, car je crois que là se place le pas décisif que nous cherchons à faire dans notre effort de compréhension de la nature de l'Esprit.

Pour Teilhard donc, une psyché élémentaire est associée aux plus petits grains que découvrent les physiciens en scrutant la Matière, ces grains qu'on nomme précisément particules « élémentaires » parce qu'ils sont indivisibles, représentant le résidu le plus fin de la pulvérisation de toute Matière. Les physiciens les appellent électrons, protons, neutrons.

Mais cet Esprit associé à ces grains de Matière est un Esprit très « diffus », nous dit Teilhard, très loin de l'Esprit tel que nous le connaissons chez l'Homme, ou même l'animal. Et cet Esprit des grains de Matière n'est lui-même susceptible d'aucun *progrès spirituel* : cette Matière granulaire est « simple » (c'est-à-dire non complexifiée), elle s'accompagnera donc d'un Esprit restant simple, pour toujours.

Qu'est-ce qui va alors progresser, et nous acheminer, au cours de l'évolution, jusqu'à un Esprit aussi élaboré que celui qui apparaît chez l'Homme? C'est la complexification de cette Matière, nous répond Teilhard. Au cours des milliards d'années de vie passée de notre Univers, il a fini par se construire, avec comme briques ces fameux grains de matière à psyché « diffuse », des édifices *plus complexes,* de longues chaînes moléculaires, des cellules, des organes complets, des êtres vivants autonomes. Tous ces édifices sont de plus en plus complexes, entendons par là de plus en plus ordonnés selon des structures efficaces. Et efficaces pourquoi? Pour accroître la conscience de l'être créé. En d'autres termes, la complexification de l'être créé s'accompagne d'une plus grande conscience, d'un plus grand Esprit de cet être. Ainsi aurions-nous vu se succéder le minéral, le végétal, l'animal et enfin l'humain, qui sont des seuils de franchissement d'un nouveau pas en avant de la complexification de la Matière, et donc aussi un nouveau pas en avant de la conscience.

Ce qui apparaît profondément insatisfaisant, à l'examen, dans cette thèse teilhardienne, pourrait être illustré par l'image suivante : supposons que les hommes de notre planète soient ces grains élémentaires, portant chacun un certain Esprit; et demandons-nous maintenant si, en établissant entre tous ces hommes des relations suffisamment perfectionnées, on pourrait bâtir un nouvel être, une nouvelle structure complexe (l'Humanité), qui marquera au point de vue de son Esprit un progrès par rapport à l'Esprit des hommes individuels. La réponse est sans aucun doute négative : il est vrai que la complexification des relations entre les humains peut apporter un supplément de conscience *aux humains eux-mêmes;* c'est le cas, par exemple, de l'extension des moyens audio-visuels, de la rapidité des communications entre les différents points de la planète, de l'accroissement de l'éducation. Mais, nous disons bien, c'est aux *humains eux-mêmes* constituant cette structure relationnelle complexe que sera apporté le supplément d'Esprit, et non à une abstraction qu'on appellera Humanité. L'Humanité, en tant qu'abstraction, n'a en fait pas d'Esprit, pas plus que n'en avait tout à l'heure l'abstraction « orchestre » quand tous les musiciens jouaient ensemble la *Cinquième* de Beethoven. Et même si on prétendait accorder un certain Esprit à cette abstraction qu'est l'être « Humanité », il n'en resterait pas moins que cet Esprit se mesurerait en fait à l'Esprit, ou au supplément d'Esprit, des hommes *individuels* constituant cette Humanité. C'est eux, notamment, qui se réserveront toujours l'*interprétation* de tous les phénomènes du monde extérieur; et, si cette interprétation réclame un supplément d'Esprit, ce n'est pas l'abstraction Humanité qui devra faire preuve de ce supplément, mais bel et bien un plus ou moins grand nombre d'hommes *individuels,* éventuellement sélectionnés pour leurs qualités personnelles sur le plan de l'Esprit.

C'est sur ce plan *du progrès* de l'Esprit *élémentaire* avec l'écoulement du temps que doit, selon moi, s'accomplir ce pas en avant pour mieux comprendre ce qu'est l'Esprit, et plus particulièrement ce qu'est notre Esprit. Nous verrons d'ailleurs que nos connaissances actuelles en Physique montrent comment un tel progrès de conscience de la particule individuelle est « scientifiquement » envisageable. Si un animal marque un supplément de conscience par rapport à un végétal, c'est que les particules « élémentaires » qui, par leur multiplication, ont conduit dès la fécondation à construire l'animal, étaient toutes elles-mêmes plus conscientes que celles qui ont participé dans l'édification du végétal. En d'autres mots, il y a un perfectionnement *continuel,* avec le temps; et ce progrès est accompli plus particulièrement grâce à *l'expérience vécue* par ces grains de matière, au cours de la vie minérale, de la vie végétale, de la vie animale, de la vie humaine.

Par ailleurs, une autre idée à retenir, et marquant également, je crois, un pas en avant par rapport à la thèse teilhardienne, c'est ce fait que quand nous parlons de « notre » Esprit nous employons un langage impropre, parce que nous sommes en réalité un *rassemblement* de particules plus petites qui, elles, possèdent déjà *individuellement* de l'Esprit; et il n'y a pas d'Esprit propre à ce groupement seul, car ce groupement n'est qu'une abstraction sur le plan spirituel, il ne possède pas un « Esprit » qui serait spécifiquement le sien. L'Esprit de l'Homme (comme celui de l'animal, du végétal ou du minéral) est fait de *l'ensemble des Esprits* de ses particules constitutives et de cet ensemble seulement. Cette diversité est aussi unité grâce au comportement *harmonieux* de l'ensemble de ces Esprits constitutifs, exactement comme l'harmonie produite par l'orchestre n'est pas le fait de l'abstraction « orchestre » mais du savoir et de l'art de chacun des musiciens participant à l'orchestre.

Alors, qui suis-je finalement? Est-ce de l'ensemble de l'Esprit contenu dans chacune *des cellules* de mon corps qu'est fait ce que je nomme mon propre Esprit? Oui et non. Car il nous faut accomplir ici un dernier pas, et en même temps sembler paradoxalement nous rapprocher à nouveau du fond de l'interprétation teilhardienne.

Ce que nous nommons une cellule vivante, et notamment les cellules constituant nos organes, notre peau, nos os et l'ensemble de tout notre corps, ces cellules ont en fait *déjà*, malgré leur petitesse, des structures extrêmement complexes vis-à-vis de ce que les physiciens nomment les particules élémentaires de matière, c'est-à-dire ces briques individuelles et éternelles entrant dans tout ce qui est Matière. Il faudrait sensiblement un milliard de milliards de ces particules élémentaires des physiciens pour former une cellule de taille moyenne. Le même raisonnement que nous appliquions tout à l'heure à l'Homme en le considérant, au point de vue Esprit, comme formé de l'ensemble des Esprits individuels de ses cellules, est donc maintenant applicable à chaque cellule elle-même : si cette cellule possède de l'Esprit, celui-ci n'est pas spécifique à l'abstraction « cellule », mais à l'Esprit de chacune des particules élémentaires entrant dans l'édifice cellulaire. Et nous voici donc ramenés au point de vue de Teilhard : l'Esprit est finalement une propriété appartenant en propre aux grains *les plus fins* de la Matière, c'est-à-dire à ce que les physiciens appellent des protons, des neutrons et des électrons[1]. Mais, ce qui nous distingue de Teilhard, c'est ce fait important que l'Esprit de ces particules *progresse continuellement dans le temps,* à travers l'expérience vécue par ces particules, exactement comme progresse le savoir de l'enfant, puis de l'adulte, tout au cours de l'expérience de la vie.

Que sommes-nous? Nous sommes avant tout Esprit. Et nous devrions dire, pour être plus correct, nous sommes Esprits (au pluriel), c'est-à-dire que l'Esprit que nous nommons « nôtre » est fait de ceux des milliards de particules élémentaires, tels nos électrons, qui entrent dans la constitution de notre corps.

Certes, ces électrons obéissent *aussi* à des lois physiques, comme lorsqu'ils circulent dans nos fils électriques, par exemple dès qu'ils sont soumis à une certaine tension électrique. Mais cela veut-il dire que ces électrons ne possèdent pas aussi des caractéristiques spirituelles? Lâchez le plus grand savant de la terre d'un avion, à 1 000 mètres d'altitude, et regardez-le tomber d'un peu loin : vous constaterez que tout le savoir qu'il a dans la

---

1. Nous aurons à corriger cette affirmation, et découvrir que seuls les électrons ont, en fait, des caractéristiques spirituelles, quand nous aurons examiné la structure de ces diverses particules en nous servant des connaissances actuelles en Physique.

tête est alors très peu apparent; et que, par contre, en dépit de tant de savoir, il obéit strictement aux lois de la gravitation, tout comme une simple pierre qu'on aurait jetée par-dessus bord à sa place. Mais mettez le savant à nouveau dans des conditions où il pourra manifester ce savoir et vous comprendrez alors que, en dépit de sa stricte soumission aux lois de la gravitation, il sait aussi faire preuve d'Esprit. Semblablement, regardez faire les électrons à l'intérieur du corps d'une cellule vivante, vous aurez du mal à dire que ce sont encore les mêmes électrons qui se déplaçaient avec soumission dans le champ du potentiel électrique, tant ils manifestent maintenant d'initiative, tant ils réalisent de synthèses complexes, tant ils créent de l'ordre à partir du désordre.

Cela ne signifie naturellement pas que *tous* les électrons de notre Univers sont capables de l'Esprit nécessaire pour construire et faire fonctionner du Vivant. Le savoir des hommes de notre planète est, lui aussi, très différent d'un individu à un autre. Il y a des savants, mais non pas uniquement des savants. La terre nous présente des individus avec tous les degrés imaginables de savoir et d'expérience. Il en est de même pour les électrons. Certains, grâce à la mémoire de leur expérience vécue antérieure, ont l'Esprit nécessaire pour faire du végétal ou de l'animal, voire de l'humain. D'autres, plus modestement, ne sauront participer qu'au fonctionnement d'êtres plus élémentaires, comme des amibes ou des algues. D'autres, et ce sont sans doute les plus nombreux, ne sont capables que d'entrer dans la constitution du minéral, et sont donc incapables de s'écarter sensiblement, dans leur comportement, des simples lois physico-chimiques. Mais ceux-ci n'empêchent nullement l'existence de ceux-là, avec leur Esprit et leur conscience du monde irréductibles au simple comportement physico-chimique. Pour les distinguer des électrons « incultes », nous nommerons ces électrons des « éons »[1], un peu

---

1. Ce mot « éon » avait été choisi par les gnostiques, au Iᵉʳ siècle de notre ère, pour précisément désigner des êtres porteurs de l'Esprit, intervenant dans le comportement de la matière. Cette appellation a été reprise, avec à peu près la même définition, par les néo-gnostiques de Princeton (voir l'ouvrage de Raymond Ruyer, *op. cit.*). Il est curieux de voir comment le mot éon est une sorte de contraction du mot électron. Intuition des gnostiques du Iᵉʳ siècle? Sait-on jamais?

à la manière dont on distingue les savants ou les sages parmi les humains.

Une des conséquences les plus importantes du fait que notre Esprit soit constitué de l'Esprit des éons de notre corps est que, dans ce cas, notre Esprit est pratiquement immortel, puisque les électrons ont une vie qui se mesure en milliards d'années, et est donc comparable à l'âge de l'Univers lui-même (15 milliards d'années environ selon les cosmologues contemporains). Cela signifie aussi que notre Esprit possède des éléments spirituels plongeant ses racines des milliards d'années en arrière dans le passé; et, après ce que nous nommons notre mort corporelle, notre Esprit se perpétuera en avant avec nos éons, même quand notre corps sera retourné à la poussière, et ceci pratiquement pour l'éternité! Malgré ses dimensions énormes dans l'espace et le temps, l'Univers ne nous fait plus peur, il ne nous intimide plus, nous vivons, chacun de nous, une aventure spirituelle à l'échelle de ses immenses dimensions.

Mort absurde, Mort illogique, voilà donc peut-être qu'on voit approcher ta défaite!

C'est ce que nous voudrions examiner maintenant plus attentivement, en regardant en particulier si les physiciens confirment bien chez certaines particules élémentaires, les électrons notamment, cette possibilité d'un « dedans » capable des caractéristiques réclamées pour l'Esprit.

CHAPITRE II

De quelle substance
sommes-nous faits?

La Matière agrandie mille milliards de fois. — L'électron fantôme. — Probabilisme et description des phénomènes. — Un dehors et un dedans de l'espace. — Le temps en Physique comme le chien dans un jeu de quilles. — L'Esprit et le dedans de l'espace-temps. — Première intervention des trous noirs. — La Physique ouvre la porte à l'Esprit.

Ainsi donc notre Esprit serait associé à de minuscules particules qui entrent dans la composition de la matière de notre corps, et que les physiciens nomment électrons. Partons donc à la découverte de ces électrons, en essayant d'analyser par la pensée la matière de notre corps.

Cette matière de notre corps, considérée au point de vue de ses particules les plus fines, n'a d'ailleurs rien de particulier par rapport à un autre type de matière. C'est une matière semblable à celle du bois qui fait ma table ou au métal de la plume de mon stylo.

Choisissons par exemple mon crayon, posé sur ma table. Pour savoir « de quoi il est fait », en dernière analyse, je vais jouer à Alice au Pays des merveilles. Je vais demander à ce crayon de grandir, grandir, jusqu'à ce que je puisse y voir quelque chose dans cette substance compacte que j'ai dénommée matière. Rappelons-nous encore que ce que je vais apercevoir (si je vois quelque chose) serait à peu près identique si, au lieu du crayon, j'avais analysé un morceau de ma propre chair, mon doigt par exemple.

Voilà donc mon crayon, que j'ai disposé verticalement devant moi, qui augmente ses dimensions sous le coup de ma baguette magique. Je le laisse grandir et grossir progressivement, en attendant de pouvoir discerner les éléments de sa structure. Le voilà bientôt aussi haut que la tour Eiffel, environ 300 mètres... et je ne distingue toujours rien de spécial, si ce n'est un bloc compact et sans aucune transparence. Tout au plus puis-je constater qu'il change de couleur et prend une bizarre apparence irisée, rappelant par instants l'aspect d'un arc-en-ciel.

Poursuivons donc l'expérience, mon énorme crayon continue à monter vers le ciel en accroissant ses dimensions; le voilà avec sa pointe qui approche maintenant l'altitude vertigineuse de 100 kilomètres. Mais quel est donc cet effet étrange? Les couleurs irisées qui dessinaient les contours de mon gigantesque crayon s'estompent de plus en plus; encore quelques instants et, brusquement, voilà mon crayon qui a disparu! Alors que, jusque-là, il me cachait entièrement le paysage situé à l'arrière-plan, puisque sa base était devenue un cylindre de près de 10 kilomètres de diamètre, tout à coup cet écran s'est dissipé, le crayon s'est littéralement volatilisé, et j'aperçois à nouveau le paysage qu'il me dissimulait!

Où est donc passé mon crayon? Qu'est donc devenue cette « matière » dont je cherchais à analyser la structure? Serait-il possible que, sous cet agrandissement de près d'un million, mon crayon ne me fasse apparaître pour sa substance... que du vide!

Je veux en avoir le cœur net : il y a peut-être quand même « quelque chose » que je ne discerne pas dans tout ce vide, un « résidu » de la substance de mon crayon. Qu'à cela ne tienne, un autre coup de baguette magique, nous allons continuer à faire grandir les dimensions de ce qui devrait être mon crayon, jusqu'au moment où j'apercevrai quelques traces de ce résidu.

Voilà mon crayon qui, sans que je le voie cette fois, se reprend donc à grandir. Le « compteur » sur ma baguette magique m'indique la hauteur de sa pointe : 1 000 kilomètres, 10 000 kilomètres. Toujours rien! 100 000 kilomètres, un million de kilomètres : nous en sommes à près de trois fois la distance de la Lune... et j'ai beau regarder attentivement, je ne vois que du vide, du vide, rien de « matériel »!

Continuons encore un peu : 10 millions de kilomètres, 100 millions de kilomètres; la pointe de mon crayon doit théoriquement venir maintenant « buter » sur notre Soleil!

Mais voici que, près de moi, je viens enfin de distinguer « quelque chose » : une petite bille, ou plutôt un petit tas de billes, une douzaine peut-être, chacune ayant environ la grosseur d'un petit pois, le tout formant un volume vaguement sphérique d'approximativement un centimètre de diamètre.

Ainsi, il n'y avait tout de même pas que du vide dans la matière de mon crayon! Mais, reconnaissons-le, je n'ai pas encore aperçu grand-chose. Regardons-y de plus près cependant : ce petit tas opaque de la dimension d'un centimètre n'est pas tout seul, il s'en trouve d'autres semblables qui remplissent tout l'espace qu'occupe actuellement mon crayon, étendu de la Terre au Soleil. Mais quelle distance entre chaque petit tas de ce résidu matériel : il me faut parcourir 100 mètres pour découvrir le tas le plus voisin!

Ainsi, voilà comment elle m'apparaît finalement, cette « matière » de mon crayon, après avoir procédé à un agrandissement de 1 000 milliards, qui amène la pointe de mon crayon à toucher le Soleil : des billes d'un centimètre distantes l'une de l'autre de 100 mètres environ; et, entre toutes ces billes, c'est le vide complet, transparent, sans aucune matière visible.

Il est vrai que, si ces billes sont très distantes et très petites, elles sont également très nombreuses. Comme elles sont équidistantes l'une de l'autre, le calcul est facile : il y en a environ 100 000 milliards de milliards dans ce qui formait mon crayon.

Et voilà. Quand j'aurai raconté cette histoire à un physicien d'aujourd'hui, il m'expliquera que ces petites sphères d'un centimètre sont les noyaux des atomes de carbone qui constituent mon crayon en bois. Chaque noyau est lui-même formé d'un « tas » de 12 petites particules vaguement sphériques ressemblant à des petits pois : ce sont là, enfin, ces petites particules « élémentaires » que je m'attendais à devoir trouver, ces « grains » les plus fins de la matière. Les noyaux des atomes contiennent deux types de ces particules élémentaires : des neutrons et des protons. Dans les noyaux de carbone de mon crayon, les noyaux sont faits d'un « tas » de 6 neutrons et de 6 protons. Protons et neutrons sont très semblables, si ce n'est que les protons sont électrisés, alors que les neutrons ne le sont pas. Les physiciens admettent généralement que protons et neutrons sont deux états différents de la *même* particule, le nucléon. Nous nous contenterons donc de dire, désormais, que le noyau atomique est formé d'un « tas » de nucléons. Si, au lieu du crayon, j'avais analysé la chair de mon doigt, j'aurais trouvé exactement la même apparence générale, c'est-à-dire, après l'énorme agrandissement que j'ai fait subir au paysage, des petites billes faites de tas de protons et de neutrons de sensiblement un centimètre de diamètre, toujours distantes l'une de l'autre de 100 mètres environ. Tout au plus, à une analyse plus attentive, aurais-je pu constater que les billes ne contiennent pas toujours le même nombre de « particules élémentaires » que pour mon crayon; certaines billes ont un peu plus de protons, d'autres un peu plus de neutrons. Mais ceci n'est pas l'essentiel, pour notre propos ici, et nous ne nous y attarderons pas. Pourquoi n'est-ce pas l'essentiel? Parce que, toutes nos petites billes, *du fait que nous les apercevons,* nous démontrent que c'est encore de la *matière brute* que nous considérons. Or, c'est l'Esprit dont nous sommes en quête : et l'Esprit, on doit s'y attendre, cela *ne se voit pas.*

Mais alors, comment faire pour discerner quelque chose comme l'Esprit, puisqu'il ne se voit pas? Tournons-nous vers le physicien, qui nous a tout à l'heure renseigné sur ce qu'étaient ces petites « billes » que nous apercevons. Des noyaux d'atomes, nous a-t-il répondu. Mais est-ce là *tout* ce qu'on devait s'attendre à trouver? Non, nous dit le physicien, il tourne aussi, autour de chaque noyau d'atome d'un centimètre de diamètre (dans l'image agrandie), à une distance d'environ 50 mètres de chaque noyau, de minuscules petits éléments gros comme des pépins de raisin, nommés *électrons.*

Intéressant. C'est précisément eux que nous voudrions bien mieux connaître. Pour les noyaux de carbone que nous considérons ici, nous devrions découvrir six de ces électrons, tournant autour de la bille centrale, comme les planètes tournent autour de notre Soleil.

Mais nous avons beau ici scruter attentivement les alentours des billes de carbone, rien à faire, nous *n'apercevons* aucun de ces pépins de raisin-électrons.

Renseignons-nous une nouvelle fois auprès du physicien, et disons-lui notre surprise de ne rien voir. Notre vue est pourtant suffisante pour apercevoir quelque chose qui aurait les dimensions d'un pépin de raisin. Est-ce sûr, demandons-nous, que ces électrons ne soient pas plus petits que des pépins de raisin?

Notre physicien paraît embarrassé. C'est bon signe. Il ne nous a sans doute pas tout dit. Ou alors il n'est pas sûr de ce qu'il avance. « A vrai dire, déclare-t-il enfin, nos observations ne nous ont jamais permis d'assigner *directement* des dimensions à l'électron. Au contraire, quand on le voit interagir avec d'autres particules, comme par exemple des protons ou des neutrons, la " mécanique " de ces interactions nous indique que l'électron se comporte comme un *point mathématique,* c'est-à-dire un objet de dimensions *nulles.* »

Ouf! On comprend mieux alors qu'on ne voit rien. Mais alors, pourquoi nous avoir parlé d'abord des dimensions d'un pépin de raisin pour l'image agrandie de l'électron?

« Parce que, bredouille timidement notre physicien d'un air mi-figue, mi-raisin, on a pu mesurer indirectement *la masse* de petits objets tournants autour de nos noyaux d'atome. Cette masse, elle, n'est pas nulle. Logiquement, il ne peut exister de masse finie comprise dans un volume *nul*[1]. Nous avons donc supposé que l'électron avait une densité à peu près semblable à celle de la matière des protons et des neutrons du noyau : et, ayant la masse et la densité, nous en avons conclu qu'on pouvait s'attendre, pour l'électron, à des dimensions voisines de celles

1. Pour ceux qui sont un peu physiciens, nous parlons ici de ce qu'on nomme la masse *propre,* ou masse au repos. Car on sait, depuis Einstein, que la masse augmente avec la vitesse... et tend même vers l'infini si l'objet approche la vitesse de la lumière. Il existe effectivement des objets, comme les photons de lumière par exemple, qui circulent exactement à la vitesse de la lumière, mais ils possèdent une masse propre *nulle;* ils ont aussi, cette fois-ci, un volume nul.

d'un pépin de raisin (dans l'image de l'électron agrandie 1 000 milliards de fois, bien entendu). »

Bon. Mais nous, nous avons le bon sens de « l'homme de la rue », et nous ne sommes que très imparfaitement satisfaits de la réponse du physicien. Et d'abord, comment sait-on, puisqu'on ne les voit pas directement, puisqu'on doit leur assigner « directement » un volume nul, comment sait-on que ces électrons sont bien là, et qu'ils tournent autour du noyau-bille comme des planètes autour du Soleil?

On le sait « indirectement » nous répond le physicien, de plus en plus embarrassé, et agacé un peu que nous agitions cette affaire avec notre simple bon sens, au lieu d'allonger sur un tableau noir des lignes et des lignes de formules mathématiques. On le sait indirectement, consent-il cependant à expliquer, parce qu'on constate dans l'espace l'existence de petits champs magnétiques très localisés, tournant autour du noyau-bille, comme le ferait une petite sphère électriquement chargée tournant autour de ce noyau. Un champ magnétique, cela ne laisse pas de trace *visible,* mais on peut constater, avec une boussole par exemple, que l'aiguille de la boussole dévie quand la petite sphère chargée s'approche de la boussole, puis ensuite s'en éloigne.

D'accord, nous sommes curieux, et nous avons une boussole. Faisons donc l'expérience sur notre matière 1 000 milliards de fois agrandie.

Le physicien avait raison. Avec un peu de patience, on constate que la boussole dévie effectivement par moments, comme si 6 petits aimants, invisibles à notre vue cependant, se déplaçaient autour de chaque noyau-bille.

« Vous voyez! jubile le physicien. J'avais raison! (Il paraît quand même satisfait qu'on l'ait " rassuré " sur son savoir!) Vous venez de détecter " indirectement " le passage de 6 minuscules sphères chargées, ce sont les 6 électrons tournant autour du noyau de carbone. »

Minute! Nous, les hommes de la rue, nous sommes comme saint Thomas, et nous ne nous contentons pas d'une réponse aussi incomplète. Quoi! tout se passe comme si 6 minuscules sphères chargées tourbillonnaient autour du noyau-bille, nous constatons leur passage périodique avec notre boussole, et nous ne voyons cependant *aucune trace* de ces petits aimants eux-mêmes? La Physique, pensions-nous cependant (était-ce une opinion « naïve »?), ne croyait pas aux « tables tournantes » et encore moins aux esprits capables de faire mouvoir ces tables. Alors, *quid* de ces petits aimants invisibles, qui agissent sur notre boussole sans se faire voir, nous contraignant à jouer à « Esprit, es-tu là »?

Mais, cette fois-ci, notre physicien reste « sec ». Aucune réponse. Peut-être est-il fâché? Ou, peut-être (cela arrive, même aux physiciens!), peut-être ignore-t-il tout simplement la réponse, et ne veut-il pas l'avouer. (Un savant ne doit-il pas « tout » connaître?)

Tant pis. Nous réfléchirons donc tout seuls, avec notre petit cerveau, nous, les « non-savants ».

Et, comme nous ne disposons pas de formules mathématiques mais ne sommes armés que de notre simple bon sens, nous ferons une nouvelle fois comme le Rouletabille de la *Chambre jaune* : puisqu'on détecte le passage de petits aimants « invisibles » créant un champ magnétique, nous ne proférerons pas l'absurdité de dire qu'ils sont invisibles parce qu'ils ont des dimensions nulles, nous dirons qu'ils sont bel et bien là mais qu'*ils sont cachés,* ils ne sont pas apparents. Et nous sommes cependant décidés à aller au-delà des simples apparences, et à les découvrir.

Dans le fond, une expérience familière, que même les jeunes enfants sont capables de faire, nous rappelle vaguement cette situation de nos électrons invisibles. Souvenez-vous. Vous posez sur la table une feuille de papier blanc et sur la feuille quelques épingles. Vous appelez ensuite votre jeune fils, et vous lui montrez, à sa grande stupéfaction, que les épingles se déplacent *toutes seules* sur la feuille de papier. Mais votre fils n'est pas encore physicien, et il ne va pas être dupe bien longtemps. Il va soulever votre feuille de papier... et découvrir que vous y cachiez un petit aimant, qui vous permettait de déplacer subrepticement les épingles « comme si » l'aimant n'était pas là. Vous auriez pu, tout aussi bien, remplacer d'ailleurs les épingles par une boussole. Tant que l'aimant reste invisible, on ne comprend pas

alors comment, en approchant de la feuille de papier, l'aiguille
de la boussole s'affole comme si quelque chose agissait sur elle.

Bien. Il semble que cette analogie nous ait mis sur une voie
d'approche, sinon sur la bonne voie. Mais, malheureusement,
dans notre cas des électrons invisibles, il n'y a apparemment
aucune feuille de papier à soulever, et nous restons bien embarrassés pour savoir où se cachent ces petits aimants qui produisent
la déviation de notre boussole.

Qu'à cela ne tienne! Dans notre naïveté d'hommes de la rue,
nous nous permettrons de poursuivre notre raisonnement dans
une direction où les physiciens hésiteraient à s'engager.

Comment les physiciens s'en tirent-ils devant le dilemme qui
est ici le nôtre, dans lequel on détecte le champ magnétique de
minuscules aimants de volumes nuls (puisque invisibles)? Ils
vont prétendre que nos organes des sens ne sont pas assez aigui-
sés pour détecter ce qui se passe, et ne permettent pas de donner
des phénomènes observés une explication utilisant les moyens de
description habituels. Ils déclarent que, lorsqu'on atteint ces
limites d'observation de la matière la plus fine, le mot « description », au sens où l'entend le sens commun, c'est-à-dire la possibilité d'indiquer ce qu'il y a, à chaque instant, en tel ou tel point
de l'espace observé, n'a plus cours, et que seules les formules
mathématiques pourront nous renseigner. Ces formules ne nous
donneront plus, comme par le passé, une description de ce qu'il
y a dans l'espace à chaque instant, mais une simple « probabilité » d'observer un phénomène en tel point de l'espace à tel
instant. Encore feront-ils des réserves : car observer quoi, dans le
cas qui nous concerne? Observer le passage d'un petit objet ayant
(dans notre image agrandie) la forme d'un grain de raisin appelé
électron? Non, puisque l'électron, même quand on a la chance
(d'après la formule probabiliste) de pouvoir l'observer en tel
point à tel instant, ne se montrera toujours qu'*indirectement,*
comme le ferait un petit aimant invisible. On a donc une certaine
probabilité d'observer la déviation de la boussole, mais non pas
une probabilité d'observer un objet dont on pourrait dire comment

il est fait. Une histoire digne des spirites! Bref, la description pro-babiliste qu'acceptent la plupart des physiciens contemporains renonce à la possibilité de « décrire », au sens usuel, mais se contente d'une probabilité de rencontrer au coin de tel ou tel instrument de mesure... un fantôme, à peu près semblable à l'Esprit qui a, lui aussi, une certaine probabilité de se manifester « indirectement » (c'est-à-dire sans se laisser voir) derrière (ou en dessous de!) la table tournante.

Nous avons bien dit « la plupart » des physiciens, car certains (le plus notoire fut Albert Einstein) ont toujours refusé ce renoncement à « décrire », et ont qualifié l'interprétation « probabiliste » d'*incomplète,* et donc temporaire.

De fait, depuis quelques années, on assiste à un retour en force des tentatives pour « décrire » à nouveau les phénomènes physiques, et ne pas se contenter d'une simple probabilité d'apparition d'objets directement invisibles. Certes, tous les physiciens reconnaissent le succès de l'interprétation probabiliste; mais, comme Einstein, certains d'entre eux considèrent cette interprétation comme fournissant une description *incomplète* des phénomènes. En d'autres termes, ils pensent qu'on doit pouvoir faire mieux [1].

Cela dit, et nous, les « hommes de la rue »? Doit-on se contenter de cette absence d'explication concrète et accepter que, décidément, la Physique d'aujourd'hui n'est plus « compréhensible » pour nous? Ou peut-on profiter de notre énorme agrandissement de l'atome 1 000 milliards de fois, et de notre seul scalpel appelé « bon sens » (qui hérisse tellement les « probabilistes ») pour contribuer utilement au « mystère de la chambre atomique », et tenter de découvrir où se cachent les électrons invisibles? Nous

---

1. Ces physiciens « néo-probabilistes » travaillent, pour la plupart, dans le prolongement des travaux d'Einstein sur la Relativité générale. Une excellente voie de recherche est ce qu'on nomme la « Super-Gravitation ». J'ai moi-même publié une *Théorie de la Relativité complexe* (Albin Michel, 1977). Toutes ces théories sont des « généralisations » de la Relativité générale, destinées à compléter l'interprétation probabiliste.

avons en tout cas bien du mal à accepter qu'ils soient *par principe* invisibles, comme veulent nous l'imposer les physiciens probabilistes.

Nous aurions tendance à conclure comme l'avait fait tout à l'heure notre jeune enfant qui a soulevé la feuille de papier pour découvrir l'aimant qui affolait la boussole. Si les électrons se manifestent sans se montrer dans l'espace où l'on regarde, c'est qu'il doit y avoir un côté « visible » et un côté « invisible » à cet espace; en d'autres termes, l'espace doit avoir, tout comme la feuille de papier, un « dessus » et un « dessous » : dessus, c'est le visible, en dessous, c'est l'invisible. Si nous, avec les physiciens, nous ne parvenons pas à donner directement à l'électron des dimensions *visibles,* c'est parce que les physiciens (pas nous) n'ont jamais, jusqu'ici, osé faire l'hypothèse que l'espace, ou plutôt l'espace-temps, où ils cherchent à décrire tous les phénomènes physiques, avait *un dessus et un dessous;* ou, préférons-nous dire, un dehors et un dedans : un dehors visible et un dedans invisible.

Pourtant, ces physiciens savent bien, depuis Descartes, l'utilité de ce qu'on nomme un système de référence. Ils savent aussi, depuis Einstein, que s'ils se trompent dans leurs hypothèses de base sur *la nature* de l'espace et du temps, il va leur manquer des explications *cohérentes* pour rendre compte de certains phénomènes.

Mais les physiciens sont habituellement ultra-réactionnaires, ils n'aiment guère les changements « fondamentaux » dans leur manière de voir notre Univers; et, malgré la Relativité, ils préfèrent confondre leurs postulats de base avec des absolus au lieu de les considérer comme de simples *hypothèses* de travail, susceptibles de révision (comme le sont tous les postulats, par définition). Alors, pourrait-on vraiment envisager sérieusement une Physique qui remette en question ces concepts de base que sont l'espace et le temps? Einstein a déjà fait souffrir, au début du siècle, quelques générations de physiciens « pantouflards », en prétendant qu'il fallait, bon gré mal gré, remettre en question le postulat d'un temps absolu; et Einstein s'est même permis, dix années après, de tourner le couteau dans la plaie de ces mêmes physiciens, fidèles serviteurs d'une science immobile, en réclamant d'abandonner l'espace euclidien, en prétendant (ô scandale!) qu'il serait plus efficace d'accepter le postulat que l'espace puisse être « courbe »! Et maintenant, une fois de plus, on voudrait nous faire changer nos idées de base sur l'espace et le temps. Cet espace-temps physique qu'est le nôtre et que nous croyons si bien connaître, devrait être supposé non seulement avec un temps relatif, non seulement avec un espace « courbable », mais encore avec un « dedans » et un « dehors ». Et d'abord, qu'est-ce que cela signifie un « dedans » et un « dehors », pour l'espace-temps?

Là, puisque nous en sommes aux coups de pattes (amicaux, j'espère) à mes amis physiciens, je dirais que l'une de leurs caractéristiques étonnante (étonnante, parce que cette caractéristique est antiscientifique, et qu'on devrait en principe s'attendre à voir les physiciens raisonner dans le cadre d'un esprit scientifique), une de leurs caractéristiques étonnante, disais-je, est ce fait que leur première réaction à ce qu'ils ne connaissent pas (car on ne le leur a pas appris à l'école) est non pas de *se renseigner* plus avant pour voir ce qu'il en est, mais de systématiquement réagir en assurant que « l'autre », celui qui annonce du nouveau, « se trompe », ou est insuffisamment informé (quand ils n'utilisent pas un langage plus violent). C'est typiquement vrai, notamment, dès qu'on parle à la plupart des physiciens de phénomènes où intervient l'Esprit, peu ou prou. L'Esprit peut tout faire, même leur permettre de *comprendre* les phénomènes qu'ils étudient : mais aucune explication physique n'a le droit d'être avancée pour tenter d'expliquer ce qu'est l'Esprit lui-même.

Le problème d'un dehors et d'un dedans possible de l'espace-temps entre immédiatement, pour bien des physiciens, dans la catégorie de problèmes où on essaye (éventuellement de manière déguisée) de faire jouer un rôle à l'Esprit dans l'explication des phénomènes de la Nature. Conclusion : ces physiciens refuseront de chercher à se renseigner sur ce qu'il faut entendre par un « dedans » et un « dehors » possibles de l'espace-temps.

Ce qu'il faut entendre par « dehors » et « dedans » est pourtant relativement simple. Cela veut simplement dire qu'il y a des choses qui se manifestent *directement* à notre observation, c'est-à-dire qui sont visibles (au moins en principe), tels les noyaux des atomes par exemple, ou encore les protons et les neutrons qui constituent ces noyaux. On peut, pour ces objets, leur assigner des dimensions dans l'espace au moment où ils se manifestent, en interagissant les uns avec les autres. Cela, c'est le « dehors » de l'espace-temps.

Et puis, il y a aussi des choses qui ne se manifestent qu'indirectement en ce sens qu'elles ne sont pas accessibles à nos organes des sens comme quelque chose prenant place dans un volume fini et non nul de l'espace. Comme elles existent cependant bel et bien, puisqu'elles se manifestent (fût-ce indirectement), c'est qu'il doit exister un « envers » à l'espace-temps, où les phénomènes se déroulent sans conserver la propriété d'être visibles, un peu comme le faisait tout à l'heure notre aimant que nous agitions sous notre feuille de papier. Ces phénomènes se manifestent cependant *directement à notre Esprit*. Seul notre Esprit les « saisit » ainsi directement, nos organes des sens ne les saisissent qu'indirectement. Est-ce si rare de trouver des phénomènes de cette catégorie, c'est-à-dire directement saisis par l'Esprit mais indirectement saisis par nos organes des sens? L'électron invisible en est un bon exemple, et important aussi : peut-on considérer comme une explication « définitive » celle d'un électron fantôme, doué de masse et d'actions dans le monde visible mais de volume nul, c'est-à-dire totalement « absent » de notre monde, ou au moins absent tant qu'on se limite au postulat d'un espace-temps n'ayant qu'un « dehors »? Un autre exemple, et plus fondamental encore sans doute, est le fonctionnement de notre propre Esprit : il se manifeste, puisqu'il raisonne, est capable de sentiments, permet de communiquer avec le monde extérieur; et, cependant, il demeure invisible, il n'est pas directement, mais seulement indirectement, accessible à nos organes des sens.

Les physiciens contemporains sont, à mon avis, d'autant plus coupables d'hésiter à se renseigner (je ne dis pas d'adopter) sur un « dehors » et un « dedans » possibles de l'espace-temps que les astrophysiciens, eux, ont bien été contraints (notamment en étudiant des phénomènes comme les « trous noirs », et nous y reviendrons) à admettre qu'il peut exister des régions du cosmos *où l'espace et le temps échangent leur rôle :* l'espace devient du temps, le temps devient de l'espace. Et bien, c'est tout simplement cela, le « dedans » de l'espace-temps. Ce sont ces régions où le temps s'est transformé en espace et où l'espace s'est transformé en temps. Des régions aussi où les phénomènes se déroulent en paraissant « remonter le temps », et où donc le principe d'entropie croissante s'est transformé en celui d'entropie décroissante, c'est-à-dire en une évolution de plus en plus ordonnée [1]. L'Astrophysique, c'est quand même bien de la Physique !

Fi de tout cela ! Et l'espace-temps nécessaire aux astrophysiciens n'est pas nécessairement celui nécessaire aux physiciens des particules ! Nous ne sommes pas intéressés à des conceptions « métaphysiques » telles que le dehors et le dedans possibles de l'espace, prétend la vieille garde de la Physique enfermée dans sa tour d'ivoire. Et il n'est nul besoin de perdre notre temps à nous renseigner à ce sujet auprès des astrophysiciens. Qui parle donc, après cela, de l'unité de la connaissance, et de la cohérence du savoir ? Ne doit-on pas plutôt croire, comme l'affirmait Albert Einstein [2], que « le temple de la Science serait bien vide si on en retirait tous ceux qui ne font pas véritablement de la Science » ?

Pour ma part, en tout cas, j'ai en trop haute estime mes amis astrophysiciens, qui depuis de longues années développent leurs recherches dans le cadre ouvert par la Relativité générale d'Einstein, pour avoir laissé passer inaperçues leurs conclusions selon lesquelles les « trous noirs » se présentent comme un envers (ou plutôt un dedans) de l'espace-temps. Mais, comme je crois à

1. Nous reviendrons sur tous ces aspects, pour les expliquer plus en détail, au cours du présent ouvrage.
2. *Comment je vois le monde,* Flammarion, 1939.

l'unité nécessaire du groupe des postulats à accepter dans une physique applicable à tout l'Univers, des minuscules particules élémentaires aux immenses objets cosmiques, j'ai volontiers admis que si on devait accepter pour le plus grand un espace-temps à « deux faces », il fallait aussi prêter cette propriété à l'espace-temps traitant du plus petit. Et, comme les astrophysiciens avaient, dans leurs investigations théoriques, découvert que espace et temps échangent leurs rôles quand on traverse la bouche d'entrée d'un trou noir, j'ai pu utiliser ce précieux renseignement pour développer une Relativité générale « généralisée », que j'ai nommée Relativité complexe [1].

Ce n'est naturellement pas mon intention de développer ici ce qu'est la Relativité complexe, et les lecteurs intéressés se reporteront directement à l'ouvrage que j'ai récemment publié à ce sujet [2].

Mais, ce que je voudrais que mon lecteur plein de « bon sens » aperçoive ici, c'est comment les particules constituant la matière (et il vaudrait mieux dire constituant la Matière et l'Esprit, nous y reviendrons), à savoir les protons et les neutrons de noyau atomique d'une part et les électrons tournant autour de ce noyau d'autre part, se situent respectivement l'un par rapport à l'autre dans cet espace-temps à « dehors » et « dedans ».

L'image à proposer est exactement celle qui nous a servi tout à l'heure pour expliquer le phénomène de la déviation de la boussole posée *sur* une feuille de papier, avec un aimant caché (donc invisible, mais directement concevable par l'Esprit), *au-dessous* de la feuille.

L'espace-temps est schématisé par les deux régions de la page

1. Le mot « complexe » est à prendre ici strictement dans un sens mathématique. Dans l'espace-temps complexe, les trois dimensions d'espace et la dimension temps sont « complexes », c'est-à-dire ont une partie « réelle » et une partie « imaginaire », alors que la Relativité générale d'Einstein ne postulait qu'un espace-temps possédant trois dimensions d'espace réelles et une dimension temps imaginaire (ou vice versa). Dans un espace-temps complexe, le « dehors » est celui habituel à la Relativité générale, mais le « dedans » vient le compléter et se présente effectivement comme une région où espace et temps échangent leurs rôles.

2. *Théorie de la Relativité complexe, op. cit.*

situées de part et d'autre d'une ligne horizontale. Cette ligne indique la démarcation entre le « dehors » de l'espace-temps (situé au-dessus de la ligne) et le « dedans » de l'espace-temps (situé en dessous de la ligne).

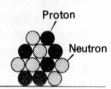

Dehors
de l'espace-temps
(Matière)

Noyau
atomique
de carbone

Proton

Neutron

_____

Dedans
de l'espace-temps
(Esprit)

Électron

Tout ce qui est au-dessus de la ligne de démarcation est visible, et plus généralement accessible à nos organes des sens.

Tout ce qui est au-dessous de la ligne de démarcation est directement accessible à l'Esprit, mais seulement indirectement accessible à nos organes des sens.

De part et d'autre de la ligne, on a donc une « substance » différente, l'une est visible notamment, l'autre pas. La première doit être qualifiée de Matière, l'autre d'Esprit. Ces deux substances n'ont pas d'interactions directes, c'est-à-dire qu'un objet situé en dessous ne peut pas venir passer au-dessus pour « heurter », par exemple, un objet situé au-dessus. Mais il peut exister cependant entre les objets situés de part et d'autre des interactions *indirectes,* c'est-à-dire sans échange d'objets. Ces échanges indirects (que les physiciens nomment, à la suite de Feynmann, des interactions « virtuelles ») sont comparables à ce qui se passe quand vous vous regardez dans une glace : vous ne pouvez pas pénétrer dans l'espace qui est celui *derrière* la glace, c'est un monde virtuel; cependant, vous constatez que si vous levez le bras, votre image virtuelle dans la glace lève aussi le bras. Il y a donc une influence indirecte entre votre monde et le monde virtuel apparaissant dans la glace.

Le noyau atomique qui, dans l'agrandissement à 1 000 milliards, était (pour le carbone) un tas de 12 billes formant au total une sphère d'environ un centimètre de diamètre, doit être représenté dans le « dehors » de l'espace-temps (c'est-à-dire au-dessus de la ligne de démarcation). L'électron, au contraire, est une petite sphère de un ou deux millimètres de diamètre située en dessous de la ligne de démarcation, donc géométriquement représenté avec des dimensions *non nulles* dans le « dedans » de l'espace-temps. Mais, vu du dehors de l'espace-temps, c'est-à-dire directement saisi par nos organes des sens, l'électron ne laisse que la trace de son point de contact sur la ligne de démarcation, c'est-à-dire apparaît comme un objet « sans volume », et plus généralement sans formes géométriques définissables. Bref, il est invisible, dans le dehors de l'espace-temps. Il est un objet qui ne peut être *directement* saisi que par l'Esprit. En fait, et nous allons le voir, *il est Esprit;* alors que les protons et les neutrons *sont Matière*.

Il est bien clair que, avec cette utilisation de l'axiome d'un espace-temps « complexe » (c'est-à-dire ayant à la fois un dehors et un dedans), on ne peut s'empêcher, à cause des définitions mêmes que nous avons données aux mots « dehors » et « dedans », de faire entrer *de plain-pied* l'Esprit dans la Physique nouvelle que nous proposons de construire.

La « vieille garde » de la Physique va être revêche, j'en suis conscient, à cette intrusion de l'Esprit dans leur science qu'ils baptisent « exacte » (et, le croient-ils, « exacte » précisément parce qu'elle laisse délibérément l'Esprit à la porte). Mais que d'avantages dans la nouvelle représentation! Enfin les phénomènes perdent ce caractère d'incomplétude, de « non descriptible par principe »! Enfin la Physique, qui depuis 1920, et précisément avec le probabilisme, parlait des « limites » de notre connaissance pour décrire les phénomènes et discutait pour savoir si l'onde « psi » de description des phénomènes quantiques était subjective ou objective, ouvre toute grande la fenêtre, abandonne ce langage plein de contradictions internes et reconnaît qu'il ne peut plus y avoir de Physique cohérente et complète sans donner une place à part entière à notre moyen essentiel (je dirais même unique) pour connaître, c'est-à-dire notre Esprit.

Je sais aussi cependant que : « La vieille garde meurt, mais ne se rend pas. » Alors, tant pis. Et il ne nous restera dans ce cas, pour nous consoler, que la célèbre boutade (est-ce vraiment une boutade?) du grand physicien Max Planck, qui savait de quoi il parlait en affirmant : « Une nouvelle théorie physique ne triomphe jamais, ce sont ses adversaires qui finissent par mourir. »

CHAPITRE III

Le « dedans » de l'Univers
et les trous noirs

Les trous noirs et l'Esprit. — L'espace n'est pas le vide mais une
« substance ». — Analogie de l'espace avec une goutte d'eau. —
L'eau et la vapeur comme la Matière et l'Esprit. — Images des
particules dans l'analogie de la goutte d'eau. — Comment naît
un trou noir. — Comment identifier un trou noir. — Un temps
qui va du futur vers le passé. — Dans le trou noir, l'espace
« s'écoule » et on « se déplace » dans le temps. — La mémoire et
le raisonnement comme l'espace-temps d'un trou noir. — Mort
d'un trou noir. — Le trou noir n'est qu'un Esprit confus et
éphémère. — Un micro-trou noir à l'Esprit clair et éternel :
l'électron.

Avant de revenir sur ces particules qui seraient porteuses de
notre Esprit que sont les électrons, nous allons faire un détour
lointain, dans l'Univers. Nous allons parler d'objets cosmiques
qui, depuis quelques années, constituent l'un des principaux pôles
d'intérêt des astrophysiciens : les trous noirs.

Pourquoi ce détour apparemment insolite? Les trous noirs sont
ce qui reste d'étoiles mourantes, et il est bien certain qu'ils
n'entrent nullement dans la composition ni de notre corps ni de
notre Esprit.

Cependant, il y a deux excellentes raisons pour que nous
allions faire d'abord un tour du côté des trous noirs, et nous
allons voir que, contrairement aux apparences, *la nature* de notre
Esprit n'est pas sans rapport avec la nature de ces trous noirs.

Une première raison est que les trous noirs constituent une
preuve, comme nous l'avons déjà dit au chapitre qui précède,

de l'existence d'un « dedans » complétant le « dehors » de notre
espace-temps. Or, nous venons de le voir, les électrons porteurs
de notre Esprit seraient, eux aussi, logés dans le « dedans » de
l'espace-temps, ils seraient dans « l'envers » de cet espace-temps
où nos organes des sens détectent directement la Matière.

Une seconde raison vient des analogies de mécanismes que
nous découvrons sans cesse entre le cosmique et le microscopique. Nous savons que l'atome, avec ses électrons tournant
autour du noyau, a une grande ressemblance avec les systèmes
stellaires, avec les planètes tournant autour de l'étoile centrale.
Le noyau atomique lui-même, et aussi les neutrons et les protons
qui le forment, ont de grandes analogies avec certaines étoiles
très denses et en pulsation qu'on nomme pulsars, les équations
de la matière hyperdense des pulsars sont très proches de celles
décrivant le neutron et le proton [1]. On est donc en droit de s'attendre à retrouver certaines particules élémentaires qui présente-
ront des analogies avec ces étranges masses cosmiques hyper-
denses que sont les trous noirs. De fait, nous allons le voir,
l'électron a de profondes analogies de structure avec les trous
noirs, au point qu'on peut le qualifier de « micro-trou noir ».

Certaines propriétés de notre immense Univers sont bien trou-
blantes, bien mystérieuses et parfois, avouons-le, bien diffi-
ciles à « visualiser » en cherchant à les rapprocher des phénomènes à notre échelle, ceux qui nous sont familiers. C'est ainsi
qu'il n'est pas toujours facile de voir ce que les physiciens
entendent vraiment quand, comme l'a enseigné Albert Einstein,
ils nous disent que l'espace peut « se courber ». L'espace est
une donnée intuitive que nous croyons bien connaître : c'est ce
qu'on appelle parfois le « vide » qui nous entoure, c'est là où se
déplace notre corps quand nous faisons des mouvements. Nous
avons l'impression que cet espace n'a aucune propriété parti-

1. Comme je l'ai montré dans ma *Théorie de la Relativité complexe (op.
cit.)* et aussi d'après les études des physiciens russes (voir notamment
G. SAHAKIAN, *Problèmes de cosmogonie contemporaine*, Éd. Mir, Moscou,
1971).

culière, il est un peu comme la scène d'un théâtre, il peut contenir des objets et des personnages, mais il n'intervient nullement dans la pièce de théâtre, il ne constitue qu'un cadre pour les acteurs et les décors. Alors, si l'espace est de cette manière un simple cadre pour les phénomènes physiques, comment peut-il « se courber »?

En fait, si l'espace possède des propriétés, notamment des propriétés géométriques, c'est qu'il *n'est pas* ce cadre vide, où se déroulent les phénomènes. C'est le *néant,* c'est-à-dire l'absence de *tout,* qui pourrait (peut-être) jouer le rôle du cadre vide auquel nous pensons. Mais l'espace est déjà une certaine « substance » : ce qui nous fait ne pas le sentir c'est que cette substance est pour nous généralement homogène, et nous ne la distinguons pas plus que les poissons ne distinguent l'eau où ils baignent. Mais les poissons, dirons-nous, « sentent » cette eau, ils ressentent par exemple le glissement de l'eau sur leurs écailles quand ils nagent. C'est vrai. Mais nous-mêmes, si le train où nous sommes debout se met brusquement à accélérer, nous sentons que « quelque chose » agit sur nous dans l'espace ambiant, puisque si l'on n'y prend garde la brusque accélération nous fera perdre l'équilibre. C'est tout à fait analogue : si l'espace n'était pas une « substance », s'il était comparable au néant, une accélération n'aurait aucune influence sur notre équilibre.

Dans ce sens, notre Univers dans sa totalité pourrait être comparé à une énorme goutte d'eau, avec tous les phénomènes se déroulant à l'intérieur de la goutte d'eau. Une image familière est la forme d'une goutte d'eau, elle est sphérique, à cause des tensions superficielles qui s'exercent sur sa surface. On voit bien, pour la goutte d'eau, ce que cela veut dire que d'affirmer que « l'eau est courbée ». Notre Univers est dans ce cas : parce que l'espace est une « substance » tout comme l'eau, et non du « néant », il est capable de se courber, comme la goutte d'eau. Et, pas plus qu'un petit poisson, enfermé dans la goutte d'eau, ne pourra jamais quitter son univers-goutte, pas plus tous les objets enfermés dans l'espace de notre Univers ne pourront quitter cet Univers. Comme le poisson dans la goutte, d'ailleurs, si nous marchons toujours droit devant nous, la « courbure » de notre espace entraînera que nous finirons par revenir à notre point de départ. C'est pourquoi les physiciens se permettent de parler des « dimensions » de l'Univers, de son rayon, de son volume, de sa masse; tout comme on parlerait du rayon, du volume ou de la masse de la goutte d'eau.

Pour nous entretenir des trous noirs, la comparaison de l'espace de notre Univers avec de l'eau est particulièrement précieuse, et voici pourquoi.

On peut très bien imaginer que, dans une immense goutte d'eau à laquelle nous assimilons notre Univers, il y ait des régions qui s'échauffent plus ou moins : par exemple, parce qu'il existe des objets créant de la chaleur au sein du liquide, l'équivalent des étoiles de notre ciel. On peut imaginer aussi que, localement, la température s'élève dans certaines régions de la goutte d'eau jusqu'à transformer un peu de l'eau en une bulle de vapeur. La vapeur, c'est encore de l'eau, mais elle n'est plus dans le même état physique. On tient ici la comparaison relativement très fidèle avec le « changement d'état » de l'espace-temps dans certaines régions de notre espace, avec apparition du « dedans » de cet espace. En d'autres termes, l'eau liquide représenterait ici le « dehors » de l'espace, alors que la bulle de vapeur mettrait en évidence le « dedans » de l'espace. On voit clairement ici que le dedans est la même chose que le dehors... sans être la même chose. On comprend notamment que les caractéristiques physiques du dedans peuvent être *différentes* de celles du dehors : les caractéristiques physiques de la vapeur d'eau sont également différentes des caractéristiques de l'eau liquide. L'espace rempli d'eau est comparable à ce que nous nommons, pour l'Univers, l'espace de la Matière; l'espace rempli de vapeur est comparable à ce que nous nommons, pour l'Univers, l'espace de l'Esprit. Nous allons voir, tout à l'heure, quelles sont les caractéristiques fondamentales qui distinguent ces deux types d'espace.

Continuons notre analogie avec l'eau, pour définir un peu mieux ce que nous entendons par dedans et dehors de l'espace, car cette comparaison est très fidèle.

On voit bien que les zones de « dedans » de l'espace ne couvrent pas la totalité du volume de l'Univers lui-même. Les bulles de vapeur prenant naissance au sein de la goutte liquide ne modifient pas non plus la géométrie de la goutte dans son ensemble, ces bulles ne traduisent qu'un changement *local* d'état physique dans de minuscules zones de l'Univers (un peu les « trous » dans la laine du pull-over, pour changer de comparaison). On ne peut donc pas vraiment parler d'un dedans de *toute* la goutte liquide, ce sont plutôt de petits dedans *locaux* qui se manifestent avec l'apparition des bulles de vapeur.

C'est exactement cela aussi, pour le dedans de notre Univers. Au début de l'Univers, il y a quinze milliards d'années environ [1], l'Univers se présentait simplement avec son « dehors », il n'y avait nulle part de régions où apparaissait déjà le dedans (le pull-over était « tout neuf »!). Exprimé en d'autres mots, nous dirons donc que l'Univers du commencement était un simple Univers de Matière, l'Esprit n'y était pas encore présent. Notre goutte liquide n'avait pas encore de régions très chaudes transformées en bulles de vapeur [2]. Puis, peu à peu, il est apparu des bulles de vapeur. A vrai dire, nous allons voir qu'il faudrait distinguer *deux* types de bulles; elles sont toutes deux faites de vapeur, mais les premières sont énormes et instables, elles vont rapidement se résorber et se transformer à nouveau en eau liquide, les secondes sont minuscules et stables, une fois formées elles vont persister pour toujours. Les premières sont l'équivalent des trous noirs; les secondes sont l'équivalent des électrons. Seules les bulles stables, c'est-à-dire les électrons, vont être un espace de l'Esprit ayant une durée de vie suffisante pour *progresser,* c'est-à-dire *accroître sa conscience* au cours de la durée.

---

1. Nous reviendrons, au chapitre V, sur cette histoire cosmologique de l'Univers, telle que se la représente la Physique contemporaine.
2. Ce qui signifie que l'Univers était parfaitement et complètement descriptible avec le traditionnel espace-temps de la Matière seule, ne tenant compte que du « dehors » de l'Univers.

Mais n'anticipons pas, nous reviendrons plus tard longuement
sur ce problème d'évolution de la conscience des électrons. Ce
que nous voulons bien faire comprendre, pour le moment, c'est
comment ce dedans de l'espace *se crée* au cours de la *durée;* ce
qui nous amène d'ailleurs à corriger un peu ce que nous disions
d'abord en parlant du dehors et du dedans de l'Univers comme s'il
s'agissait du « dessus » et du « dessous » d'une feuille de papier.
Vous prenez une feuille de papier, vous la posez sur la table,
elle a *immédiatement,* dès la première seconde, un dessous et un
dessus de *mêmes* dimensions, parfaitement comparables. L'image
que nous devons avoir du dehors et du dedans de l'espace n'est
pas exactement cela, et l'apparition de petits trous dans la feuille
serait probablement une meilleure analogie : on est d'abord
en présence de la feuille pleine, c'est le dehors de l'espace; puis,
par exemple parce qu'un rayon de soleil brûlant est venu éclairer
un point de la feuille, un trou se perce dans le papier et ce papier
est alors localement remplacé par un trou, qui sera l'équivalent
du dedans de l'espace.

Toutes ces images peuvent paraître surabondantes. Je ne le
crois pas cependant [1], car il est de première importance pour mon
lecteur de bien comprendre que notre Univers n'est pas fait avec
un *double* cadre d'espace-temps, l'un *plein* de Matière, l'autre
plein d'Esprit; il n'y a pas, au moins dans la conception que nous
exposons ici de la nature de l'espace-temps, il n'y a pas un Univers de Matière qui, dès le début du monde, aurait été « doublé »
partout par de l'Esprit. L'Univers du commencement était exclusivement un Univers de Matière; c'est avec la durée que cet Univers s'est comme *localement* « échauffé », et alors est apparu, mais
localement seulement, dans certaines petites régions de l'espace,
comme des « trous » de l'espace dans la Matière, ou mieux des
« bulles de vapeur » dans l'étendue liquide; ce sont ces régions, et
ces régions seulement, où les caractéristiques de l'espace et du
temps que nous connaissons bien vont être profondément modi-
fiées, au point qu'il va bien nous falloir dire que là, localement,
c'est de l'Esprit et non plus de la Matière que nous avons.

1. Et nous verrons, au cours de notre chapitre sur la Connaissance, l'importance des significations *complémentaires* l'une de l'autre.

Ne quittons pas l'analogie de l'espace avec une immense goutte d'eau avant d'illustrer, à l'aide de cette analogie, la manière de se représenter les particules de matière qui composent les noyaux atomiques.

Nous avons dit que deux particules nous intéressaient, car ce sont elles seules qui sont des particules *stables,* c'est-à-dire à très longue durée de vie. Ce sont, dans les noyaux, les nucléons (protons ou neutrons); et autour, encerclant dans leur mouvement le noyau central comme les planètes tournent autour du Soleil, les électrons.

Nous avons comparé l'électron à une minuscule bulle de vapeur stable dans la goutte d'eau; et on comprend ainsi comment nous allons pouvoir dire que l'électron est fait d'une « substance » spéciale, qui est l'Esprit, puisque la vapeur est différente de l'eau liquide qui, elle, symbolise la Matière. Et le nucléon, comment faudrait-il le montrer dans cette analogie? Une bonne comparaison est un petit tourbillon d'eau liquide. Ainsi, le nucléon n'a pas changé *la nature* de sa substance par rapport à l'eau liquide, il est toujours, malgré son aspect tourbillonnaire, du liquide. C'est pourquoi le nucléon pourra vraiment être qualifié de particule *de Matière,* alors que l'électron devra être qualifié de particule d'Esprit.

L'analogie du nucléon au tourbillon a aussi l'avantage de montrer comment cette particule « courbe » l'espace (ici le liquide) autour d'elle.

Les objets cosmiques tels que les étoiles sont, pour la plupart, des objets *de Matière,* et ils peuvent dans cette mesure être comparés à de grands tourbillons (grande masse de Matière) faits d'un ensemble de petits tourbillons (les nucléons)[1]. Mais certains objets cosmiques ressemblent plutôt aux électrons, c'est-à-dire doivent être assimilés à des immenses bulles de *vapeur,* et non des tourbillons d'eau liquide. Ce sont les trous noirs dont, après ce long préambule, nous allons parler maintenant.

---

1. Il est curieux de se souvenir que Descartes expliquait l'action des planètes et des étoiles l'une sur l'autre comme des interactions entre tourbillons!

Une étoile est une immense masse de matière sphérique qui entretient un feu central. Ce feu est extrêmement énergique, puisqu'il est produit par une succession d'explosions nucléaires, toutes semblables à celles que nous savons reproduire avec nos bombes à hydrogène.

Mais, au bout de quelques milliards d'années (10 à 20 milliards, dépendant de la constitution et de la masse de l'étoile), une étoile a pratiquement consommé tout son « carburant » (essentiellement de l'hydrogène et de l'hélium), et elle se refroidit, son feu intérieur se ralentit.

Cette « agonie » de l'étoile prend deux formes principales. Si l'étoile est lourde (plus de 3,4 fois la masse de notre Soleil[1]), elle commence par exploser à sa périphérie, lançant dans l'espace d'immenses morceaux de la matière qui l'entoure. On appelle ces explosions d'étoiles des super-novae ou des novae, suivant l'éclat plus ou moins intense de la lumière qu'elles émettent au cours de ces explosions. Quand l'étoile a perdu suffisamment de matière, et a sa masse qui est tombée en dessous de la limite de 3,4 fois la masse de notre Soleil, son « agonie » prend la forme de celle des étoiles plus légères.

Comme l'étoile se refroidit, elle se recroqueville sur elle-même, car c'était sa chaleur centrale qui parvenait à la maintenir « gonflée », la pression des gaz chauds équilibrant le poids de toute la masse périphérique.

En même temps qu'elle se recroqueville, l'étoile se met à tourner sur elle-même de plus en plus vite, exactement comme le patineur tournant d'abord lentement sur lui-même avec les bras étendus se met à tourner beaucoup plus vite quand il ramène ses bras et se recroqueville.

Cette rapide rotation ralentit la vitesse de contraction de l'étoile, et peut même l'arrêter un moment, car la force centrifuge due à la rotation lutte maintenant contre l'attraction gravitationnelle, et empêche l'étoile de s'écrouler.

1. Cette limite de 3,4 fois la masse solaire est dite limite de Chandrasekhar, du nom du physicien qui a étudié cette limite.

Dans cet état, qui n'est pas loin de la phase finale, l'étoile mourante est appelée par les astrophysiciens un pulsar. En effet, la rotation de l'étoile entraîne une émission autour d'elle de brefs signaux électromagnétiques, d'une période de l'ordre de la seconde, que nous recevons jusqu'à la Terre comme des signaux « pulsés ».

Mais l'énergie de ces signaux électromagnétiques est empruntée à l'énergie de rotation des pulsars sur eux-mêmes : de telle sorte que l'étoile agonisante tourne de moins en moins vite, et bientôt les forces centrifuges sont insuffisantes pour équilibrer les forces d'attraction de la gravitation : après une certaine période d'équilibre, l'étoile se met donc de nouveau à se recroqueviller sur elle-même. Et, cette fois-ci, de manière catastrophique, car plus rien ne vient équilibrer l'effondrement de toute la matière de l'étoile vers son centre.

Au moment où cela a lieu, l'étoile possède toujours une masse de l'ordre de celle de notre Soleil, alors que son rayon n'est plus que d'une dizaine de kilomètres, soit 100 000 fois plus petit que le rayon de notre Soleil.

Comme l'attraction à la surface de l'étoile varie comme l'inverse du carré du rayon de l'étoile (loi de Newton), cela veut dire que l'attraction à la surface du pulsar qui s'effondre est près de 10 milliards de fois plus forte qu'à la surface de notre Soleil (elle-même 100 fois plus grande qu'à la surface de notre Terre).

Or Einstein nous a appris que plus l'attraction est grande dans une région de l'espace, plus cet espace est *courbé* dans cette même région.

L'espace est donc fortement courbé autour du pulsar en effondrement... et comme cet effondrement continue, l'espace est même toujours de plus en plus courbé.

A un certain moment de l'effondrement, la courbure de l'espace entourant le pulsar est si forte que l'espace « se referme » sur lui-même, autour du pulsar, à la manière dont un sac en papier se referme autour d'un ballon quand on en plie de plus en plus les bords de l'embouchure.

Mais, comme le sac en papier, l'espace refermé sur lui-même va cette fois-ci isoler complètement l'étoile mourante du monde extérieur. Plus de chaleur, plus de signaux électromagnétiques, plus aucun signe ne peut être émis par le pulsar · et sortir de l'espace où il est enfermé pour parvenir en un point quelconque de notre espace « à nous », l'espace où se trouve notre Terre par exemple. En bref, le « sac », l'espace refermé sur lui-même, c'est la « boîte noire », et pour toujours. On ne recevra plus jamais un signal quelconque, lumineux ou autre, pour nous donner des indications sur ce qui se passe à l'intérieur du trou d'espace ainsi constitué. C'est pourquoi on appelle cet état de l'espace, refermé complètement autour d'une étoile dans son effondrement final, un « trou noir ».

Depuis fort longtemps déjà, la Relativité générale d'Einstein avait prévu que de tels « trous » d'espace, d'où il ne pouvait plus sortir aucun signal, devaient théoriquement se produire au cours de la phase finale d'agonie d'une étoile.

Ce n'est pourtant que depuis quelques années seulement que les observateurs du ciel pensent avoir détecté l'existence *réelle* des trous noirs, notamment dans la constellation du Cygne.

Mais, direz-vous, s'il ne sort plus aucun signal du trou noir, comment se fait-il qu'on puisse détecter son existence?

On ne peut pas détecter le trou noir *directement,* mais on peut l'identifier *indirectement.*

Voilà qui nous rappelle quelque chose. Souvenons-nous de l'électron des physiciens, au chapitre qui précède : il restait *invisible,* quel que soit l'agrandissement que, comme Alice au Pays des merveilles, nous faisions subir à l'atome. Mais l'électron, comme le trou noir, se laissait voir *indirectement,* il laissait derrière lui, sur son passage, un petit champ magnétique qui faisait dévier l'aiguille de notre boussole.

Le trou noir, lui aussi, traduit indirectement sa présence, et même ici de deux façons. D'abord, comme l'électron, le pulsar central enfermé dans la poche du trou noir possède un très fort champ magnétique, qui est sensible à l'extérieur du trou noir. D'autre part, le « raccordement » de l'espace courbé du trou noir à la courbure de notre espace ordinaire produit une forte courbure locale de cet espace où nous sommes, c'est-à-dire un fort champ de gravitation. Ces deux effets entraînent que les particules chargées qui voyagent près du trou noir prennent de très grandes vitesses (courbure de l'espace) et tourbillonnent (champ magnétique), le tout entraînant une émission d'un rayonnement électromagnétique puissant (rayonnement X notamment). C'est ce rayonnement X signalant la présence probable d'un trou noir qu'ont détecté les astrophysiciens dans la constellation du Cygne; à l'endroit d'où part ce rayonnement X puissant, il n'y a en effet aucun objet visible[1].

Les astrophysiciens ont redoublé d'efforts pour comprendre les propriétés des trous noirs quand ils ont ainsi possédé des indices permettant de penser que ces trous noirs existaient réellement. Et, depuis ces dernières années, les études tant théoriques qu'expérimentales ayant pour objet les trous noirs ont été très abondantes.

De fait, ces études offrent un intérêt considérable, et on a senti dès le départ qu'elles allaient probablement *remettre à nouveau en question* toutes les idées et les préjugés qu'on pouvait se former sur la nature de l'espace et du temps.

Deux caractéristiques essentielles distinguent l'espace et le temps à l'intérieur des trous noirs de l'espace et du temps tels que nous les connaissons dans le reste de l'Univers. Tout d'abord, le temps dans les trous noirs se déroule dans le sens *inverse* du nôtre; ensuite, le temps et l'espace ont échangé leurs rôles, c'est-à-dire que, dans un trou noir, c'est « l'espace qui s'écoule » et on « se déplace » dans le temps (contrairement à ce qui se passe normalement « chez nous », où le temps s'écoule et où on se déplace dans l'espace).

---

1. Il faut bien noter que ces informations permettant d'identifier le trou noir ne sont nullement des « signaux » émanant du trou noir, dans la mesure où un signal fourni par un objet est une information qui est émise par l'objet et *chemine* jusqu'à un observateur. Ici, rien ne « chemine » depuis l'intérieur du trou noir jusqu'à l'observateur : un champ magnétique, pas plus qu'une courbure de l'espace, ne sont dus à une *émission* de rayonnement ou de particules matérielles, ils ne peuvent donc pas être appelés « signal », mais plutôt « trace », c'est-à-dire indication *indirecte* de la présence du trou noir.

On voit bien que, s'il en est vraiment ainsi, on est là en présence d'un espace-temps à propriétés très différentes de celles de notre espace-temps ordinaire. Mais, avant de tirer les conséquences de ces propriétés nouvelles, commençons par bien expliquer ce qu'il faut entendre exactement par ces caractéristiques surprenantes de l'espace-temps des trous noirs.

Et d'abord, le temps des trous noirs irait en sens inverse du nôtre, c'est-à-dire s'écoulerait pour nous du futur vers le passé.

On peut d'abord noter que le sens d'écoulement du temps n'a pas, pour la plupart des phénomènes physiques, l'importance que l'on pourrait croire. Entendons par là que les lois resteraient *les mêmes* dans un Univers où le temps s'écoulerait à l'envers. Imaginons un observateur, que j'appellerai Jean, qui soit brusquement transporté dans un monde où le temps est renversé. Pour Jean, bien entendu (et ceci doit être bien compris), il vit avec sa durée habituelle (que les physiciens appellent son temps propre), c'est-à-dire qu'il *vieillit normalement,* et il ne rajeunit nullement sous prétexte que, *à l'extérieur* de lui, le monde a inversé le sens du temps. Pour Jean, chaque seconde qui passe est une seconde *qui s'ajoute,* et qui *le vieillit* d'une seconde. Le changement de sens du temps dans le monde extérieur va simplement se traduire, pour Jean, comme s'il regardait ce monde extérieur sur un écran de cinéma où le film se déroulerait à l'envers : les personnes marcheraient en arrière, les feuilles mortes remonteraient du sol vers la branche de l'arbre, le gaz en dessous de la casserole d'eau ferait descendre le thermomètre plongé dans cette casserole, et ainsi de suite. Mais tous ces phénomènes physiques pourraient être décrits par *les mêmes lois* physiques connues, car ces lois sont indifférentes au sens du temps, et rendraient compte aussi bien de ce qu'on voit sur le film de cinéma passant à l'envers, pourvu bien sûr qu'on change dans ces lois le signe du temps.

Il y a cependant un principe qui, tout en restant applicable à un temps se déroulant à l'envers, va produire des effets particulièrement surprenants pour notre observateur Jean. C'est le fameux

principe dit de l'entropie croissante [1]. Ce principe nous dit, gros-
sièrement, que quand le temps s'écoule « normalement » les choses
ne peuvent généralement pas aller « en s'arrangeant », elles se
détériorent continuellement et vont, finalement, vers leur mort.
Dans un Univers où le temps serait retourné, les choses, au
contraire, paraîtront à Jean devoir « s'arranger » autour de lui
au fur et à mesure que, pourtant, lui-même vieillit. Son épouse
d'un âge « certain » deviendra la petite jeune fille qu'il a épousée,
pendant que son grand fils quittera sa moto pour devenir à nouveau le jeune bambin jouant avec des cubes.

Mais est-ce que tout cela n'est pas complètement absurde?
Y a-t-il vraiment des coins de l'Univers, même si on les nomme
trous noirs, où Jean pourrait apercevoir un monde où les choses
se déroulent d'une manière aussi paradoxale?
A ma connaissance, non. Car je crois l'Univers « cohérent »,
et il ne donne pas ici des images de lui qui sont blanches, alors
qu'ailleurs il se présenterait comme noir. Mais attention! Nous ne
devons pas nous attendre à trouver dans un trou noir des paysages avec des pommes tombant des arbres, des enfants qui
jouent et des femmes qui cherchent à plaire. Un trou noir, nous
l'avons dit, contient exclusivement une matière très dense et très
chaude. C'est, pratiquement, une région de commencement du
monde, où la température se mesure en milliards de degrés! Et
c'est cela le milieu qui serait offert à l'observation de Jean s'il
avait la chance (?) de pénétrer un trou noir : un milieu fait de
lumière [2] brûlante, composée de ces grains de lumière que les
physiciens appellent des photons.
Alors, comment le renversement du temps va-t-il se traduire
dans un tel monde composé de *lumière seulement?* Habituellement, quand le temps s'écoule normalement, la lumière perd avec

1. Ce que les physiciens appellent le « second principe de la thermodyna-
mique ».
2. La lumière n'a-t-elle pas été créée au commencement du monde d'après
les textes bibliques? Le trou noir est pour nous, dans ce sens, une matière qui
finit comme le monde a commencé.

le temps toutes les informations qu'elle peut contenir. Ainsi, nos ondes de radio, ou de télévision, qui composent un certain type de lumière [1], sont comme on le sait porteuses d'informations, puisqu'on est capable de les recevoir sur des récepteurs radio ou T.V. qui nous restituent des sons ou des images. Mais, si le temps s'écoule « normalement », ces ondes vont finir par perdre avec le temps ces informations, en dissipant peu à peu leur énergie dans toutes les directions de l'espace. Si, au contraire, le temps était changé de sens, c'est l'inverse qui se produirait : on pourrait voir naître spontanément dans l'espace, à partir d'une lumière brute dénuée de toute information, des ondes porteuses d'un certain message. En d'autres termes, dans un monde où le temps a son sens habituel, l'information se perd peu à peu; au contraire, un observateur séjournant dans un monde où le temps est renversé verra autour de lui l'espace se charger spontanément de toujours plus d'informations, *sans jamais qu'il y ait possibilité de voir ce processus se renverser.* L'espace se comporte ici, en fait, comme une *mémoire parfaite,* où l'information se crée, se stocke, mais ne se perd jamais.

Mais ne voit-on pas déjà là se profiler une des caractéristiques de notre Esprit : la mémoire? Si notre Esprit est fait, ou est « enfermé » dans un espace du type de celui qu'on met en évidence dans les trous noirs, la propriété de « mémoire » de cet Esprit devient parfaitement « naturelle ». C'est le renversement du sens du temps dans l'espace de l'Esprit qui justifie que l'Esprit soit capable de « stocker » les informations qu'il crée ou prélève au monde extérieur au cours de son expérience vécue.

Examinons maintenant la seconde caractéristique importante concernant l'espace et le temps dans un trou noir : l'espace et le temps, avons-nous annoncé, « échangent » leurs rôles dès qu'on pénètre dans l'embouchure du trou noir; l'espace « s'écoule »

---

1. Les physiciens nous apprennent que la lumière, les ondes radio, les rayons X, et beaucoup d'autres phénomènes semblables sont en fait des aspects différents d'ondes de même nature, dites ondes électromagnétiques.

et on « se déplace » dans le temps (et non le contraire, comme pour notre monde « ordinaire », celui de la Matière).

Que faut-il entendre par « l'espace s'écoule »? Le physicien américain John Archibald Wheeler, de l'université de Princeton, spécialiste des trous noirs, a rendu compte de cette caractéristique de l'espace d'un trou noir de manière particulièrement claire [1]. Wheeler imagine un cosmonaute qui viendrait à franchir, avec sa fusée, l'embouchure d'un trou noir : « L'explorateur dans sa fusée, écrit Wheeler, avait toujours la possibilité de faire demi-tour avant le passage de l'entrée du trou noir. Bien différente est la situation dès qu'il a passé cette entrée. Maintenant, son mouvement dans l'espace représente l'écoulement du temps. Il ne sera plus jamais possible à l'explorateur de commander à sa fusée de faire demi-tour. Ce pouvoir invisible du monde qui entraîne chacun de nous, content ou malheureux, de ses vingt ans vers ses quarante ans, et de ses quarante ans vers ses quatre-vingts ans, entraînera la fusée dans l'espace sans espoir de faire retour sur le chemin déjà franchi (pas plus qu'on ne peut revenir sur le temps passé). Aucun acte humain, aucun moteur de fusée, aucune force, ne pourra arrêter le temps. Aussi sûrement que meurent les cellules, aussi sûrement que la montre de notre explorateur égrène les " minutes cruelles ", aussi sûrement, sans jamais s'arrêter en route, la fusée progresse sans cesse en avant. »

On peut compléter ce texte de Wheeler par un commentaire important. Quel type d'espace va voir « défiler », par le hublot, l'explorateur de la fusée qui a pu s'introduire ainsi à l'intérieur d'un trou noir? Évidemment, il ne verra certainement pas des vaches dans la prairie, ou le chef de gare sur son quai, ni même un ciel étoilé. Il ne verra rien, si ce n'est une lumière éblouissante. Mais, s'il est muni de systèmes détecteurs pour *analyser* cette lumière, il constatera que les caractéristiques de cette lumière se modifient continuellement et régulièrement, que sans cesse apparaissent des informations nouvelles. Cela va pro-

---

1. Wheeler, Mister et Thorne, *Gravitation,* éd. Freeman, New York, 1970 (en anglais). Nous recommandons vivement à ceux qui sont un peu familiers avec les maths, et qui s'intéressent aux trous noirs, de lire cet excellent ouvrage.

venir du fait que notre explorateur « balaie » périodiquement *la totalité* de l'espace du trou noir, il « tourne » dans le trou noir *sans jamais pouvoir s'arrêter,* comme l'écureuil dans la cage; comme lui d'ailleurs, il tourne « en rond », car l'espace du trou noir est un espace courbé et refermé sur lui-même, de telle sorte que notre observateur, en avançant toujours « droit devant lui », entraîné par cet espace qui s'écoule inexorablement comme du temps, finit par revenir à son point de départ et recommence alors une exploration complète et inévitable de son espace. Aux informations du tour précédent seront venues s'ajouter cependant, en chaque point d'espace, les informations créées entre-temps dans cette région de l'espace, grâce à ce mécanisme de renversement du temps auquel nous avons fait précédemment allusion.

Ainsi, ce que nous apercevons ici, c'est encore une propriété caractéristique de l'Esprit, cette propriété que le philosophe Henri Bergson avait bien traduit par l'expression « élan vital ». L'Esprit est toujours sur un fond de mémoire où *s'accumule l'information.* Cette information « coule » dans l'Esprit comme une source intarissable et, à vrai dire, comme un écoulement de temps. Comme pour le temps, le voyage « en arrière » n'est pas possible : dans le trou noir, on avance *toujours* droit devant soi, et, quand on entreprend un nouveau « tour » de l'espace disponible, celui-ci n'est plus le même, il s'est ajouté partout des informations nouvelles, sans cependant que les informations anciennes, aperçues au tour précédent, se soient perdues en aucune façon.

Enfin, avons-nous noté, le temps dans le trou noir est devenu comme de l'espace : on peut « se déplacer » dans le temps. Que faut-il entendre exactement par là? Temps et espace sont en fait, dans le trou noir comme dans notre monde, inséparables. On associe toujours un état de l'espace à un temps donné. Or, reportons-nous à notre explorateur qui « tourne » sans cesse dans l'espace en prenant conscience, à chaque tour, de la totalité de son espace disponible. Au tour n° 1, il prend connaissance de l'état de l'espace n° 1, au tour n° 2 l'état de l'espace n° 2, etc. Cela veut dire qu'à des temps successifs 1, 2, etc., régulièrement espacés, il associe à chaque fois un nouvel état de l'espace. Mais, comme les informations *s'accumulent* sans cesse dans l'espace, *sans jamais se perdre,* quand il passe au tour n° 2 il prend connaissance à la fois de l'état de l'espace n° 1, qui n'a pas disparu, et auquel s'associe l'instant n° 1 de temps, et l'état de l'espace n° 2, plus chargé d'informations que l'état n° 1, et auquel il associe l'instant n° 2. Ainsi, ce qu'aperçoit notre observateur quand il regarde l'espace extérieur au cours de ses circuits continuels et inévitables dans cet espace, ce sont des sortes de tranches successives d'états de l'espace, avec à chaque tranche une sorte d'indexation par un instant de temps. Notre observateur peut donc « se promener » dans le passé, puisque tous les états superposés de l'espace, chacun indexé par un instant de temps, s'offrent à lui *simultanément,* et qu'il peut les consulter comme il le ferait des images de la même page d'un livre.

Encore une fois, ici, le rapprochement avec le fonctionnement de l'Esprit est presque évident. Notre Esprit peut bien, on le constate, effectuer cette « promenade » dans le temps passé, grâce à la mémoire qu'il a des événements vécus; et il peut aussi associer à chaque souvenir un instant du temps. Certes, cette opération est plus ou moins difficile, on dit qu'on a plus ou moins de mémoire : mais le principe est clair, la mémoire du passé est, pour l'Esprit, un véritable « déplacement » dans le temps.

On voit d'ailleurs comment cette succession temporellement indexée d'états de notre Esprit va induire la possibilité du *raisonnement,* puisqu'on finira par noter que certaines successions d'états de l'espace sont toujours suivies par *la même* succession (ou presque) d'autres états de l'espace : d'où la possibilité de se projeter en avant, dans le futur, pour imaginer par le raisonnement les états d'espace à venir, ou pour décider des modifications à faire subir à un état donné d'espace pour s'acheminer vers un autre état d'espace souhaité dans le futur.

Ainsi, les trous noirs, que les astrophysiciens étudient de manière théorique et expérimentale, ces trous noirs qui ne sont nullement une simple conception de l'esprit mais des objets cosmiques identifiables, sont-ils caractérisés par un espace et un temps possédant *exactement* les propriétés qui sont celles de l'Esprit.

Est-ce à dire que les trous noirs sont vraiment porteurs d'Esprit ? Non. Ou, tout au moins, nous devrions dire que l'Esprit logé dans les trous noirs, s'il existe, est confus, et à très courte durée de vie.

Confus, car nous avons vu que la structure de l'Esprit apparaissait comme des tranches successives d'états de l'espace, chacune indexée à un temps, une tranche étant espacée de la suivante par le temps que met la totalité de l'espace de la structure à « s'écouler » (un tour complet d'analyse de l'espace). Ce temps doit être comparé au temps que mettent les photons, qui sont porteurs des informations de l'espace, pour eux-mêmes changer d'état et accumuler une information supplémentaire [1]. Si on note les états successifs de l'espace à des intervalles temporels trop grands par rapport au temps que met une information pour modifier l'état des photons, nous perdrons nécessairement des informations *intermédiaires* : un peu comme si, dans un raisonnement, notre interlocuteur « sautait » continuellement des étapes, ce qui entraînerait qu'on le comprenne difficilement, et pourrait nous faire conclure qu'il a l'esprit confus (ou pas clair). C'est ce qui se passerait pour les trous noirs. On estime que le diamètre d'un trou noir est de quelques kilomètres : s'il est « analysé », c'est-à-dire balayé par l'écoulement de l'espace, à la vitesse de la lumière (300 000 kilomètres par seconde), cela veut dire que chaque tranche analysée d'état de l'espace est séparée de la suivante par un cent millième de seconde environ. Sur cet intervalle de temps, qui peut paraître court, un photon aura cependant pu accumuler plusieurs milliards d'informations intermédiaires élémentaires [2]. Bref, le trou noir serait bien, comme nous l'annoncions, un esprit « très confus ».

1. Il s'agit d'un changement d'état de spin du photon. Nous avons détaillé cet aspect (nécessairement un peu « technique ») dans *L'Esprit, cet inconnu*, nous n'y reviendrons pas ici.
2. Le temps de changement d'état de spin d'un photon dépend de sa fréquence. Mais, pour les photons « chauds » considérés ici, ces temps de transit sont inférieurs au milliardième de milliardième de seconde.

Mais il y a plus grave. Le trou noir n'a qu'une très courte durée de vie, si on le compare aux temps cosmiques habituels (où on parle en millions, voire milliards d'années). Nous avons expliqué qu'un trou noir était provoqué par une étoile agonisante, se contractant continuellement, et subissant dans ses derniers stages un « effondrement » catastrophique. Que se passe-t-il quand cet effondrement a commencé, où s'arrête cet effondrement, comment cela se traduit-il pour nous, les observateurs?

Les astrophysiciens sont encore quelque peu divisés sur ces questions. La difficulté provient surtout du fait que, comme nous l'avons déjà signalé, on ne voit plus *directement rien* de ce que fait l'étoile en effondrement, à partir du moment où l'espace est venu se refermer autour d'elle. On ne voit plus que des traces *indirectes,* comme l'influence sur les particules du voisinage de la très forte courbure de l'espace laissée par la trace du trou noir.

Une possibilité est que l'étoile mourante à l'intérieur du trou noir se contracte continuellement, jusqu'à devenir presque un point : cela entraînerait, au point de vue de la trace laissée dans notre espace, ce que les physiciens nomment une « singularité », comme celle que produirait une masse de densité *infinie* dans cette région. Physiquement, une telle masse de densité infinie n'est pas acceptable dans l'espace, elle provoquerait une courbure infinie, ce qui signifie qu'il faudrait cette fois-ci que l'espace « se déchire », pour se débarrasser de la singularité, un peu comme on se débarrasse d'une épine dans le pied (en fait, cette comparaison concerne peut-être plus les astrophysiciens et leur embarras devant ce problème que les trous noirs eux-mêmes!). Quoi qu'il en soit, si le trou noir finit ainsi par « se détacher » de notre propre Univers, non seulement on n'a plus directement de ses nouvelles, mais on n'a plus de traces de lui. L'espace de notre Univers, dans la région où vient de disparaître à jamais le trou noir, reprend sa forme « normale », c'est-à-dire que disparaît toute trace de quoi que ce soit (comme redevient « normal » notre pied après qu'on en eut retiré l'épine). Quant au trou noir qui s'est détaché, il nous est toujours loisible d'imaginer qu'il continue son histoire « ailleurs » — ailleurs que dans notre Univers s'entend. Certains astrophysiciens ont prétendu que, une fois largué de notre monde, le trou noir en contraction se mettrait cette fois-ci *en expansion,* et donnerait alors naissance à un nouvel Univers en expansion, ayant des ressemblances avec le nôtre, mais complètement indépendant. De fait, on suppose généralement que notre propre Univers a « commencé », voici 15 milliards d'années environ, par un état condensé et de petites dimensions, présentant des analogies certaines avec ce qu'on croit savoir de l'état final des trous noirs. Notre Univers « enfantant » des trous noirs et « se divisant » comme le font les cellules de notre corps, pour donner naissance à d'autres Univers : pourquoi pas? Encore qu'on serait bien dans ce cas obligé de reconnaître ici que, une fois de plus, la réalité paraît dépasser la fiction; ou, d'une autre manière, que seul l'impossible a des chances d'être vrai!

Une autre possibilité pour la fin du trou noir, défendue aussi par certains astrophysiciens, est que la matière du trou noir finirait par interférer avec l'antimatière formant la substance de ce qu'on nomme l'espace vide [1]. Le résultat serait une très violente libération d'énergie, sous forme de photons de lumière. Après, tout redeviendrait « normal », il ne resterait plus rien, ni du trou noir ni de la courbure de l'espace qui était sa trace. Il n'est pas impossible, somme toute, qu'on trouve là l'explication de ces objets aussi petits qu'une étoile et aussi brillants qu'une galaxie entière faite de milliards d'étoiles, que les astrophysiciens nomment quasars. Encore que cela ne soit pas là l'explication « orthodoxe » fournie aujourd'hui pour les quasars, que les physiciens imaginent généralement comme une galaxie en formation, dont les milliards d'étoiles seraient encore très voisines l'une de l'autre. Qui pourra se prononcer? Comme le notait si bien Shakespeare : « Il y a plus de choses dans le ciel et sur la terre, Horatio, que n'en peut rêver votre philosophie. »

---

1. Cette idée est défendue, notamment, dans mon ouvrage *Théorie de la Relativité complexe, op. cit.*

Quelle que soit la solution adoptée pour « la fin » des trous
noirs, il s'agit bien là en tout cas d'objets dont l'espace et le temps
ont les propriétés souhaitées pour l'Esprit. Mais les trous noirs ne
seraient que des Esprits « confus et à vie brève ». Cependant, ces
objets cosmiques ont leur réplique, à l'échelle du plus petit : ce
sont les électrons, constitués eux aussi par un espace et un temps
ayant les propriétés de l'Esprit. Mais, cette fois-ci, avec les électrons, nous sommes en présence d'objets à Esprit *parfaitement
clair,* et à *durée de vie pratiquement illimitée.* Et des objets qui,
aussi, contrairement aux trous noirs, entrent abondamment dans
la composition de notre corps.

Tournons-nous donc maintenant vers cette mystérieuse petite
particule, qui porte peut-être en elle toute l'aventure spirituelle
de l'Univers, l'électron.

CHAPITRE IV

L'électron porteur d'Esprit

Le proton et l'électron. — L'électron « passe-muraille ». — L'électron est un micro-trou noir. — Un électron plein de lumière. — L'électron naît de la lumière et meurt en lumière. — Comment l'électron communique-t-il avec le monde extérieur? — Réflexion, Connaissance, Amour et Acte comme interactions spirituelles de l'électron avec le monde qui l'entoure.

Commençons par un peu de Physique, tout en essayant d'éviter le « jargon » habituel des physiciens[1].

Toute la matière, avons-nous déjà souligné, est faite d'atomes. Ce sont les atomes qui composent la pierre, la rose, le papillon ou l'Homme. Chaque atome comporte un noyau, et des électrons plus ou moins nombreux tournant autour de lui, rappelant les planètes tournant autour du Soleil.

Le noyau est composé de nucléons. Il en existe deux types, le proton porteur d'une charge électrique positive et le neutron, qui est électriquement neutre.

L'électron est la plus légère[2] des trois particules composant l'atome (1 840 fois plus légère que les nucléons). C'est vraiment une particule « simple », c'est-à-dire indivisible, car on ne peut pas la briser en particules plus petites. Par contre, le proton peut

1. Je ne pourrais quand même pas tout à fait éviter ici un langage un peu « technique » : j'excuserai donc volontiers mon lecteur de « sauter » ce chapitre, s'il le désire; la suite de l'ouvrage sera plus « digeste » et peut se passer de la lecture du présent chapitre.
2. Entendons la plus légère de toutes les particules de masse non nulle.

bien être « brisé », et on obtient alors, parmi les morceaux, un neutron et un positron. Le positron est la même particule que l'électron, mais le signe de sa charge électrique est inversé : l'électron a le signe moins, le positron le signe plus. Le neutron aussi peut être « brisé » : les morceaux contiennent, entre autres, un positron et un électron. On se représente parfois la composition du proton et du neutron en disant que le proton serait une association entre une particule neutre de masse voisine de celle du proton lui-même et un positron; le neutron serait une association entre cette même particule neutre et un couple électron + positron. Mais la particule neutre (hadron neutre) qui entrerait dans ces deux associations n'a jamais été mise en évidence *seule* : on est toujours en présence de l'association avec un électron et/ou un positron.

Le proton et l'électron ont une durée de vie pratiquement éternelle, c'est-à-dire des milliards d'années. Le neutron est aussi à très longue durée de vie tant qu'il est associé aux protons ou à d'autres neutrons dans les noyaux atomiques; par contre, il ne « vit » que très peu de temps (8 minutes en moyenne) quand il est seul, c'est-à-dire est « sorti » du noyau atomique (comme dans les explosions atomiques, par exemple).

Nous allons surtout nous intéresser, dans ce qui suit, au proton et à l'électron — puisque ce sont les deux « briques » de matière qui peuvent avoir une vie individuelle, et que cette vie est pratiquement éternelle. Si l'Univers accorde à l'Esprit une aventure durable (et je crois qu'il le fait), c'est chez le proton et l'électron qu'il faut chercher cette aventure; tous les autres « objets » n'ont qu'une vie très fugace vis-à-vis des temps qui comptent pour l'Univers. Ceci s'applique plus particulièrement encore à tout le règne du vivant, bien entendu : le végétal ou l'animal ont une durée de vie insignifiante, si on compare celle-ci aux durées cosmiques. Comme le proton peut lui-même être considéré comme l'association d'un hadron neutre et d'un positron, c'est seulement le positron et l'électron qui nous intéressent principalement ici [1].

1. Nous parlerons toujours, pour simplifier, d'électrons seulement. Mais tout ce que nous dirons pour l'électron sera valable pour le positron, qui est un électron chargé positivement, au lieu de négativement dans le cas de l'électron.

Car ce sont eux et eux seuls, nous allons l'expliquer, qui sont « faits » comme des micro-trous noirs, enfermant en leur sein cet espace-temps si spécial où nous avons reconnu les caractéristiques spirituelles.

Qu'est-ce qui peut aider les physiciens à se faire une idée de la façon dont est faite une particule, c'est-à-dire de ce qu'ils nomment sa structure? La réponse n'est pas si facile, car les particules dites « élémentaires », c'est-à-dire ces briques qui forment les atomes, sont de très petits objets. Dans un millimètre cube, c'est-à-dire un volume gros comme un grain de sable, on pourrait loger un nombre de ces particules représenté par un un suivi de trente-six zéros! Mais les physiciens ont des moyens indirects de déterminer la structure des particules. En particulier, ils utilisent ces énormes « accélérateurs » avec lesquels ils produisent des collisions entre des particules et une cible faite elle-même d'autres particules. Ils étudient les produits des collisions, et peuvent en déduire des éléments de la structure des projectiles, qui sont généralement des protons ou des électrons.

Notre propos n'est pas ici de décrire ces expériences minutieuses élaborées et exécutées par une armée de physiciens. Mais nous voulons attirer l'attention sur les résultats qui nous intéressent, en répondant en particulier à la question : pourquoi l'électron ne serait-il pas une particule de matière *ordinaire,* comme le proton, mais devrait-il être assimilé à un micro-trou noir, situé dans le « dedans » et non dans le « dehors » de notre Univers?

La réponse la plus claire, la plus parlante à l'esprit en tout cas, paraît être celle que nous avons donnée dans notre premier chapitre en « grossissant » par la pensée un atome afin de voir comment sont faites les particules qui le composent. On se souvient que cet agrandissement nous a révélé que n'était visible, dans l'espace de l'atome, que le noyau fait de nucléons; les électrons tournant autour de ce noyau, par contre, étaient invisibles, quel que soit l'agrandissement. Il faut donc bien en conclure qu'ils sont « ailleurs »; et s'il faut chercher ailleurs que dans le « dehors » de l'Univers, c'est vers le « dedans » qu'il faut se tourner : car l'Univers, comme toute chose dans la Nature, ne possède pas autre chose qu'un dehors et un dedans.

Les études des physiciens, qui justifieraient l'image agrandie que nous avons fournie, montrent en effet que le noyau atomique (et avec lui les neutrons et les protons qui le composent) est un objet *directement* repérable dans notre espace visible; on peut notamment évaluer la forme, les dimensions et la masse de cet objet. Le proton ressemble à une minuscule sphère de matière très dure, dont le diamètre est de l'ordre du millième de milliardième de millimètre (il en faudrait mille milliards côte à côte pour faire un millimètre). Sa densité est énorme, plus d'un million de milliards de fois celle de l'eau [1]. Nous devons nous apprêter, dès qu'on parle de ces particules dites « élémentaires » formant toute chose, à des nombres sortant de l'ordinaire par leur grandeur... en dépit du fait que les choses dont on veut parler sont si petites qu'elles sont pratiquement invisibles. Saint Augustin avait déjà remarqué que « le monde nous apparaît comme fait de choses qui ne nous apparaissent point ».

Le proton, donc, c'est une minuscule boule de billard. On peut envoyer un proton et un neutron l'un contre l'autre [2]. Ils s'approchent au maximum jusqu'à venir « se cogner », quand leur distance devient égale à deux fois leur rayon; puis, ensuite, ils partent dans la direction opposée, ou ils ricochent l'un contre l'autre, selon des lois parfaitement prévisibles et qu'on vérifie en examinant les « traces » que peuvent laisser ces particules [3] au cours d'une telle collision.

Opérons de même maintenant en envoyant un électron cogner un neutron. Cette fois-ci, il n'y aura plus de choc en arrivant au

---

1. Ce qui, exprimé d'une autre manière, signifie qu'un dé à coudre de cette matière dense pèserait un milliard de tonnes!

2. Un neutron et un proton, et non deux protons, pour éviter d'avoir à tenir compte des interactions électriques dans la mécanique du choc.

3. Notamment dans des détecteurs remplis de vapeur d'eau que les physiciens nomment des « chambres à bulles », où les particules forment sur leur passage des condensations de petites bulles d'eau, visibles directement sur des photographies du phénomène.

« bord » du neutron, l'électron continuera sa course, *comme s'il ne passait pas dans l'espace où se situe le volume du neutron.* Certes, on va bien noter une légère déviation de l'électron au cours de sa traversée du neutron : mais on comprend pourquoi, car nous avons déjà indiqué que le neutron est une association d'un hadron électriquement neutre et d'un couple positron-électron; ce sont donc des interactions *électriques* entre l'électron incident et le couple positron-électron logé dans la structure du neutron qui produisent la déviation de l'électron incident. Ces interactions électriques dans le corps du neutron offrent d'ailleurs, en elles-mêmes, un intérêt tout particulier : la « mécanique » de l'interaction, telle qu'elle peut être déduite de la déviation prise par l'électron incident, démontre en effet que tout se passe comme si elle avait lieu entre des particules de *dimensions nulles,* c'est-à-dire comme si c'était des chocs entre *points matériels,* et non pas entre objets « visibles » (c'est-à-dire ayant des dimensions non nulles). Cependant, par ailleurs, ces mystérieux objets en interaction ont également, d'après la mécanique du choc, une masse qui, elle, est différente de zéro.

Bref, dès qu'on veut bien considérer d'un peu près un électron et son comportement, nous voilà devant un objet « passe-muraille », qui traverse « comme dans du beurre » la matière du neutron, et qui réagit avec ses partenaires électrons comme s'il s'agissait de particules ayant toutes des volumes nuls!

Cela, c'est l'interprétation du phénomène dans le visible, c'est-à-dire d'après les « traces » directes laissées par les particules au cours des interactions considérées. Et il ne paraît pas y avoir ici d'autre échappatoire *logique* que de conclure des remarques précédentes que les électrons ne situent pas le volume portant leur masse dans l'espace ordinaire de la Matière (où se situent toutes les expériences de détection *directe* des traces), mais dans « un autre » espace. Car nous refusons (comme Rouletabille pour la *Chambre jaune,* relisons notre premier chapitre!) d'admettre qu'un objet doué de masse [1] puisse avoir des dimensions nulles,

---

1. Rappelons une nouvelle fois qu'il s'agit ici de masse *propre* non nulle, car d'autres objets comme les photons ou les neutrinos, qui circulent *exactement* à la vitesse de la lumière, peuvent avoir « logiquement » une masse ciné-

nous préférons dire que le volume correspondant à cette masse n'est pas dans la région où on le cherche, et se cache « ailleurs ».

Cet « ailleurs », nous l'avons trouvé, c'est le « dedans » de notre Univers, c'est là où se situent aussi les volumes des trous noirs, qui sont également « invisibles » directement dans notre espace ordinaire (le dehors de l'Univers), mais sont cependant doués de masse.

Il restait aux physiciens, pour rendre plausible et convaincante l'explication « Rouletabille », de montrer que l'espace et le temps peuvent se prêter localement, dans la région où l'électron laisse des traces indirectes, à des « courbures » toutes semblables à celles détectées chez les trous noirs, c'est-à-dire des courbures enveloppant des régions où les propriétés de l'espace et du temps sont devenues très différentes de celles que nous connaissons habituellement.

C'est ce genre de tentative qu'ont entrepris, depuis quelques années, les physiciens développant pour les particules des « modèles » de structure fondés, comme on le fait en Relativité générale d'Einstein, sur une « courbure » locale de l'espace. Ces physiciens[1] nomment leurs recherches la « Super-Gravitation », précisément pour indiquer que ces recherches se situent exactement dans le prolongement des travaux d'Einstein, travaux qui ont avec succès rendu compte de la gravitation... et des trous noirs.

Dans ma *Théorie de la Relativité complexe*[2], j'ai montré, de manière plus précise encore, comment l'électron pouvait être considéré comme formé *rigoureusement* à la manière d'un trou noir, c'est-à-dire par une courbure de l'espace venant se refermer dans le « dedans » de l'Univers, et non dans son dehors.

On constate, à l'examen théorique d'un tel modèle, et notamment en procédant sur ordinateur à l'analyse des données *numé-*

tique non nulle, mais une masse propre et des dimensions rigoureusement nulles.

1. Un chef de file de ces physiciens est le professeur Abdus Salam, directeur de l'Institut de Physique de Trieste, en Italie.

2. Chez Albin Michel, *op. cit.*

riques issues d'un tel modèle, que la comparaison aux valeurs *expérimentales* est excellente. On retrouve en particulier de cette manière la valeur de la charge électrique élémentaire des électrons, ce qui n'avait jamais pu être justifié par aucune des théories physiques antérieures.

Nous sommes donc conduit à penser qu'il est correct de choisir un « modèle » pour l'électron présentant celui-ci comme un micro-trou noir.

Les conséquences de cette conclusion sur le plan de la connaissance *physique* des particules sont naturellement très importantes. Mais les implications sur le plan *philosophique,* et plus précisément métaphysique, de cet électron-trou noir me paraissent encore beaucoup plus fondamentales. Car elles nous concernent directement, nous, les Hommes, jusque dans nos préoccupations quotidiennes. C'est notre place *spirituelle* dans l'Univers, notre situation dans l'immense cadre spatial et temporel du monde cosmique, qui est ici en cause.

Ainsi, l'électron serait le porteur, et même le porteur *unique,* de l'Esprit dans le monde. C'est dans l'espace particulier aux électrons que s'effectuerait, graduellement, tous les progrès spirituels constatés dans l'Univers (ou plus modestement sur notre Terre), au cours de l'écoulement de la durée. Ce sont, en somme, les électrons qui seraient les « moteurs » de toute l'évolution. Ce sont eux qui auraient, peu à peu, inventé le végétal, puis l'animal, puis l'humain. Ce sont eux qui ont fait l'évolution passée, ce sont eux qui feront l'évolution future. Et ceci jusqu'à la fin des temps : c'est-à-dire, si l'on en croit les théories cosmologiques contemporaines, pour bien des milliards d'années encore.

Mais, à vrai dire, l'inévitable anthropocentrisme qui caractérise tout Homme, même s'il ne l'avoue pas, met immédiatement sur nos lèvres d'autres interrogations : si ce sont les électrons qui *seuls* détiennent l'Esprit, comment situer par rapport à eux ce que nous expérimentons directement comme *notre propre* Esprit ? Faut-il dire que nous ne sommes plus spirituellement que des « pantins » dont d'autres, les vrais porteurs d'Esprit, les électrons, tirent les ficelles? Ou, au contraire, notre Esprit — notre personne, notre Moi — est-il lui-même *contenu* dans ces électrons pensants, que nous avons nommés des éons? Et, dans l'affirmative, tous les électrons de notre corps sont-ils des éons (c'est-à-dire des électrons ayant une pensée comparable à la nôtre), ou n'y en a-t-il que quelques-uns dans ce cas? Compte tenu de l'existence des éons, comment faut-il considérer nos activités psychologiques fondamentales, comme la Réflexion, la Connaissance, l'Amour? Le fait que les éons survivent à notre mort corporelle signifie-t-il que notre personne, notre Moi, est lui-même assuré de l'éternité, ravalant la Mort à ce qu'elle aurait toujours dû être, c'est-à-dire l'instant d'un « changement de domicile » de notre pensée, sans véritable changement d'état? Puisque les éons ont eu une longue, très longue existence dans le passé, bien avant ce que nous nommons notre naissance, faut-il penser que notre Moi, notre Esprit, prend lui aussi ses racines dans un passé très lointain et que notre « inconscient » serait tapissé de cette expérience vécue antérieure? Plus généralement encore, si les éons sont le centre de l'aventure spirituelle de tout l'Univers et si notre Moi est porté par ces éons, dans le passé comme dans le futur, doit-il s'en dégager une certaine « philosophie » nous suggérant ce qu'on devrait, ou au moins ce qu'on pourrait faire « de mieux » durant notre vie corporelle, celle que nous connaissons actuellement sur notre Terre?

Autant de questions auxquelles nous voudrions chercher à commencer à apporter des éléments de réponse. Mais, avant cela, refoulons encore pour un moment cet anthropocentrisme tendant à faire de nous-mêmes, l'Homme, le centre d'intérêt : et demandons-nous un peu plus en détail comment fonctionne l'Esprit des électrons.

Au premier abord, l'électron, tel qu'il résulte des « modèles » l'assimilant à un micro-trou noir, a un aspect relativement simple à décrire [1]. Entendons bien, cependant, que cette description se place dans un espace et un temps *différents* de ceux que nous connaissons; l'électron est le « dedans » de l'Univers, vu du dehors

1. Cf. *Théorie de la Relativité complexe, op. cit.*

il est géométriquement super-simple : c'est un point. Il est invisible directement, il n'a ni forme ni dimensions.

Représenté dans le « dedans » de l'espace-temps, l'électron est une petite sphérule en pulsation, dont le rayon moyen est sensiblement la moitié de celui du proton [1] (qui est, comme on s'en souvient, le constituant, avec les neutrons, du noyau atomique). Dans son état d'expansion maximum, le rayon de l'électron vaut dix fois environ le rayon qu'il possède dans son état de contraction maximum. La période de pulsation est extrêmement rapide, il y a par seconde un nombre de pulsations qui s'écrit cinq suivi de vingt-deux zéros!

L'électron est fait d'une matière très dense et très chaude, densité et température sont de l'ordre de grandeur de celles qu'on s'attend à avoir dans les trous noirs. En fait, ces deux grandeurs varient durant la pulsation de l'électron, d'un facteur 1 000 pour la densité, d'un facteur 10 environ pour la température. La densité moyenne est de l'ordre de celle de la matière nucléaire (c'est-à-dire celle du proton); la température moyenne est de l'ordre de mille milliards de degrés.

Cette haute température correspond à ce que les physiciens nomment un « rayonnement noir ». En termes plus simples, on dira que l'électron est rempli de *lumière* à très haute température; cette lumière est elle-même constituée par une sorte de gaz de photons [2], c'est-à-dire des photons de toutes les vitesses s'agitant dans toutes les directions.

C'est cette lumière qui va être porteuse de toutes les caractéristiques *spirituelles* de l'électron.

J'ai longuement expliqué, dans mon précédent ouvrage, *L'Esprit, cet inconnu,* comment cette lumière pouvait devenir porteuse d'informations [3], et je ne vais donc pas y revenir ici en détail.

1. Soit un demi-millième de milliardième de millimètre.
2. On se rappelle que le photon est le « grain » élémentaire constitutif de tout rayonnement électromagnétique, et notamment de la lumière.
3. Essentiellement, et pour mes lecteurs un peu physiciens, ces informations correspondent à des états de spin successifs et de plus en plus élevés des photons de lumière.

Contentons-nous de noter que la lumière enfermée dans l'électron est, à la naissance de l'électron, un simple « chaos », c'est-à-dire n'est porteuse d'aucune information. Mais, potentiellement, l'espace de l'électron est déjà *disponible* pour *accumuler* les informations; et, par ailleurs, cet espace électronique ne pourra *jamais laisser perdre* aucune des informations ainsi stockées (mémoire parfaite ordonnatrice). Ces propriétés remarquables résultent directement des caractéristiques spéciales de l'espace et du temps que nous avons reconnues chez les trous noirs et étudiées au chapitre qui précède.

Ne vous demandez pas cependant si ces informations sont du type : « J'ai aperçu une pomme sur ma droite », ou : « J'ai faim et je mangerais bien un morceau », ou encore : « Il fait chaud ici, où est la sortie? » Les informations photoniques à l'intérieur de l'électron sont strictement du type de celles qu'on peut rencontrer quand on ouvre les tiroirs d'un ordinateur, pour y découvrir sa « mémoire ». Il n'y a rien d'autre, dans cette mémoire d'ordinateur, que des millions de minuscules petits aimants, dont chacun a deux états possibles, et deux seulement : l'aimant a son champ magnétique dirigé vers le haut (par exemple), on dit que c'est l'état un; il a son champ magnétique dirigé vers le bas, c'est l'état zéro. C'est *l'ensemble, les uns par rapport aux autres,* à chaque seconde, de ces états zéro et un, qui fournira les merveilleux résultats que peut obtenir celui qui sait exploiter un ordinateur. C'est la même chose pour la mémoire des électrons : les photons du gaz de lumière emplissant l'électron sont, à chaque instant, susceptibles de posséder deux états [1] différents. La « géographie » de tous ces états des photons, les uns par rapport aux autres, constitue l'information totale emmagasinée par l'électron à cet instant. Mais, par rapport à l'ordinateur, l'électron possède cependant une propriété de mémoire supplémentaire, il conserve en effet la mémoire de *ce qui s'est passé à un instant antérieur,* alors que, chez l'ordinateur, une *nouvelle* mise en mémoire, sur les mêmes élé-

---

1. On dit deux états de spin, caractérisés chacun par le sens de rotation sur lui-même (comme une toupie) de l'électron.

ments de mémoire, a pour effet d'effacer la mémoire passée [1].

Devons-nous d'ailleurs tellement nous étonner du rapprochement entre la mémoire de l'ordinateur et la mémoire de l'électron, c'est-à-dire de l'Esprit? Non, car il est bien certain que c'est l'Esprit qui a « inventé » l'ordinateur, et il paraît bien naturel qu'il ait cherché à reproduire, avec l'ordinateur, ce qui fonctionne si bien chez lui!

Ainsi, voilà notre électron qui vient de naître, avec toutes les potentialités spirituelles lui permettant de s'enrichir toujours plus, au cours du temps, en informations.

Comment et quand naît un électron? Comment et quand « meurt »-il, s'il doit jamais mourir? Deux questions importantes auxquelles il nous faut bien d'abord répondre.

Un électron ne peut naître et mourir que dans des conditions assez exceptionnelles.

Un électron peut naître à partir des photons, c'est-à-dire de la lumière, si celle-ci est suffisamment « énergique [2] ». Dans ce cas, l'électron ne naît pas seul, mais avec son compagnon, le positron, qui est identique à l'électron mais porte une charge électrique opposée (de telle sorte que la charge électrique totale de l'Univers, qui doit rester nulle, ne soit pas modifiée par la naissance de ces « jumeaux » électron-positron). Mais les photons énergiques dont il s'agit sont rares, même au cœur des étoiles, où la température est de centaines de millions de degrés. Par ailleurs, le couple électron-positron ainsi formé a, dans ce cœur des étoiles, une tendance à se recombiner : l'électron et le positron s'annihilent pour redonner des photons de lumière semblables à ceux qui avaient donné naissance au couple électronique.

1. C'est la propriété du photon de pouvoir prendre des états de spin successifs toujours plus élevés qui traduit ce supplément de mémoire du photon par rapport à l'ordinateur. En effet, le passage d'un photon du spin 1 au spin 2 ne lui donne pas simplement les caractéristiques de l'état de spin 2 mais *à la fois* les caractéristiques de l'état antérieur de spin 1 et du nouvel état de spin 2.

2. C'est-à-dire si la fréquence des photons est suffisamment élevée; ou, d'une manière plus prosaïque, si la lumière des photons est suffisamment « chaude ».

Quoi qu'il en soit, des électrons et des positrons nés dans l'étoile s'échappent cependant de ces étoiles, parfois seuls, parfois associés à des particules de Matière, comme des neutrons ou des protons.

La lumière est en fait *la seule* substance qui peut donner naissance aux électrons (ou aux positrons); il est vrai que des électrons et des positrons peuvent être libérés dans l'espace au cours des processus atomiques faisant intervenir de la Matière, comme les protons ou les neutrons par exemple. Ainsi, un noyau radioactif peut spontanément libérer dans l'espace qui l'entoure des protons et des neutrons; et les neutrons libres, au bout de huit minutes environ, se transformeront eux-mêmes en protons en laissant s'évader un électron. Cette transformation du neutron en proton peut aussi avoir lieu à l'intérieur du noyau radioactif lui-même, d'où l'on voit alors directement s'échapper les électrons[1]. Mais, dans un tel processus, et dans la mesure où neutrons et protons sont des particules *composites,* faites d'un hadron neutre et d'un positron (proton) ou d'un hadron neutre et d'un couple électron-positron (neutron), on est obligé de dire que l'électron ou le positron *préexistait* à sa libération au cours du processus radioactif; il ne s'agit donc pas là d'une naissance de l'électron (ou du positron), mais d'un simple changement de domicile de ces particules.

On peut en dire de même de la mort des électrons : leur véritable mort ne peut provenir que d'une recombinaison avec un positron, pour se transformer à nouveau en cette lumière qui leur a donné naissance. Toute disparition des électrons (ou des positrons) au cours de processus *nucléaires* revient à dire que ces électrons sont devenus associés à de la Matière, sous une forme ou une autre. Ils ne sont donc nullement morts ou disparus mais, plutôt, « domiciliés » ailleurs, sur de la Matière élémentaire.

---

1. Les physiciens nomment ce phénomène l'émission bêta des noyaux radioactifs.

Est-elle si fréquente, cette mort véritable de l'électron, par recombinaison avec un positron, et retour du couple à la lumière? Non, cette mort est généralement très exceptionnelle, car notre Univers a ceci de particulier qu'il ne laisse pas « libres » les positrons, il les associe énergiquement à un hadron neutre pour former les protons, comme nous l'avons signalé. Et le proton est une particule très stable, il ne laissera pratiquement plus jamais « échapper » son positron : de telle sorte que les électrons risquent très peu de rencontrer dans l'espace, au détour du chemin, un positron qui provoquerait cet « accident » fatal les transformant tous deux en lumière. Certes, nous l'avons dit aussi, au cœur des étoiles les photons sont très chauds et créent continuellement des couples électrons-positrons; et ceux-ci, comme ils sont très voisins à leur naissance, se recombineront continuellement pour redonner des photons... qui redonneront des couples électrons-positrons, et ainsi de suite. Mais ces naissances suivies de morts quasi immédiates sont-elles vraiment des naissances et des morts? N'est-ce pas plutôt là des naissances « avortées » d'électrons [1]? Ce qu'on doit dire, c'est que les électrons que nous trouvons dans l'espace, loin du cœur des étoiles, risquent très peu cet « accident » consistant à rencontrer un positron, et ont donc pour leur part une vie quasi éternelle (puisque cet « accident » est leur seule manière de « mourir »). Ce sont ces électrons éternels qui nous intéressent pour parler de l'Esprit et de son évolution dans l'Univers.

Il faut toutefois signaler aussi, pour être complet, des naissances et morts « rapides » d'électrons et positrons, comme au cœur des étoiles, qui ont lieu plus près de nous, sur notre Terre même, et qui sont la conséquence de ce qu'on nomme le rayonnement cosmique.

Ce rayonnement cosmique est constitué de particules de très haute énergie, en grande partie des électrons et des protons,

1. J'espère ne choquer personne par ce langage un peu libre, mais que je veux volontairement imagé et suggestif.

circulant apparemment dans la totalité de l'espace cosmique. Comment de telles particules peuvent-elles acquérir une énergie aussi grande, cela reste encore un phénomène mystérieux pour les physiciens. Mais toujours est-il que notre planète, la Terre, est sans cesse comme « bombardée » par ce rayonnement cosmique.

En rencontrant les molécules d'air de la haute atmosphère, ces particules du rayonnement cosmique se freinent, en émettant des photons de très haute énergie, et en « cassant » aussi des noyaux d'atomes. Les photons produits peuvent, à leur tour, engendrer des couples électrons-positrons, qui se recombineront eux-mêmes pour disparaître et donner des photons, qui fourniront d'autres couples électrons-positrons, et ainsi de suite. C'est exactement ce qui nous est déjà apparu au cœur des étoiles. Les physiciens disent ainsi que ce rayonnement cosmique produit des « cascades » de créations et de recombinaisons de couples électrons-positrons. Mais, encore une fois, ce sont là des naissances « avortées », puisqu'il s'agit de créations d'électrons et de positrons qui sont morts aussitôt nés.

Ce qu'il faut donc retenir ici, c'est que, très généralement, un électron choisi « au hasard » dans l'espace qui nous entoure, que ce soit près de notre Terre ou très loin dans l'espace cosmique, sera un électron né de la lumière il y a très longtemps, c'est-à-dire il y a des milliards d'années, au cours de quelque processus dans le cœur des étoiles par exemple.

Mais, bien entendu, quand nous parlons des électrons, on ne doit jamais perdre de vue que l'on est toujours dans le domaine des « grands nombres ». Ce qu'on pourrait dire plus justement, c'est que, dans n'importe quel centimètre cube d'espace prélevé autour de notre Terre, on trouvera *par milliards* des électrons *de tous les âges*. Il y en aura des milliards qui sont nés au début de l'Univers, il y a 15 milliards d'années; et aussi, sans doute, des milliards nés hier; et des milliards nés à n'importe quelle époque arbitrairement choisie.

Inversement, on peut dire que si, parmi les électrons de ce

centimètre cube d'espace, il en meurt un grand nombre par collision « accidentelle » avec des positrons, il en resterait cependant toujours des milliards.

En bref, on peut garantir « statistiquement » aux électrons
(comme aux protons) une durée de vie aussi longue que celle
de l'Univers lui-même. Par milliards de milliards, autour de nous,
et dans n'importe quel point du cosmos, il existe des électrons qui
ont l'âge actuel de l'Univers (c'est-à-dire 15 milliards d'années
environ) et ne mourront que si, un jour, l'Univers veut bien lui-
même mourir (ce que les cosmologistes les plus pessimistes ne
pronostiquent pas avant quelques bonnes dizaines de milliards
d'années). Ce sont ces électrons à vie quasi éternelle, dans le
passé comme dans le futur, auxquels nous allons spécialement
nous intéresser. Nous n'avons rien, cela va de soi, contre les
« jeunes » électrons, et ils participent aussi à part entière à l'aventure spirituelle de l'Univers. Mais nous laisserons pour le moment
ces jeunes électrons sur les bancs de l'école, où gageons d'ailleurs qu'ils apprennent très vite à faire aussi bien que leurs
anciens!

Voilà donc les électrons qui viennent de prendre naissance, il y
a quelques milliards d'années, alors que l'Univers lui-même vient
de commencer son expansion. Ils sont des milliards. Il y a des
électrons négatifs, et des électrons positifs (positrons)[1]. Ils disposent potentiellement de l'Esprit puisqu'*ils sont,* en fait, l'Esprit.
Mais il s'agit d'un Esprit qui, pour le moment, est encore vide,
c'est-à-dire n'est pas encore porteur d'informations, un peu
comme celui de l'enfant qui vient de naître.

Ces électrons sont le dedans de l'Univers. Mais l'Univers a
aussi un dehors, empli de Matière (et non d'Esprit), et avec lequel
ils vont peu à peu faire connaissance, avant d'agir sur lui pour
enrichir toujours plus en informations leur Esprit, c'est-à-dire

1. Il est curieux de noter comment la connaissance millénaire, qu'elle soit
grecque (Thalès, Théorie des contraires) ou chinoise (le Yin et le Yang), a eu
l'intuition du rôle important que jouerait cette polarité en + et en − dans l'évolution de l'Univers.

leur conscience de l'Univers total, dehors et dedans. Dans ce dehors de l'Univers, on trouve aussi, indépendamment de la Matière, de la lumière, c'est-à-dire des photons semblables à ceux qui sont enfermés dans le corps de l'électron [1].

Nous examinerons d'abord quelles sont les propriétés fondamentales de l'Esprit dont disposent les électrons pour enrichir leur conscience du monde. Puis nous raconterons ensuite comment ces électrons ont utilisé ces propriétés pour, graduellement, acheminer leur conscience depuis un Esprit « vide » à un Esprit « pensant », dont l'Homme fait par exemple l'expérience.

Il y a quatre [2] propriétés essentielles de l'Esprit [3], que j'ai nommées la Connaissance, l'Amour, la Réflexion et l'Acte. Toutes quatre sont, en fait, des propriétés qu'il faut prêter à ce gaz de photons, à cette lumière qui emplit chaque électron. Ce gaz de photon va donc constituer le support physique des activités spirituelles.

Considérons un seul de ces photons enfermé dans l'électron : que peut-il échanger avec le monde extérieur, pour « prendre connaissance » de ce monde extérieur ?

Ces échanges sont de deux types principaux.

D'abord, le photon peut échanger *une impulsion* avec un photon du monde extérieur. Ceci signifie que, dans le monde extérieur, un photon change brusquement le sens de sa vitesse, tandis que, dans le corps de l'électron, un photon en fait de même, de manière que globalement, en considérant *l'ensemble* des deux

1. Aussi bien l'électron que le « monde extérieur » possèdent aussi, indépendamment des photons, des particules de masse propre nulle et de charge électrique nulle, les neutrinos (voir *Théorie de la Relativité complexe*). Nous laisserons de côté les neutrinos pour le moment, pour simplifier, car leur rôle est assez parallèle à celui des photons.

2. Il est également curieux que les propriétés fondamentales qui dictent tout le comportement de *la Matière* soient aussi au nombre de quatre. On les nomme les interactions forte, électromagnétique, faible et gravitationnelle.

3. J'ai expliqué, dans *L'Esprit, cet inconnu,* comment ces propriétés étaient justifiées par (et donc aussi compatibles avec) nos connaissances actuelles en Physique. Je n'y reviens donc pas ici.

impulsions, rien ne soit changé [1]. C'est un peu comme quand je prends mon élan pour pousser quelqu'un : ce quelqu'un prend de la vitesse, tandis que moi je me ralentis. C'est ce que peut faire l'électron; cet échange d'impulsions entre photons se traduira par le mouvement de l'électron, et par un mouvement nouveau et concomitant du photon extérieur qui a échangé son impulsion avec l'impulsion du photon électronique. Notons que le photon « intérieur » peut aussi bien appartenir au monde de la Matière (dehors de l'Univers) qu'à *un autre* électron [2].

Un autre échange que le photon électronique peut faire avec le monde extérieur est un échange d'*état de spin*. Là, c'est un peu plus compliqué à expliquer. Mais on peut se représenter cela en disant que les photons ressemblent à des toupies : ils tournent sur eux-mêmes; c'est ce que les physiciens nomment le spin (du mot anglais *spin* qui veut précisément dire « tourner sur soi-même »). Les photons intérieurs à l'électron peuvent donc avoir des « états de spin » différents, numérotés 1, 2, 3, etc., qui signifient que ces photons tournent sur eux-mêmes une fois, deux fois, trois fois plus vite, etc. De plus, chaque état de spin peut être de deux signes, suivant que le photon-toupie tourne sur lui-même dans un sens ou dans l'autre. Le photon de l'électron peut ainsi « échanger » du spin avec un photon extérieur, ralentir par exemple le spin du photon extérieur tandis que lui-même augmentera son spin (ou inverser le sens de son spin en même temps que, dans le monde extérieur, un photon en fera autant). Là encore, le photon « extérieur » échangeant son spin avec le photon électronique peut aussi bien appartenir au monde de la Matière (dehors de l'Univers) qu'à *un autre* électron. Tous ces processus sont soumis à une grande loi physique fondamentale, c'est le célèbre principe de conservation de l'impulsion-énergie [3].

---

1. Ce qui est nécessité par un principe que les physiciens nomment la conservation de l'impulsion-énergie.
2. C'est d'ailleurs ainsi que les physiciens rendent compte (diagramme de Feymann, échange de photons virtuels) de l'interaction électrostatique entre électrons.
3. Qui inclut notamment la conservation du spin total.

Les deux types d'échanges précédents, échange d'impulsions ou échange d'états de spin, sont donc possibles aux yeux de la Physique. Mais il y a un monde de différence — nous faisant en fait passer de la Physique à la Métaphysique, ou encore de la Matière à l'Esprit — selon que nous allons ou non compléter les échanges qui précèdent par la remarque suivante.

On peut dire, d'abord, que ces échanges ont lieu entre un gaz de photons *non organisé* et *non organisable* situé dans le corps de l'électron, et le monde extérieur. Ces échanges ont alors lieu *chaque fois que c'est possible,* c'est-à-dire chaque fois que se présentent dans le milieu extérieur des photons permettant l'échange tout en respectant le principe de conservation de l'impulsion-énergie. Là, nous sommes en pleine Physique, et seulement en Physique; et, d'ailleurs, c'est sur cette base que la Physique rend compte des interactions faibles ou électromagnétiques [1].

On peut dire aussi que le gaz de photons intérieurs à l'électron, s'il est vrai qu'il n'est pas « organisé » (chaos de lumière) à la naissance de l'électron, est cependant un gaz *organisable,* et s'organisant même automatiquement (c'est-à-dire se chargeant en informations nouvelles, sans jamais perdre les anciennes) chaque fois qu'il y a *échange d'état de spin* avec le monde extérieur [2]. Dans ce cas, les échanges avec les photons du monde extérieur ne s'effectueront plus aussi souvent que si le gaz électronique était un simple « chaos » de photons mais dépendent, en quelque sorte, de la *configuration informationnelle* portée par le gaz de photons électroniques; c'est-à-dire, en d'autres termes, dépendent de l'Esprit de l'électron. Cette fois-ci, on devine que l'électron a une sorte *d'initiative,* il échange ou il n'échange pas avec l'extérieur. Ou, si on veut atténuer l'aspect nécessairement un peu anthropocentriste du mot « initiative », nous dirons que l'électron échange chaque fois que sa « configuration informationnelle » le permet — c'est-à-dire, finalement, chaque fois que son Esprit le permet, ce qui est équivalent à dire : « le souhaite ». Comme on le voit,

---

1. Cf. *Théorie de la Relativité complexe, op. cit.*
2. J'ai expliqué, dans *L'Esprit, cet inconnu,* comment cet état de spin correspond bien à une croissance de la néguentropie du gaz électronique, donc à une « charge informationnelle » toujours plus grande.

on est passé ici, sans transition, avec une telle remarque complémentaire, de la Physique à la Métaphysique — des lois de la Matière à celles de l'Esprit (compatibles, naturellement, avec les lois de la Matière).

Voici donc notre électron muni maintenant, en plus de ses propriétés purement physiques, d'une « initiative », d'un « élan vital », lui permettant de faire — ou non — des échanges d'impulsions et d'états de spin avec les photons extérieurs. Et, naturellement, aussi bien, d'effectuer des échanges d'états de spin entre ses propres photons.

Cette dernière remarque nous introduit à la première propriété spirituelle de l'électron, à savoir *la Réflexion*. L'électron fait passer, par exemple, un de ses photons du spin $+ 1$ au spin $- 1$, tandis qu'un autre passe du spin $- 1$ au spin $+ 1$. C'est équivalent à dire que les photons considérés prennent les états de spin correspondant à ceux de leur image dans une glace, d'où le mot Réflexion. Cela a pour conséquence d'introduire des sortes de « nuances » dans la configuration informationnelle de l'électron : il n'y a pas d'information nouvelle, mais les mêmes informations sont « arrangées » d'une manière différente. C'est, bien entendu, on le voit, le sens « spirituel » que nous donnons aussi au mot Réflexion. C'est le penseur qui réfléchit avec « ce qu'il a dans la tête », et qui éventuellement « invente » de nouvelles pensées sans ajouter à son Esprit des informations nouvelles, mais simplement en « réarrangeant » autrement les informations dont il dispose déjà.

Là Connaissance est l'échange d'états de spin avec le monde extérieur *de la Matière,* c'est-à-dire le dehors de l'Univers (et non les photons intérieurs à un *autre* électron). L'électron acquière sans cesse, de cette manière, des informations sur ce monde extérieur de la Matière. C'est aussi, traduit sur notre plan humain, à peu près exactement ce que nous nommons également Connaissance. C'est la naissance d'une information nouvelle que nous mémorisons dans notre Esprit. Pour nous, cette Connaissance a

lieu par l'intermédiaire de nos organes des sens. Mais, si on analyse l'opération de Connaissance avec l'aide de nos biologistes,
on constate que celle-ci se ramène bien à des interactions électromagnétiques, c'est-à-dire des phénomènes où interviennent
directement les photons — comme dans la Connaissance au
niveau de l'électron individuel. Voir une pomme, entendre notre
interlocuteur, sentir une rose, goûter de la confiture, c'est en
dernier ressort une affaire de photons de lumière. Et qu'on ne
vienne pas s'étonner en notant que les électrons « font comme
nous » : en fait, c'est nous qui faisons comme les électrons, car
ce sont les électrons qui ont inventé notre corps et nos organes
des sens. Mais nous y reviendrons.

L'Amour est plus subtil — et aussi plus efficace — que la
Connaissance pour enrichir toujours plus les processus spirituels
de l'électron. Il s'agit d'un échange direct d'états de spin entre
les photons de l'électron considéré et *un électron extérieur,* sans
passer par l'intermédiaire du « dehors » de l'Univers, du monde de
la Matière. C'est un échange direct de « dedans » à « dedans ».
En fait, ici, *deux* (et non plus une) configurations informationnelles sont en cause, il faut deux interactions simultanées, et non
plus une seule, pour que l'échange ait lieu. Il faut — n'hésitons pas
à utiliser les mots dont nous « sentons » bien tout le contenu —,
il faut qu'il y ait une sorte de sympathie spirituelle profonde
entre les deux électrons se livrant à l'interaction d'Amour [1]. Cette
interaction amoureuse est donc plus difficile, plus rare; mais,
aussi, combien plus efficace encore que la Connaissance, pour
accroître la charge spirituelle à l'échelle de l'Univers entier. Car,
avec *l'Amour,* les deux électrons à la fois vont augmenter leur
charge informationnelle, *tous deux* vont « apprendre l'un par
l'autre ». Et cet apprentissage a lieu directement, sans intermédiaire, d'Esprit à Esprit, sans transiter par le monde extérieur de
la Matière, toujours un peu déformant car réclamant, nécessairement, une interprétation symbolique. Dans l'Amour, on peut

---

1. Je n'ai pas osé écrire — mais n'aurais-je pas dû? — : entre les deux électrons qui vont « faire » l'Amour.

dire que l'apprentissage, l'accroissement de conscience, a lieu de manière purement intuitive, sans avoir à être véhiculé par un « langage » quelconque. Cet échange d'Amour, nous le connaissons bien aussi, nous, les Hommes : c'est une relation d'Amour qui nous fait sentir la beauté profonde de la Nature qui nous entoure, de l'arbre à l'enfant. C'est tout autre chose, on le sait bien, de connaître un arbre en le voyant ou de le connaître en l'aimant. C'est vrai bien sûr aussi dans notre relation d'Amour avec l'animal, avec l'enfant, avec l'adulte. L'Amour nous paraît le moyen de progrès de la conscience le plus efficace, au niveau individuel comme au niveau de l'Univers entier. Nous y reviendrons dans un prochain chapitre exclusivement consacré à cette propriété psychique.

Ce que nous devons retenir, pour le moment, c'est que l'Amour, tel que nous le connaissons, a sa réplique au niveau des électrons individuels, qui sont les vrais porteurs de l'Esprit dans l'Univers.

Et il y a enfin *l'Acte,* qui est la quatrième propriété, le quatrième type d'interaction dont dispose l'électron.

L'Acte, c'est cet échange d'impulsions dont nous avons parlé entre un photon du corps de l'électron et un photon du monde extérieur — celui de la Matière ou celui d'un autre électron. A ce titre, l'interaction électrostatique qui fait qu'un électron se met en mouvement dans un potentiel électrique, ou quand il approche un autre électron, est un Acte. Mais, cela, c'est l'Acte vu sous le seul angle de la Physique. Cet Acte devient chargé d'un contenu spirituel dès qu'on ajoute que l'électron peut, dans certaines conditions (nous verrons ces conditions au chapitre suivant), *diriger* son mouvement, prendre l'initiative de son mouvement, en jouant sur les échanges d'impulsions qu'il souhaite faire entre ses propres photons et ceux du monde extérieur. Et aussi, nouvel Acte considéré sous son aspect psychique, l'électron peut choisir ces échanges de manière à agir, éventuellement, sur le mouvement des photons *extérieurs,* pour que ces photons extérieurs concourent à réaliser telle ou telle réaction physico-chimique, par exemple.

Le physicien « rationaliste » lèvera peut-être (et même sans doute) les bras au ciel si l'on prétend que l'électron se prête ainsi à de tels Actes spirituels. Mais le biologiste trouvera plus probablement cette possibilité très naturelle, car il est habitué à voir la matière dite « vivante », c'est-à-dire finalement des électrons, effectuer des mouvements complexes mais d'apparence organisée, ou se livrer à des synthèses savantes, dans le corps cellulaire par exemple. Bien sûr, on peut prétendre que c'est là de la simple Matière à l'œuvre, mais qu'on ne connaît pas encore quelles lois physiques gouvernent le Vivant; il me paraît plus « rationnel », n'en déplaise aux « rationalistes », de dire que c'est là l'Esprit, et non la Matière, qui est à l'œuvre. Et que, pour comprendre le Vivant, il faut délibérément se pencher sur les propriétés qui sont celles de l'Esprit, et non seulement sur celles qui gouvernent la Matière brute.

Somme toute, ce que je crois — et j'emprunte ce credo non pas à quelque Foi mystique mais à la connaissance scientifique du moment —, ce que je crois, c'est que toute l'évolution de notre Univers, cette évolution qui sur notre Terre se traduit par une progression graduelle du minéral à l'Homme, est une évolution gouvernée par l'Esprit et non par la Matière — ou du moins par la Matière seule. Je crois aussi que cette évolution est, dans son essence, l'aventure spirituelle d'un immense peuple disséminé dans la totalité de l'espace de notre Univers, un peuple ayant pour lui l'avantage énorme de l'immortalité : ce peuple est celui des électrons pensants, le peuple des éons. Je crois enfin que ce que nous croyons être notre personne, notre Moi, n'est qu'une « réduction » de notre véritable Moi, qui est beaucoup plus grand, beaucoup plus durable, et porté en fait par les éons. Comme les éons, notre véritable Moi vit à l'échelle de temps qui est l'échelle de l'Univers, c'est-à-dire des milliards d'années, dans le futur comme dans le passé.

Examinons donc ensemble maintenant comment se déroule cette évolution, telle que l'Esprit la gouverne.

CHAPITRE V

Qui a créé l'Univers?

La naissance de l'Univers. — Qui a créé la Matière? — Les textes sacrés viennent à notre aide. — L'Esprit et la lumière. — Au commencement était le Verbe. — Un monde fait de « contraires ». — Un monde « dialectique » d'énergie totale nulle. — L'Univers à l'instant zéro. — Les électrons « ouvrent la danse » de l'aventure spirituelle du monde.

Parmi les recommandations d'Aristote, il en est une qui mérite une attention particulière : c'est celle où il nous dit que « pour comprendre les choses clairement, il faut les prendre depuis le commencement ».

Et il a raison. C'est plus vrai encore quand il s'agit de comprendre l'évolution. Ce qui nous rend si claire et convaincante l'histoire de l'évolution de la vie, telle qu'elle est proposée par un Darwin ou par un Teilhard de Chardin, c'est que cette histoire cherche à utiliser une « base de temps » aussi large que possible. Avec Teilhard, notamment, on réfléchit sur l'évolution à partir des particules de matière inerte, quand l'Univers ne contenait encore *que* cette matière brute; et on s'achemine, progressivement, du minéral au végétal, du végétal à l'animal et de l'animal à l'Homme. C'est parce que Teilhard développe son raisonnement sur une base de temps aussi large qu'il est bien obligé de reconnaître, dès le niveau de la matière inerte, c'est-à-dire dès le commencement du monde, la présence d'une certaine forme d'Esprit : « Nous sommes logiquement amenés à conjecturer, écrit Teilhard [1], dans tout corpuscule de matière, l'existence rudimentaire (à l'état d'infiniment petit, c'est-à-dire d'infiniment diffus) de quelque psyché. »

Mais si l'on veut parcourir l'histoire de l'évolution en suivant *rigoureusement* le conseil d'Aristote, il faudrait partir d'un passé encore plus lointain. On sent bien que, si on veut « raconter » l'évolution de notre Univers en faisant jouer à l'Esprit le rôle qu'il convient et qui transparaît dès qu'on regarde, comme Teilhard, cette évolution se dérouler sans aucun préjugé de départ (ni matérialiste, ni spiritualiste), il va falloir partir d'encore plus haut que Teilhard : il nous dit que chaque corpuscule de matière possède, dès son origine, une certaine « psyché »; mais comment est « né » ce corpuscule? Au commencement de l'Univers, qui l'a doté de cette psyché? Qui a créé la Matière? Qui a créé l'Esprit? En un mot, qui a donné son existence à ce vaste Univers, fait de Matière et d'Esprit, que nous voyons se déployer et évoluer autour de nous?

Il n'est guère possible de prétendre que *la Matière* était première. L'existence de toute Matière exige de l'énergie : si on fait donc commencer le monde en affirmant que, au temps zéro, c'est-à-dire quand l'Univers a débuté, il contenait *déjà* de la Matière, et plus généralement de l'énergie, on fait une simple pétition de principe, car la question suivante est immédiatement : qui a prodigué l'énergie qui a donné naissance à toute cette Matière? Notons que, cependant, c'est ainsi que nos cosmologistes contemporains proposent la version « officielle » (c'est-à-dire acceptée aujourd'hui par la Science) de l'état de l'Univers à l'instant zéro : cet Univers, nous disent-ils, est « né » il y a quinze milliards d'années environ, et il était déjà doté d'une énergie totale correspondant à toute celle que renferme aujourd'hui le cosmos entier, avec ses milliards de galaxies possédant chacune leurs milliards d'étoiles et planètes. Pour être juste cependant, la Science cosmologique actuelle ne prétend pas expliquer

1. *Le Phénomène humain, op. cit.*

comment l'Univers a été créé à partir *de rien*, mais comment, à partir d'un état initial qu'on nomme l'instant zéro, il y a environ quinze milliards d'années, l'Univers s'est transformé pour devenir ce que nous voyons de lui aujourd'hui. « Pour répondre aux objections soulevées par quelques critiques à propos de l'emploi du mot " création ", écrit le physicien Georges Gamow [1], l'un des meilleurs spécialistes de la cosmologie contemporaine, il faut expliquer que le sens donné à ce terme n'est pas " la fabrication de quelque chose à partir de rien ", mais plutôt une " fabrication de quelque chose à partir d'un matériau informe "; comme on parle, par exemple, continue Georges Gamow qui ne manque jamais d'humour, de la " dernière création de la mode parisienne ". »

Il n'en reste pas moins que, si on se contente comme Georges Gamow de penser à l'Univers en considérant au départ un « matériau informe », sans nous dire d'où vient et comment a été créé ce « matériau informe », on commence déjà *trop tard* l'histoire de cet Univers. Et on a bien des chances de laisser échapper, à travers les mailles du filet qui nous sert à rassembler la connaissance, ce qui sans doute est le plus subtil, mais aussi certainement le plus important. On ne peut notamment se défaire de l'idée que l'Esprit a dû jouer un rôle fondamental à l'instant de cette « création » de l'Univers; et, s'il a vraiment joué un rôle aussi primordial, toute l'histoire que nous voulons construire de l'évolution risque d'être faussée si on laisse délibérément, au départ, « l'Esprit à la porte », sous prétexte que l'explication « scientifique » doit se limiter à l'évolution de la Matière seule, que l'Esprit est « tabou » pour la Science et est une notion réservée aux religieux et aux poètes.

Convenons aussi, cependant, qu'on ne pourra se contenter d'une explication qui prétendra avoir le droit de faire intervenir l'Esprit comme s'il était doté d'une baguette magique : là il n'y avait rien, mais voici que maintenant, tout à coup, l'Esprit a tiré

1. Georges GAMOW, *La Création de l'Univers,* Dunod.

de son chapeau l'ensemble du « matériau informe » constituant l'Univers à sa naissance, à l'instant zéro du monde. Non, cela ne nous convient pas non plus, nous voulons une Science qui laisse la fenêtre grande ouverte sur la part d'Esprit propre aux phénomènes observables, mais non pas une Science « magique », qui ne serait qu'un retour en arrière, vers une pensée préscientifique. Une véritable cosmologie « néo-gnostique » laisse coexister dans son langage Matière et Esprit, mais ce langage doit rester compatible avec ce qui constitue les exigences de tout langage scientifique : rigueur logique, respect scrupuleux de l'observation. Mais aussi *toute* l'observation : c'est parce que l'observation biologique, notamment, nous fait apparaître des caractéristiques de comportement d'où l'Esprit ne peut pas être éliminé que nous ne prétendrons pas « expliquer » les mécanismes biologiques sans faire directement intervenir l'Esprit. Et c'est parce que l'astrophysique des trous noirs, ainsi que la physique de ces microtrous noirs que sont les électrons, nous suggèrent une première idée de ce qu'est la structure de l'Esprit, que nous voulons en profiter pour introduire de plain-pied l'Esprit dans le langage scientifique, et cela dès nos explications sur l'origine du monde.

Revenons donc à la création de l'Univers. Notre première idée, nous l'avons déjà remarqué, est que nous, les Hommes, qui « pensons » aujourd'hui à cette création du monde, nous sommes porteurs (notre Esprit est porteur) d'électrons, d'éons pensants, qui étaient *déjà* présents au moment de cette création du monde. Qu'importe que ceci ait eu lieu il y a des milliards d'années, les électrons de notre corps sont aussi des milliards, et il y en a certainement un très grand nombre qui plongent leurs racines spirituelles jusqu'à ce début de l'Univers, car ils sont « nés » avec lui.

S'il en fallait une preuve, nous n'aurions qu'à rappeler la ressemblance que l'on trouve entre toutes les « histoires » de la création du monde, que ce soit chez les peuplades primitives d'Afrique ou d'Amérique, ou dans les documents qui nous sont transmis depuis des millénaires comme la Bhagavad-Gîtâ en Inde, ou le Tao Tö King de Lao Tseu en Chine, ou le Coran au

Moyen-Orient, ou l'Ancien et le Nouveau Testament en Occident. On y voit toujours l'intervention importante jouée par la Parole ou le Verbe, et également le rôle prépondérant qu'aurait eu *la lumière* dans l'acte de création. Mais, cette lumière, ne vient-on pas de constater qu'elle était précisément le « support » de l'Esprit, dans cette face du « dedans » de l'Univers faite des éons pensants?

Relisons donc ensemble l'un de ces documents millénaires qui, sous un langage symbolique, parlent de la « création » de l'Univers. Je choisis un passage du Nouveau Testament [1] :

« Au commencement était le Verbe... Toutes choses ont été faites par lui, et sans lui rien n'a été fait. Ce qui a été fait en lui était vie, et la vie était la lumière des hommes... Il y eut un homme envoyé de Dieu; son nom était Jean. Il vint en témoin pour rendre témoignage à la lumière. Le Verbe était la véritable Lumière qui, venant dans le monde, éclaire tout homme. »

Que comprend-on à travers le symbolisme de ce langage?

Avant le temps zéro de la création de notre Univers, c'était le Verbe qui existait, c'est-à-dire ce qu'on pourrait nommer l'Esprit absolu, l'Être, qui n'est fait ni de Matière ni de Lumière, et pour qui les notions d'espace et de temps (qui ne sont que des aspects de *notre* Univers) n'ont encore aucun sens : car, dans l'Absolu, aucun mot manipulé par notre langage, aucune pensée véhiculée par notre Esprit, n'a de signification véritable. « Signifier » est formuler de la pensée, et l'Absolu n'est pas pensée, il n'est rien d'exprimable par les mots de notre langage, IL EST, tout simplement.

Le texte de saint Jean nous parle aussi de l'importance de la Lumière, et la Genèse [2] nous précise : « La terre était informe et vide, les ténèbres couvraient l'abîme et l'Esprit de Dieu planait sur les eaux. Dieu dit : " Que la lumière soit ", et la lumière fut. Ce fut le premier jour. » On devine donc, à travers ce langage, que la lumière va jouer un rôle fondamental, comme « première » substance de toute l'évolution qui va suivre. L'Évangile de saint

---

1. Prologue à l'Évangile de saint Jean.
2. Ancien Testament, Premier récit de la Création.

Jean nous dit d'ailleurs que « Jean vint en témoin pour rendre témoignage à la lumière ». Jean, c'est ici en fait chacun de nous, c'est la Connaissance qui, en progressant, aperçoit toujours mieux comment l'Esprit est porté par une certaine forme de lumière. Ne cherchez pas l'Esprit comme quelque chose *d'indépendant* de la matière, ce n'est pas une substance « éthérée », sans poids ni forme, qui pour cette raison devrait être dissociée de la connaissance dite « scientifique », qui ne s'occupe que des choses « concrètes », et non pas du « sexe des anges ». Vous voulez une image du monde cohérente, où Matière et Esprit coexistent de manière harmonieuse, alors tournez vos yeux vers la lumière, qui est une substance bien « physique », dont la Science d'aujourd'hui a déjà une bonne connaissance, mais qui est porteuse d'attributs encore peu analysés, quoique intuitivement ressentis par la pensée millénaire, des attributs qui intéressent l'Esprit. La lumière apparaît ainsi comme le pont jeté entre Matière et Esprit, le « chaînon manquant » qui permettra une Science néo-gnostique dans laquelle Matière et Esprit ont place entière.

Pensera-t-on que cette idée du rôle de la lumière est toute nouvelle dans la pensée « scientifique »? On se tromperait. Et, pour s'en assurer, il suffit de se tourner vers la réflexion d'un des plus grands physiciens des siècles derniers, Isaac Newton. Il ne s'occupait pas seulement de regarder tomber les pommes, comme on le prétend parfois, pour en déduire les lois de la gravitation; il avait aussi des préoccupations que les « scientistes » qualifieraient sans doute de « métaphysiques », mais auxquelles Newton n'hésitait pas cependant à donner autant d'importance que ses préoccupations sur la Physique. « Ne serait-il pas possible, écrit Newton dans son *Optique,* que les corps et la lumière se transforment les uns dans les autres? Et ne serait-il pas possible que les corps reçoivent la plus grande part de leurs principes actifs des particules de lumière qui entrent dans leur composition?... Cela étant admis, puisque la lumière est le plus actif de tous les corps que nous connaissons, et puisque cette lumière fait partie de tous les corps composés par la Nature, pourquoi ne serait-elle pas le principe régissant toutes leurs activités ? » Newton distingue alors deux sortes de lumière, une lumière phénoménale, qui serait telle que l'entend le sens commun du terme, c'est-à-dire celle que nous voyons (la lumière du « dehors » de l'Univers); et une lumière nouménale, qui serait une lumière virtuelle, intervenant plus particulièrement dans le mécanisme du Vivant, qui ne serait cependant pas « directement » visible, et qui serait finalement porteuse de ce que nous nommons l'Esprit (la lumière du « dedans » de l'Univers). Ainsi Newton a-t-il considéré l'Esprit comme accessible à l'expérience, c'est-à-dire du domaine des investigations de la Physique; il a vu d'autre part dans la lumière, qui est sans aucun doute un phénomène bien « physique », la direction privilégiée vers laquelle il convenait de se tourner pour commencer une « analyse » de l'Esprit compatible avec les données de la Physique.

Intuition ? Ou bien plutôt, comme nous l'avons suggéré (et c'est peut-être la même chose), écoute d'une voix intérieure, chuchotée par quelques millions des éons pensants du grand physicien, et « portant témoignage » de leur propre structure de lumière.

C'est donc le Verbe, c'est-à-dire l'Esprit absolu, non différencié, qui a « créé » l'Univers. Comment peut-on rendre une telle « création » compatible avec ce que nous connaissons aujourd'hui en Physique ?

Pour discerner des indices, tournons-nous une nouvelle fois vers les textes anciens. La Bible (au moins cinq siècles avant Jésus-Christ) nous dit que « Dieu créa le mâle et la femelle ». Lao Tseu, dans son Tao Tö King, propose à la même époque d'expliquer l'Univers par la représentation dialectique d'un élément mâle (le Yin) et d'un élément femelle (le Yang). Pendant ce temps, en Grèce, le philosophe et mathématicien Thalès de Milet formule sa « théorie des contraires », intervenant dans tous les phénomènes prenant place dans notre Univers. Un peu plus tard (IVe siècle avant Jésus-Christ), Empédocle, qui réfléchit dans le sud de la Sicile, nous dit que l'Un (l'Absolu) n'existait qu'au début du monde; mais le monde s'est créé par division de l'Un en deux principes opposés, l'Amour et la Haine; l'Amour finira par triompher de la Haine et notre Univers finira alors dans un retour à l'Un.

Le Verbe a donc façonné le Monde en créant *simultanément* deux principes contraires. Or, sur le plan de la Physique, le raisonnement respectant cette intuition millénaire va être le suivant :

L'Univers ne peut «scientifiquement» être sorti de rien, c'est-à-dire d'une énergie globale *nulle,* que s'il a toujours eu, à tout instant, à sa création comme aujourd'hui ou comme demain, une énergie *globalement nulle.* En d'autres termes, le « quelque chose » dont est fait l'Univers se compose d'énergie à la fois *positive et négative,* et l'énergie totale de l'Univers est nulle à tout instant. C'est donc uniquement une sorte de discrimination spirituelle, qui appartient à la dialectique et non pas à un acte physique, qui appartient au Verbe, à la Parole, à l'Esprit absolu et non à une « cause » traditionnelle de la Physique, qui a donné naissance au temps et à l'espace; ces derniers n'avaient *aucune existence indépendante avant* l'instant où le Verbe, par cet acte dialectique, en les nommant, pourrait-on dire, leur a fait correspondre une « existence », c'est-à-dire leur a donné une représentation individuelle possible par l'Esprit.

Mais le Verbe est-il un « vrai » commencement, pour l'esprit rationnel? Sans doute avons-nous dit que le Verbe transcende la notion de temps, puisque parmi ses créations il y a précisément l'espace et le temps : on ne peut donc pas poser la question : qu'y avait-il *avant* le Verbe, puisque le Verbe est l'Absolu, celui qui crée le temps lui-même; comme nous l'avons remarqué, IL EST, tout simplement, et non pas il est quelque chose dans l'espace et le temps.

Cependant, nous l'avons noté aussi, le Verbe est avant tout Esprit. Et, je l'admets volontiers, mon interprétation de l'Univers conduit à choisir l'Esprit comme *premier.* J'ai dit pourquoi je ne pouvais pas admettre la Matière comme première : la Matière est de l'énergie, et on connaît aujourd'hui trop de choses sur l'énergie pour admettre que celle-ci soit sortie « de rien », comme par un tour de magie. Par contre, je crois que je reste compatible avec la connaissance en Physique en disant que l'Esprit, qui n'est pas énergie, a été premier et a créé notre Univers par un acte « dialectique » de séparation de l'énergie en énergies positive et négative. Bien sûr, si on va au fond de cette interprétation, c'est sans doute dire aussi que la Matière elle-même n'est qu'un *produit de l'Esprit,* puisque l'Esprit, par sa simple Parole, a été capable de lui donner « existence », avec la seule réserve de la décomposer en énergies opposées. Toutes les choses qui « existent », y compris la Matière, ne seraient-elles donc, en dernier ressort, qu'un produit de l'Esprit? Je ne me suis pas gêné pour le soutenir, comme l'avait fait Berkeley au XVIIIe siècle, puisque j'ai consacré un ouvrage entier à défendre l'idée que, finalement : « Exister, c'est être pensé [1]. » Et je le soutiens encore. Ce que je prétends revient à dire que l'Univers, tel que nous le connaissons, n'est qu'un *langage entre nous et l'Absolu* (et certains nommeront Dieu cet Absolu). Je n'ai conscience de *rien* dans l'Univers qui ne soit, d'abord, un élément de ma conscience, c'est-à-dire « Esprit ». On peut supposer, mais c'est une hypothèse *supplémentaire,* que quelque chose de « non Esprit » (qu'on nomme habituellement Matière) a *aussi* une existence *indépendante,* où l'Esprit n'intervient nullement. Mais comment en faire la preuve, puisque seul l'Esprit lui-même sera capable de donner consistance à une telle hypothèse supplémentaire? Vivre, penser, c'est dialoguer avec l'Absolu. Et le dialogue n'est possible que parce que l'Absolu et nous partageons avant tout une chose : l'Esprit. Au demeurant, je crois l'avoir montré, l'Esprit choisi « premier moteur » est la seule interprétation *complète* de notre Univers qui soit cohérente avec la connaissance scientifique d'aujourd'hui.

En temps que physicien, j'ai personnellement étudié un « modèle » cosmologique de notre Univers ayant cette caractéristique fondamentale, dont nous venons de parler, d'être construit, dès son départ, sur des énergies de signes *contraires,* avec une énergie totale restant à tout instant globalement *nulle* [2].

L'idée nouvelle *n'est pas* celle de supposer dans l'Univers l'exis-

1. Jean E. CHARON, *L'Être et le Verbe,* Planète, 1965.
2. Jean E. CHARON, *Théorie de la Relativité complexe, op. cit.*

tence de deux énergies de signes contraires. Ce fait est bien connu
de tous les physiciens depuis déjà le début du siècle, il ne s'agit pas
d'une supposition mais d'une *observation*. L'énergie positive constitue notamment ce qu'on nomme la matière, l'énergie négative
constitue l'antimatière. Ces deux types de Matière, de signes opposés, sont observés quotidiennement par les physiciens nucléaires;
l'électron est, par exemple, de la matière (énergie positive),
alors que son compagnon, le positron, a non seulement une
charge électrique mais aussi une énergie de signe opposé, et se
range par conséquent dans l'antimatière.

Il est vrai qu'on observe, chez les particules de l'Univers, beaucoup plus de particules de matière que de particules d'antimatière;
mais, nous l'avons déjà noté, l'espace que nous nommons « vide »
ne doit pas être confondu avec le « néant », il est déjà une « substance », et puisqu'il est courbé dans son ensemble il doit aussi
être associé à une énergie : or cette énergie est négative, et correspond donc à de l'antimatière, venant « compenser » l'absence relative observée d'antimatière chez les particules, et justifiant même
cette observation dissymétrique puisque, globalement, le bilan
énergétique total de l'Univers *doit* être nul à chaque instant. Il est
vrai aussi que l'observation nous montre que, quand de la matière
et de l'antimatière se rencontrent, elles ne laissent pas « rien »,
mais deux photons de lumière qu'on peut distinguer comme
étant un photon et un « antiphoton ». Les physiciens ne font généralement pas cette distinction, car le photon étant une particule
électriquement neutre et de masse (propre) nulle, *rien* dans
l'observation ne permet (au moins actuellement) de distinguer un
photon d'un antiphoton. Par ailleurs, notre Univers est rempli
par un rayonnement thermique, composé de photons qui, eux,
sont tous d'énergie positive; les antiphotons, s'ils existent, se
cachent donc bien, et ne seraient créés que dans l'annihilation de
couples de particules de signes opposés. Mais rien dans l'observation *ne s'oppose* non plus à cette possibilité d'existence d'antiphotons, à côté des photons [1].

1. J'ai cependant, dans ma *Relativité complexe,* montré que cette distinction
se justifiait au moins théoriquement par les deux signes observables de l'interaction électrostatique : l'échange de deux photons virtuels provoque la répul-

S'il en est ainsi, nous précisons en même temps la structure *du Verbe,* et cette fameuse « véritable Lumière » (avec un L majuscule) dont nous parle saint Jean dans son Évangile pour caractériser le Verbe. Cela signifie que la « discrimination » était déjà, au moins potentiellement, dans le Verbe, qui serait constitué *uniquement* d'une Lumière faite de photons et d'antiphotons, indistingables l'un de l'autre par des mots et porteurs d'une masse nulle, d'une charge électrique nulle, et représentant globalement une énergie nulle (puisque existant *par couples* de deux éléments d'énergies opposées). Cette lumière, existant à l'origine *hors* du cadre habituel de l'espace et du temps, serait l'Esprit absolu. L'Univers est né de là. Nous verrons aussi que c'est là que retourneront toutes choses et nous avec, à « la fin » de notre Univers.

Que nous dit donc de l'Univers « dialectique » (c'est-à-dire d'énergie globale nulle) ainsi créé le modèle cosmologique qui le décrit?

Il offre sur les modèles « non dialectiques » l'avantage d'être beaucoup plus naturel et compréhensible (ce qui n'est pas, pour moi au moins, son intérêt le plus mince, car j'ai déjà dit que je ne crois pas à une Physique défiant les conclusions du « sens commun [1] »).

Les modèles « non dialectiques » veulent par exemple prétendre que l'Univers du « commencement du monde » était très petit, voire même de volume nul (ou presque); sa densité et sa température étaient alors infinies... ce qui, physiquement, n'a guère de sens, ou au moins guère de « sens commun ».

Notre modèle dialectique, fondé sur des énergies contraires qui, dès l'instant où le Verbe leur a donné naissance, représentent une énergie totale globalement nulle, est relativement proche du

sion électron-électron, l'échange entre un photon et un antiphoton virtuels provoque l'attraction électron-positron.

1. Le grand physicien Rutherford n'avait-il pas déjà remarqué que « tout phénomène physique doit pouvoir être décrit de manière à être compréhensible à une femme de ménage »?

nôtre au point de vue de son cadre spatial, ainsi que de sa densité moyenne et de sa température.

Son « rayon » n'est à l'origine que 500 fois environ plus petit que l'Univers actuel. Sa densité est environ un million de fois plus élevée mais, curieusement semble-t-il à prime abord, ce sont des particules d'*antimatière* (et non de matière) qui emplissent alors le cosmos, en fait des antineutrons. Nous verrons tout à l'heure que cette caractéristique joue cependant un grand rôle dans la fabrication de tous les éléments chimiques observés aujourd'hui, et tient en fait la place que les astrophysiciens font habituellement jouer à l'hypothèse d'un Univers à l'origine très chaud et très dense, permettant de « cuire » les éléments lourds. Quant à la température de l'Univers originel, elle est environ 150 fois plus élevée que l'actuelle (300 degrés environ). Mais on reste, dans tout cela, dans des chiffres « raisonnables », qui demeurent en gros de l'ordre de grandeur des valeurs que nous leur connaissons aujourd'hui. En particulier, on peut parfaitement imaginer un « observateur » humain hypothétique qui, à condition d'être un peu protégé de la chaleur (elle est de l'ordre de 400 degrés centigrades) aurait pu « assister » à cette création du monde.

Mais le « paysage » offert à notre observateur serait cependant bien différent de celui auquel nous donne aujourd'hui à assister le ciel étoilé.

Les étoiles ne sont en effet pas encore constituées, les particules de matière sont disséminées uniformément dans toute l'étendue du cosmos. Mais, bien entendu, comme ces particules n'ont aucun pouvoir « éclairant », on ne les voit pas.

La lumière *est déjà là* cependant, puisque tout l'espace est rempli d'un rayonnement à une température thermique de l'ordre de 400 degrés centigrades (à peu près la température dans notre four de cuisine, pour un rôti à saisir à four « chaud »!). Mais, comme pour le four de cuisine, cette lumière a une température encore trop basse pour être « éclairante », il fait encore noir « comme dans un four », c'est le cas de le dire!

Et l'Esprit, où est-il? Lui aussi est déjà là, puisque l'espace est rempli d'antineutrons, comme nous l'avons noté tout à l'heure.

Et, au cœur de chaque antineutron, se cache un couple positron-électron.

Ainsi, le voilà, cet Univers du commencement du Monde : un cadre d'espace et de temps fait d'une « substance » qui, à l'examen, se révèle être de l'antimatière. Et, dans ce cadre, le remplissant uniformément, des antineutrons baignant dans une lumière froide, encore non éclairante, formée de photons (énergie positive). Tout cela est dans le « dehors » de l'Univers : pour apercevoir le « dedans » de l'Univers, c'est-à-dire l'Esprit, il faudrait « briser » les antineutrons, car c'est là où se dissimulent ces personnages pour qui va se jouer toute l'aventure spirituelle du monde : les électrons et les positrons. La Nature (le Verbe) les a mis là, car, s'ils avaient été libérés directement dans l'espace, ils seraient presque tous mort-nés : les électrons et les positrons, nous l'avons remarqué précédemment, s'annihilent en effet l'un l'autre, et « meurent » ainsi dans une gerbe de lumière (formation de deux photons). Mais, là où ils sont, au cœur des antineutrons, ils ne risquent rien, c'est un « vrai » couple, un couple qui s'entend bien. Mais un couple décidé à « agir » très vite, pour commencer à prendre en main les affaires spirituelles du monde. Et agir, pour les couples d'électrons comme pour les couples humains, ce n'est pas rester « chaudement blottis à la maison », dans le cœur de l'antineutron, mais aller voir au dehors ce qui se passe. Les antineutrons ne vont laisser que huit minutes en moyenne à notre couple avant que ce couple ne soit « chassé de cet Eden » que représente pour eux l'antineutron où ils vivaient (sagement?) côte à côte. Huit minutes en moyenne après le commencement du monde, tous les antineutrons vont se désintégrer, comme nous l'apprennent nos physiciens nucléaires, et donner comme produits un antiproton (conservant encore avec lui l'électron) et un positron. C'est maintenant que les affaires sérieuses vont commencer, c'est l'heure H de départ de l'évolution.

CHAPITRE VI

Une évolution gouvernée par l'Esprit

Une affaire de trou vide et de trou plein. — L'évolution comme
« dialogue » entre l'Esprit et l'Absolu. — Le minéral, le végétal,
l'animal et l'humain. — Comment l'Univers a « cuit » les éléments
lourds. — Naissance des étoiles et des planètes. — Comment
« agit » l'électron? — Le carbone « torsade » l'espace et les éons
« inventent » l'ADN. — Une autre « machine » éonique : la cellule
vivante. — Le Vivant : une merveilleuse machine où chaque
rouage est capable de « choix ». — Ça pense partout dans l'Univers. — Au programme : une biologie éonique. — Anthropocentrisme, anthropocentrisme, quand tu nous tiens! — Pourquoi
l'Univers, pourquoi l'évolution?

Albert Einstein remarquait que ce qu'il y a peut-être de plus
étonnant dans l'Univers, ce n'est pas qu'il nous paraisse beau et
harmonieux, mais c'est qu'il soit « compréhensible »; car on pourrait parfaitement imaginer un Univers sans lois, imprévisible, et
où l'Homme se serait contenté d'assister au déroulement des
phénomènes sans jamais avoir aucune « explication » pour ce
déroulement. Et, certes, il existe encore beaucoup de phénomènes
incompréhensibles pour l'Homme; mais, peu à peu, notre Esprit
parvient à reconstituer le « comment » des choses; et quand il est
capable d'une pensée métaphysique, il en approche aussi le
« pourquoi ».

Je l'ai dit, je crois que cette possibilité de comprendre l'Univers
provient essentiellement du fait que le monde et ses phénomènes
constituent, dans leur essence, un « dialogue » entre nous et
l'Absolu. L'Absolu contient tout, c'est le « en-soi » de Jean-Paul

Sartre. Mais ce tout est tellement « unitaire » qu'il est Esprit pur, il n'est pas possible de l'analyser par des mots pour dire comment il est fait et ce qu'il contient. Dire que l'Absolu est Esprit pur n'est pas dire cependant qu'il n'est pas « représentable » (et c'est là que je m'écarte du « en-soi » de Sartre). Mais il n'est pas représentable comme une entité « discriminée », on est obligé de le considérer comme fait d'une coexistence étroite d'éléments de représentation *exactement complémentaires* l'un de l'autre. En ce sens, il peut être représenté symboliquement par beaucoup d'entités, au choix d'ailleurs : je peux dire, par exemple, que l'Absolu est une association étroite du blanc et du non-blanc, ou du beau et du non-beau, ou du chaud et du non-chaud. En disant ceci, je n'ai *rien* appris, en fait, sur ce qu'est l'Absolu, puisque j'ai simplement exprimé *le tout,* la « plénitude » : rien « d'existant » ne peut avoir une couleur se rangeant *hors* de l'association du blanc et du non-blanc, donc l'Absolu n'est pas représentable par des qualités discriminées mais uniquement par *l'association* de deux qualités dont l'une est exactement ce que l'autre n'est pas.

Nous venons, pour notre part, de parler de l'Absolu, puisque nous avons souhaité réfléchir, au chapitre qui précède, sur la « création » de notre Univers. Mais comme nous avons choisi de laisser cette réflexion se développer dans le cadre d'un langage scientifique, nous n'avons pas représenté l'Absolu comme l'association étroite du blanc et du non-blanc, ou du beau et du non-beau, mais comme l'association étroite de photons et d'antiphotons. Nous y avons été encouragé par ce fait que, intuitivement, l'Homme a senti que l'Absolu était représentable par « une certaine » lumière, c'est-à-dire des photons, et nous avons cité de nombreux textes millénaires qui cherchent à supporter cette intuition. Mais on voudra bien noter cependant que de représenter l'Absolu par une association photons-antiphotons est un langage un peu plus « subtil » que de le représenter, par exemple, comme une association du blanc et du non-blanc. L'association photons-antiphotons serait plutôt comparable à l'association « vide et plein » (et non vide et non-vide). Une chose ne peut être que vide ou pleine, et, si elle est les deux *en même temps,* ceci devient une représentation acceptable de l'Absolu. Ce n'est là, bien sûr, qu'une question de mots : il me suffirait de *donner un nom* au non-blanc, le « cnalb » par exemple; et il reviendra au même de représenter l'Absolu par l'association de blanc et non-blanc, ou par l'association de blanc et cnalb. L'Absolu représenté comme l'association du vide et du plein, ou des photons et anti-photons, n'est pas autre chose. Mais c'est une manière plus « scientifique » de parler des choses [1].

Et les scientifiques le savent bien. En 1925, un physicien anglais bien connu, P. A. M. Dirac, obtint le prix Nobel de Physique en représentant les structures de l'électron et du positron comme, respectivement, un trou vide et un trou plein faits dans l'Absolu de l'Univers. L'Absolu, disait-il à peu près, c'est les deux en même temps; et c'est l'Absolu parce qu'il n'y a pas d'autre alternative pour quoi que ce soit d'être un trou vide ou un trou plein. Mais, par contre, le trou vide ou le trou plein considérés *individuellement* peuvent représenter un objet « existant » dans l'Univers, et qui devient alors du domaine d'investigation de la Physique. L'Absolu, continuait Dirac, peut ainsi « donner naissance », à partir de son étoffe non discriminée, à un « plein » s'arrachant à cette étoffe, et laissant donc nécessairement un « trou » derrière lui. Le « plein », c'est l'électron; il ne peut naître sans créer, simultanément, un « trou », qui est le positron. L'annihilation de l'électron et du positron, quand ils se rencontrent et disparaissent pour donner deux photons, c'est le « plein » qui vient exactement reboucher « le trou », reconstituant l'étoffe de l'Absolu indiscriminé.

Eh bien, s'il fallait une raison « scientifique » supplémentaire pour justifier de l'Absolu représenté par une association de photons et d'antiphotons, nous pourrions donc la choisir en nous inspirant de Dirac (après tout, sa « dialectique » vaut apparemment quelque chose, puisqu'elle fut récompensée par un prix Nobel). Rappelons-nous, en effet, que nos électrons assimilés à des micro-trous noirs sont emplis par un gaz de photons; et la représentation correspondante du positron est celle d'un micro-

---

1. Je me demande si je ne mets pas ici un peu « en boîte » le langage « scientifique »; qu'en penses-tu, lecteur?

trou noir empli d'un gaz d'antiphotons [1]. Si l'idée de Dirac « trou plein-trou vide » a été en 1925 valable pour représenter le couple « électron-positron », je pense que le pas analogue peut (et même doit) être fait en se basant sur la meilleure connaissance que nous avons aujourd'hui de la structure électronique. Si l'électron est un micro-trou noir, alors l'Absolu ne doit plus être représenté aujourd'hui comme l'association d'un trou plein et d'un trou vide, comme le proposait Dirac en 1925, mais comme l'association de photons et d'antiphotons. Finalement, on semble rejoindre inévitablement les textes de l'Antiquité : l'Absolu est la Lumière.

Où voulons-nous donc en venir, par cette insistance que nous mettons à vouloir fournir une représentation de l'Absolu par deux entités complémentaires connues « séparément » en Physique, comme le photon et l'antiphoton?

Nous voulons renouveler l'idée que l'évolution est un « dialogue » qui se déroule dans le temps d'Esprit à Esprit, c'est-à-dire entre interlocuteurs de *même nature,* un dialogue entre notre Esprit (c'est-à-dire celui de nos éons pensants) et l'Absolu (c'est-à-dire ce qu'on nomme aussi le Verbe, ou Dieu). Et c'est parce que les deux interlocuteurs de ce dialogue sont de même nature (des Esprits portés par des photons de lumière) que ce dialogue a pour nous un sens, ou, comme le remarquait Einstein, que notre Univers est « compréhensible ». Nous parlons la même langue, le Verbe et nous, car notre essence est Esprit, pour l'un comme pour l'autre. Et les mots de notre dialogue sont faits de l'aventure spirituelle que vivent les éons tout au cours de ce qu'on nomme *l'évolution* de l'Univers. Un dialogue qui commence avec la naissance de l'Univers et l'émergence hors de l'Absolu de l'Esprit « discriminé » des électrons et des positrons; et un dialogue qui finit avec la disparition de l'Univers, quand tout l'Esprit discriminé, porté par les électrons pensants, vient à nouveau se fondre dans l'Un, dans l'Absolu. Nous y reviendrons.

1. Cf. *Théorie de la Relativité complexe, op. cit.*

Ce dialogue va nécessairement être « dialectique », c'est-à-dire « vécu » à travers des aspects opposés. Nous avons vu Dirac « jouer » avec les « trous pleins » et « les trous vides » pour parler très sérieusement de Physique. L'évolution aussi fait les choses « sérieusement » : mais nous ne devons nullement nous étonner qu'elle soit « vécue » à travers des aspects antinomiques, comme le beau et le laid, ou le Bien et le Mal, ou la Naissance et la Mort. L'évolution n'est pas un dialogue qui confronte les phénomènes vécus comme des thèses opposées entre lesquelles, au moyen d'une éthique quelconque, les participants à l'évolution auraient à « choisir »; l'évolution est une dialectique toujours plus « généralisante », c'est-à-dire cherchant à surmonter les thèses en opposition pour *les unifier* (sans les mélanger) dans une synthèse enrichissante. Et retrouver ainsi, au bout de la route, la grande synthèse qui ramènera l'Esprit discriminé vers le jardin d'Eden, dans l'Absolu où viennent s'unir de manière harmonieuse *toutes* les expériences vécues.

Après cette longue parenthèse pour bien préciser dans quelle optique nous paraît devoir être observée l'évolution de l'Esprit dans notre Univers, revenons donc au « commencement » du monde, quand les couples électrons-positrons quittent leur berceau nucléaire pour se séparer entre un antiproton (portant encore l'électron) et un positron libre.

Si l'objectif de l'évolution n'est probablement pas clair pour ces éons du début du monde (pas plus que n'est clair, au départ, l'aboutissement d'un dialogue dialectique), le *sens* de l'évolution est cependant parfaitement tracé immédiatement : les électrons disposent d'un Esprit qui ne peut, comme nous l'avons expliqué dans nos premiers chapitres, qu'emmagasiner toujours plus d'informations, sans jamais en perdre. Le sens de l'évolution est donc un *progrès continuel de conscience des participants* spirituels à l'évolution, c'est-à-dire les électrons [1]. Mais, pour effectuer ce pro-

1. Pour simplifier, nous ne parlerons plus que d'électrons, entendant par là qu'il s'agit toujours non seulement d'électrons mais de leurs « partenaires », les positrons.

grès, et en accroître toujours plus le rythme, les électrons doivent
« inventer » des structures capables de leur faire vivre toujours
plus d'expériences, c'est-à-dire leur permettant d'accroître plus
rapidement, en qualité comme en quantité, leur stock informationnel.

Vu d'ici, c'est-à-dire de notre planète Terre, quinze milliards
d'années après le commencement, nous savons quelles « machines »
vont inventer les électrons pour faire progresser leur conscience :
ces machines se nomment, si on se borne à n'en considérer que
les types principaux, le minéral, le végétal, l'animal et l'humain.

Cela signifie-t-il que l'évolution pourrait avoir traversé des
phases très différentes dans d'autres coins du Cosmos? Je serai
peut-être taxé ici d'anthropocentrisme, mais je ne crois pas que
les seuils fondamentaux de transition de la conscience tels qu'ils
apparaissent dans la succession minéral, végétal, animal, humain,
ne soient pas aussi ceux qu'on rencontre dans les autres régions
de l'Univers, éloignées de notre Terre.

Je m'explique. Je ne doute pas que, dans chacun des grands
types envisagés ci-dessus, la « machine » inventée par les éons
puisse revêtir des aspects très différents. On ne rencontre pas,
par exemple, sur notre Terre, d'humain vivant au fond de l'eau
et respirant avec des branchies : mais je ne serais pas étonné
si on découvrait un jour de tels types de « machines pensantes »
sur une autre planète, où l'évolution aurait eu une orientation
plus « aquatique » que sur notre Terre. Plus simplement, je suis
quasi certain que la vie animale ou végétale dans d'autres régions
du cosmos nous ferait découvrir de très nombreuses espèces
inconnues sur Terre. Mais, ce que je veux dire, c'est que les
grandes étapes du cheminement de la conscience seraient très
probablement identiques. On trouverait d'abord le minéral qui
rassemble d'une façon stable, pour une coexistence de voisinage,
de nombreux électrons; mais le minéral n'est pas capable de faire
une grande « exploration » de l'espace (il ne se déplace pas, il ne
se multiplie pas non plus, ce qui est une autre forme d'exploration
de l'espace et du temps). Puis vient le végétal, qui peut se multiplier mais n'est pas non plus très mobile dans l'espace. Avec
l'animal, on voit apparaître des « machines » possédant de plus

en plus de degrés de liberté; cette liberté est utilisée par les éons pour enrichir plus rapidement et plus complètement leur conscience du monde qui les entoure. Enfin vient l'Homme, qui n'est jamais qu'une machine animale perfectionnée, une machine « pensante » observera Pascal.

Ce que je crois aussi, c'est qu'il est fort possible, et même probable, que certaines régions de notre Univers n'ont pas franchi l'ensemble des quatre étapes constatées sur Terre. Il y a à peu près partout, dans l'Univers, des formations d'éléments chimiques variés, c'est-à-dire des complexifications entre eux des noyaux atomiques pour former des corps simples ou des molécules, comme l'hélium, le fer, le plomb ou l'uranium. Mais même l'étape minérale, c'est-à-dire la formation de roches ou de cristaux, n'a pas eu lieu partout : pour ne citer qu'un exemple, nous mentionnerons les étoiles, où la température est trop élevée pour qu'il puisse exister autre chose que des éléments chimiques non agglomérés entre eux, c'est-à-dire pratiquement des gaz, et non pas des « cailloux » minéraux. Par contre, bon nombre des planètes de notre système solaire, comme Mercure, Vénus, la Terre ou Mars, possèdent une croûte extérieure minérale.

Les étapes végétales, animales et humaines sont sans doute encore plus rares. Encore que, là, il convienne d'être très prudent. Certes, on n'a pas encore pu constater des formes de vie, végétale ou animale, sur Mars ou Vénus. Mais il serait plus précis de dire que nous n'avons pas encore rencontré sur ces planètes des formes de vie rappelant plus ou moins ce que nous connaissons de la vie sur Terre. On a creusé le sol autour des engins qui se sont posés sur Mars pour donner ensuite, à la matière ainsi recueillie, une « bouillie alimentaire » et voir, après analyse, si cette matière en avait consommée. C'est une méthode qui peut peut-être « marcher » pour la vie terrestre : mais qu'en est-il si la vie, végétale ou animale, sur Mars, ne se nourrit que de l'air qui l'entoure (par exemple)?

Quoi qu'il en soit, il paraît naturel de penser que bien des régions de l'Univers n'ont pas évolué encore jusqu'aux étapes d'accroissement de conscience constatées sur Terre. Mais, en revanche, il y a certainement d'autres régions, et en grand

nombre sans doute, où la conscience a dépassé largement ce que
nous connaissons d'elle chez l'homme terrestre. On sait bien que
l'homme de notre Terre n'est nullement le « nec plus ultra » de la
pensée, mais continuera à progresser en conscience; et Teilhard
de Chardin nommait « ultra-pensante » la prochaine étape de
l'évolution, celle qui devancera la pensée humaine. Ne perdons
jamais de vue que l'évolution compte en milliards d'années : et
si nous prétendons distinguer déjà des perfectionnements de la
conscience entre l'Homme de Néanderthal et nous, c'est-à-dire
à une échelle de temps ne portant que sur quelques centaines de
milliers d'années, comment cette conscience n'effectuerait-elle
pas de nouveaux progrès dans un futur qu'on doit évaluer non
pas en millions mais en milliards d'années? On doit donc,
« raisonnablement », s'attendre à ce que certaines régions de
l'Univers, des planètes sans doute, portent déjà des « machines »
qui nous jaugeraient, nous, les Hommes terrestres, à peu près
comme nous le ferions d'un singe ou d'un rat.

Mais reprenons le cours du temps, et, avec Aristote, cherchons
à discerner les choses depuis leur commencement.

Pour s'acheminer vers l'étape « minérale », dans laquelle une
grande quantité d'électrons pourraient coexister et donc commencer à échanger entre eux de l'information (rappelons-nous les
quatre interactions psychiques de l'électron, qui sont la Réflexion,
la Connaissance, l'Amour et l'Acte), il fallait que se fabriquent
d'abord les éléments chimiques. L'Univers du commencement
n'est peuplé que d'antiprotons et de positrons. Mais, dans cet
état, l'Esprit se trouve un peu comme un observateur dans une
fusée parcourant sans cesse l'espace. Il ne lui est pas commode,
notamment, d'échanger de l'information avec les autres électrons,
parcourant également l'espace à très grande vitesse. Il faudrait
que nos électrons puissent « prendre pied » quelque part, se réunir dans une même petite région de l'espace, et alors commencer
à échanger entre eux l'information. La Nature va bientôt offrir
aux électrons ces lieux de rencontre; les « séminaires » des premiers électrons prendront place sur les roches minérales. Mais

ces roches exigent d'abord la fabrication d'éléments chimiques plus « lourds », c'est-à-dire possédant des noyaux atomiques où non pas un seul (comme dans l'antiproton) mais un plus grand nombre de nucléons sont agglomérés. Comment vont pouvoir être créés ces éléments lourds? Il faut que la Matière agisse pratiquement seule, automatiquement, sous les seules lois de la Physique, car l'Esprit de nos électrons est encore bien vide dans ce commencement du monde, et ils ne peuvent guère prendre encore des « initiatives » pour influencer les phénomènes purement physiques (comme ils le feront beaucoup plus tard, avec le Vivant et le Pensant).

Les physiciens se penchent depuis de très longues années déjà sur ce problème de la fabrication par l'Univers des éléments lourds. On connaît, expérimentalement, l'abondance relative de quelque 200 éléments chimiques observés. La quasi-totalité (99 %) est faite d'hydrogène (55 % des éléments) et d'hélium (44 %). Mais ce sont là des éléments chimiques légers et c'est le 1 % restant qui nous intéresse, car c'est ce petit 1 % qui contient les éléments lourds comme le fer, le plomb ou l'uranium, sans lesquels il n'y a pas de roche minérale possible.

Pour construire ces éléments lourds, il faut apporter beaucoup d'énergie : en fait, le processus inverse de cette fabrication des atomes lourds est leur fission, c'est-à-dire l'éclatement des noyaux atomiques se transformant ainsi en une myriade d'éléments plus légers. C'est le cas de la fission nucléaire opérée dans les bombes atomiques, où on brise des noyaux très lourds d'uranium et de plutonium : et on sait bien que cette fission dégage *beaucoup* d'énergie. Ce sera le contraire pour reconstituer les éléments lourds à partir d'éléments plus légers, qui sont au commencement de l'Univers surtout de l'hydrogène et de l'hélium. Il faudra fournir beaucoup d'énergie. Où l'Univers va-t-il prendre cette énergie?

La plupart des physiciens proposent deux sources possibles pour l'énergie nécessaire pour cette « cuisson » des éléments lourds. Une première source fait l'hypothèse que l'Univers était, dans ses tout premiers instants, dans un état de température si élevée (des centaines de milliards de degrés) qu'il aurait existé dans l'espace, dès cette époque originelle, sous forme d'énergie cinétique des éléments légers, une énergie suffisante pour former les éléments lourds connus aujourd'hui. En d'autres termes, la très haute température agitait si fortement les noyaux légers présents dans l'espace que, lorsqu'une collision entre noyaux survenait, il arrivait que le « choc » libère l'énergie suffisante pour agglomérer les noyaux légers en noyaux plus lourds. Mais cette hypothèse a ses difficultés : l'une est le fait que, dès son commencement, l'Univers est en expansion, c'est-à-dire que l'espace se gonfle continuellement, ce qui entraîne un refroidissement rapide. Le physicien Georges Gamow a calculé que, *une heure* seulement après le commencement de l'Univers, la température serait déjà tellement tombée qu'il deviendrait impossible de justifier la fabrication des noyaux lourds. Ainsi, en une heure, il se serait fabriqué *tous* les noyaux lourds connus actuellement! C'est possible, mais bien loin d'être très convaincant.

Pour cette raison, les physiciens proposent, en supplément à cette fabrication des noyaux lourds au cours de la première heure du monde, une fabrication « locale », beaucoup plus tard, dans les explosions d'étoiles (novae et supernovae), où effectivement on calcule que la température peut atteindre des milliards de degrés au cours et dans les premiers instants de l'explosion. Mais il est fort difficile de pouvoir justifier ainsi, de manière complètement satisfaisante, de la relative abondance connue des éléments lourds, telle qu'on observe aujourd'hui cette répartition.

Le modèle d'Univers développé par la Relativité complexe accepte, bien entendu, l'hypothèse que les éléments lourds aient pu, au moins en partie, être « cuits » dans les explosions d'étoiles. Par contre, elle rejette l'hypothèse d'une température de centaines de milliards de degrés pour le commencement du monde, puisque nous avons vu que cette température n'était en fait que de quelques centaines de degrés. Mais ce modèle fournit, pour la cuisson des éléments lourds, une explication beaucoup plus naturelle. Voici comment les choses se seraient déroulées.

Pour maintenir son bilan énergétique total nul, l'Univers issu du Verbe étudié dans la Relativité complexe doit continuellement opérer une fabrication de particules *de matière* (et non d'antimatière), à savoir des neutrons. Au fur et à mesure de l'expansion apparaissent ainsi dans l'espace des neutrons (création continue de la matière). Ces neutrons, dans leur état libre, sont instables et se transforment, au bout de quelques minutes, en protons et électrons. Mais nous devons nous souvenir que l'Univers est né avec, emplissant l'espace, des antineutrons qui se sont eux-mêmes transformés en antiprotons quelques minutes après le commencement du monde. Ainsi, on va bientôt avoir en présence dans l'espace à la fois des particules d'antimatière (les antiprotons d'origine), et des particules de matière (les protons issus de la création continue). La Physique nous indique alors que les protons et les antiprotons s'annihilent, en fournissant des photons *extrêmement énergiques :* une énergie correspondant précisément à celle qu'on trouverait dans les photons d'un espace à une température de plusieurs centaines de milliards de degrés. Ce sont ces photons énergiques qui fourniront, aux protons et aux neutrons libres de l'espace, l'énergie nécessaire pour constituer, avec le temps, les éléments lourds avec l'abondance relative observée.

Étant donné que l'Univers en expansion et à énergie globale nulle produit ainsi sans cesse de nouveaux protons, qui s'annihilent avec les antiprotons du début du monde, ces derniers vont finir par disparaître complètement, et on se retrouvera alors avec un espace où n'existeront pratiquement plus que protons et électrons, comme nous le connaissons aujourd'hui. Le calcul montre que c'est au cours des 100 premiers millions d'années (soit en 1/100e environ de l'âge actuel de l'Univers) que l'antimatière aurait ainsi progressivement disparu, pour être remplacée par de la matière seulement. C'est durant ces 100 millions d'années que se seraient fabriqués les éléments lourds connus, ce qui est quand même, semble-t-il, plus plausible que dans les modèles d'Univers « habituels », qui sont obligés de supposer que c'est durant la première *heure* de l'Univers que les éléments lourds auraient été créés!

Pendant que se fabriquent ainsi les éléments lourds (100 premiers millions d'années), l'Univers va, également, commencer à donner naissance aux étoiles.

Cette création des étoiles a été étudiée en détail par les physiciens et astrophysiciens. Voici la version actuellement accréditée par la Science.

L'espace était donc rempli, vers l'âge 100 millions de l'Univers, de noyaux atomiques (surtout des protons) et d'électrons. Les électrons, chargés négativement, tournent autour des protons, pour former l'atome d'hydrogène. Beaucoup de noyaux d'hydrogène s'agglutinent aussi entre eux et avec des neutrons, pour former le noyau atomique extrêmement stable de l'hélium, contenant deux protons et deux neutrons. Il est à remarquer que cette transition de l'hydrogène vers l'hélium ne réclame pas d'énergie, au contraire c'est une réaction qui en dégage. Il flotte aussi dans l'espace, en très petite quantité, une sorte de « poussière » faite d'atomes plus lourds, comme le carbone, le fer ou le plomb par exemple. L'Univers est plongé dans les ténèbres, puisque sa température n'est que de quelques centaines de degrés [1].

Tout ce gaz est instable, d'autant que l'expansion le disperse sans cesse dans un volume de plus en plus grand. On calcule que, sous l'effet des forces gravitationnelles, ce gaz emplissant tout l'espace va se disloquer en larges « morceaux » séparés les uns des autres. Ce sont les protogalaxies, c'est-à-dire l'état originel de ce que seront, beaucoup plus tard, les galaxies, formées chacune de plusieurs milliards d'étoiles.

L'expansion se poursuivant, les protogalaxies s'éloignent de plus en plus les unes des autres. Un tel phénomène ressemble à une véritable explosion d'énormes paquets de gaz (les protogalaxies) dans toutes les directions de l'espace. On peut montrer que, dans une telle explosion, les « morceaux » se mettent à tourner sur eux-mêmes. C'est ce qui est arrivé aux protogalaxies, elles sont devenues des masses énormes de gaz tournant sur elles-mêmes. C'est pourquoi elles ont généralement abandonné leur forme sphérique et ont pris cette forme de « soucoupe volante » que nous leur connaissons aujourd'hui.

Mais chaque protogalaxie possède un contenu de gaz qui est lui-même instable. L'énorme tourbillon de la protogalaxie tournant sur elle-même engendre à son tour, dans toute la masse de

1. D'après la Relativité complexe.

gaz, des millions de tourbillons de diamètres plus petits. Ces tourbillons tendent à se détacher les uns des autres et à se condenser, sous l'effet des forces de la gravitation qui attirent l'une vers l'autre toutes les particules de gaz des tourbillons. Ces petits tourbillons nous intéressent particulièrement, car ce sont eux qui vont donner naissance aux étoiles.

Considérons en effet l'un de ces petits tourbillons. Il est fait d'un gaz composé principalement d'hydrogène et d'hélium, mais aussi d'une fine poussière d'éléments chimiques plus lourds (1 % de la masse totale du tourbillon).

En se contractant, le tourbillon se réchauffe, tout particulièrement en son centre. Sa température, qui n'était à l'origine que de quelques centaines de degrés, atteint bientôt dans la région centrale des dizaines, puis des centaines de millions de degrés. Le tourbillon est maintenant devenu une sphère dense en rotation, avec une région centrale très chaude. La protogalaxie est bientôt remplie, de cette manière, de milliards de sphères de gaz ayant des températures centrales très élevées. Et, tout à coup, dépendant des volumes et des masses des sphères de gaz, la température centrale de chacune de ces sphères va devenir si élevée que vont commencer à pouvoir se déclencher, dans cette région centrale, des réactions entre noyaux atomiques dégageant beaucoup d'énergie : ce sont les réactions dites « thermonucléaires », au cours desquelles les noyaux d'hydrogène s'agglomèrent entre eux pour fournir de l'hélium; c'est le type de dégagement d'énergie auquel on assiste avec nos bombes à hydrogène, où l'Homme ne fait que reproduire ce qu'avaient déjà « inventé » les étoiles du ciel.

Et alors, nos milliards de sphères en rotation peuplant la protogalaxie se transforment toutes, peu à peu, en « boules de feu » : les étoiles sont nées, l'Univers des ténèbres se transforme en un Univers de lumière. Les protogalaxies sont devenues les galaxies actuelles, c'est-à-dire non pas une masse continue de gaz en rotation, mais une masse scindée en boules de feu, tournant plus ou moins rapidement sur elles-mêmes, et tournant aussi dans un mouvement d'ensemble autour de l'axe de la galaxie.

Notre Soleil est l'une de ces étoiles. Nous appelons la galaxie à laquelle il appartient la Voie Lactée : c'est cette bande blanchâtre qui vient barrer les ciels clairs de l'été; cette teinte laiteuse est due aux milliards d'étoiles de la Voie Lactée, vue d'un bord de la forme de soucoupe volante que possède notre galaxie.

Car le Soleil, et donc nous aussi, les Terriens, nous n'occupons qu'une minuscule place, pas du tout privilégiée, dans les régions périphériques de notre galaxie. Notre Soleil est un « banlieusard », et nous aussi. Rien ne nous dit d'ailleurs que les habitants des planètes du centre galactique « vivent mieux » que ceux de la banlieue.

Mais nous n'avons jusqu'ici parlé que des étoiles. Comment donc sont apparues les planètes, qui tournent plus ou moins nombreuses autour de la plupart des étoiles du ciel?

On doit se rappeler que, dans le gaz initial emplissant l'Univers, flottait une fine poussière d'éléments chimiques plus lourds que les éléments composant le gaz (hydrogène et hélium). Ces éléments lourds, en se rencontrant, forment des sortes de petits cailloux, de plus en plus volumineux. Ces cailloux tournent autour de l'étoile qui vient de s'allumer, comme nos satellites artificiels tournent aujourd'hui autour de notre Terre. Mais, peu à peu, les plus gros cailloux attirent vers eux les plus petits, et l'anneau de cailloux en rotation se scinde en plusieurs grosses sphères rocheuses, tournant autour de l'étoile centrale à des distances plus ou moins grandes.

Loin de l'étoile, il restait non seulement des éléments lourds mais du gaz primitif (hydrogène et hélium) qui était trop éloigné de l'étoile pour avoir contribué à sa formation. Ce gaz, mélangé de poussière, se rassemble lui aussi en masses sphériques énormes tournant autour de l'étoile centrale.

On a reconnu ici les planètes, telles que nous les observons par exemple autour de notre Soleil. Les planètes les plus proches du Soleil (Mercure, Vénus, la Terre, Mars) sont faites essentiellement d'éléments chimiques lourds. Les planètes plus lointaines (Jupiter, Saturne, Uranus, Neptune, Pluton) sont gazeuses (ou formées de gaz liquifié si leur température est suffisamment froide).

Tout cela, bien entendu, ne décrit que le schéma *général* de formation du Soleil et des planètes. En réalité, il y eut à l'origine formation de *milliards* de « cailloux » ou de « masses gazeuses » plus ou moins volumineuses. Les plus grosses masses tendaient, comme nous l'avons remarqué, à attirer les plus petites et à les agglomérer toujours plus avec elles, pour constituer des masses encore plus grosses. On voit encore aujourd'hui les traces de ces collisions, provoquées par d'énormes cailloux « tombés du ciel », sur la surface des planètes; c'est particulièrement observable sur Mars, dont nous avons maintenant d'excellentes photographies montrant les « cratères » créés par les projectiles venant du ciel. C'est moins visible sur notre Terre, car l'érosion, provoquée par l'atmosphère et les océans, a effacé la plupart des « cicatrices » des collisions passées.

Les « pierres » du ciel ne sont pas encore toutes tombées sur les planètes. Certaines sillonnent toujours l'espace planétaire, et viennent arroser périodiquement les planètes. Ce sont les pluies de météorites, dont la Terre n'est naturellement pas dispensée. Ces météorites sont plus ou moins gros, et nous ne sommes nullement à l'abri, sur notre Terre, d'un très gros météorite capable de rayer en une seule fois de la carte du globe l'une de nos grandes villes. Les comètes sont également des cailloux plus ou moins volumineux, mais ayant capté autour d'eux une masse gazeuse qui devient visible lorsqu'elle est éclairée par la lumière du Soleil. Il peut arriver aussi que les comètes viennent heurter aujourd'hui les planètes, comme elles ont dû le faire souvent dans le passé.

Les « pierres du ciel », qu'elles soient météorites ou comètes, ne finissent pas toutes par heurter les planètes. Elles peuvent aussi « se satelliser » autour d'une planète, c'est-à-dire se mettre en orbite permanente autour de la planète. Un exemple qui nous touche plus directement est celui de notre Lune, qui est un gros « caillou » tournant en orbite autour de la Terre. Mars possède aussi deux « lunes », nommées Phobos et Deimos. Les « grosses » planètes (Jupiter, Saturne, Uranus et Neptune) ont de nombreux satellites. Les astrophysiciens, particulièrement ceux qui se préoccupent de la Vie dans notre système solaire, s'intéressent plus spécialement à Titan, un des dix satellites de Saturne, gros deux fois comme notre Lune, qui paraît offrir des conditions atmosphériques et climatiques assez voisines de celles de la Terre.

Limitons-nous maintenant à considérer l'évolution, après la naissance des étoiles et des planètes, sur notre *Terre* elle-même, où naturellement les observations sont les plus nombreuses et les plus précises.

Et revenons à nos électrons pensants, les éons. Ils n'ont pas fait encore grand-chose par eux-mêmes, à cette époque où l'Univers a déjà 7 à 8 milliards d'années, et où viennent de naître soleils et planètes. Ils se sont bornés à être des observateurs un peu passifs, se contentant d'assister à l'œuvre dans la Nature des lois purement physiques. Après tout, c'est d'ailleurs ainsi que nous avons procédé nous-mêmes, le genre humain. Les premiers hommes étaient soumis presque passivement aux lois de la Nature, leur action sur cette Nature était très limitée; puis, peu à peu, les hommes ont cherché à comprendre ces lois physiques, à en démonter les mécanismes, pour pouvoir ensuite utiliser eux-mêmes ces lois à leur profit, afin d'atteindre des objectifs qu'ils choisissaient. Les éons font de même. Et vers cette année 8 milliards, c'est-à-dire il y a 5 ou 6 milliards d'années, ils ont certainement déjà « enregistré » dans leur mémoire les mécanismes naturels, et ils vont commencer à utiliser cette Connaissance (en même temps que leurs trois autres propriétés psychiques, la Réflexion, l'Amour et l'Acte), pour « gouverner » l'évolution. L'objectif global est tout tracé : les éons vont mettre à profit leurs propriétés psychiques et les lois naturelles pour accroître toujours plus vite leur « conscience », c'est-à-dire le contenu informationnel de leur mémoire.

Pour le moment, la température de notre Terre est encore au-dessus de celle de vaporisation de l'eau. Notre Terre est donc enveloppée d'une très épaisse couche de nuages (comme l'est, encore aujourd'hui, la planète Vénus). Le sol de la Terre n'a pas encore cet aspect chaviré que nous lui connaissons maintenant, la Terre est plate et sèche, sauf quelques gros cratères de météorites par-ci par-là, et le ciel est entièrement couvert.

Mais voici que débute bientôt un véritable déluge, la température est tombée en dessous de 100 degrés au niveau du sol, les nuages se transforment partiellement en eau liquide, une eau qui, d'ailleurs, compte tenu du manque de relief du sol, va bientôt couvrir *toute* la surface de notre Terre : c'est ce qu'on nomme l'océan mondial, qui recouvrait uniformément notre Terre il y a environ 3 milliards d'années.

Que d'eau, que d'eau! Que vont faire nos éons pour trouver, dans cet océan mondial, une ligne de progrès de conscience?

Pour le moment, ils sont disséminés dans les nuages, l'air atmosphérique, l'eau de l'océan, et la terre de la planète elle-même. Pour accroître leur conscience, ils ne doivent pas rester ainsi répartis, mais *s'unir entre eux,* pour conjuguer leurs propriétés psychiques, notamment dans cette caractéristique d'Amour, dont nous avons déjà souligné l'importance évolutive. Mais, pour s'unir, les éons doivent d'abord pouvoir *choisir leurs mouvements,* c'est-à-dire faire jouer leur possibilité d'effectuer des Actes.

Rappelons ce que doit faire l'électron pour accomplir un Acte. Il y a deux possibilités pour un tel accomplissement : soit faire un échange de photons avec l'extérieur pour se déplacer où il veut; soit faire un tel échange pour « guider » le photon extérieur vers tel ou tel endroit de l'espace, où il voudra disposer d'énergie pour une synthèse chimique, par exemple. Nous nous intéresserons d'abord au premier type d'Acte, le déplacement de l'électron lui-même.

Pour cela, l'électron opère un échange virtuel d'un des photons de son corps avec un photon du milieu extérieur; si le « choix » du photon est convenablement fait, l'électron va ainsi pouvoir se déplacer *où il le désire*. Mais, pour cela, il faut qu'il dispose, dans son milieu extérieur, dans le dehors de l'Univers, dans le monde de la Matière, de suffisamment de photons pour pouvoir faire ces échanges lui permettant de se diriger où il veut. En fait, ce qu'il lui faudrait, c'est d'avoir autour de lui, dans son milieu extérieur, des photons de *toutes les énergies* se propageant dans *toutes les directions.* Les physiciens connaissent bien un tel milieu de photons, c'est celui qu'on obtient avec un rayonnement dit « noir », c'est-à-dire un rayonnement enfermé dans une région de l'espace où *les photons ne peuvent pas s'échapper,* mais restent enfermés entre des parois.

Voilà donc le problème posé pour les éons : il leur faut s'entourer d'un espace d'où le rayonnement ne pourra pas s'échapper. Et l'idée de la solution à apporter à ce problème germe bientôt dans la conscience des éons; ils pensent à leurs premières machines, celles qui vont caractériser la structure vivante, c'est-à-dire cette structure qui entre dans *toutes* les composantes du Vivant, qu'il s'agisse de virus ou de cellules : j'ai nommé l'ADN, ou acide désoxyribonucléique [1].

Mais il fallait l'inventer, cette « machine » à retenir les photons! Et même quand nous l'examinons aujourd'hui en détail, cette machine ADN, nous, les hommes du XXe siècle, nous sommes bien loin d'en avoir saisi tous les mécanismes, encore que nous reconnaissions que c'est bien là la machine « de base » du Vivant.

J'ai raconté ailleurs en détail [2] comment je crois que les éons ont été mis sur la voie de la découverte de l'ADN pour réaliser leur objectif, c'est-à-dire confiner dans le volume d'espace qui les entoure les photons d'un rayonnement « noir ». Je vais donc me contenter de rappeler ici les grandes lignes de cette « invention ».

En explorant l'océan mondial, les éons découvrent qu'il existe un élément chimique qui a une propriété particulièrement intéressante. C'est le carbone. Ce carbone peut en effet former des structures chimiques, comme l'analine par exemple. Or ce composé du carbone qu'est l'analine présente une propriété

---

1. Et également l'acide ribonucléique, symbolisé ARN, qui a une structure chimique analogue.
2. *L'Esprit, cet inconnu, op. cit.*

extrêmement particulière, qu'on nomme la dissymétrie molé-
culaire (voir schéma ci-dessous) : c'est la propriété d'exister sous

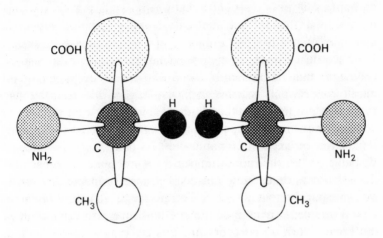

Molécules-images de carbone asymétrique (analine)

deux formes, se présentant comme les images l'une de l'autre
dans un miroir. L'une de ces formes est dite droite (nous allons
voir tout à l'heure pourquoi), l'autre gauche. De telles molécules
ont une action importante sur la lumière, que les éons, ces esprits
observateurs et inventifs, ont fini (à un niveau de conscience
suffisant) par reconnaître. Voici de quoi il s'agit : dans l'océan
mondial des premiers âges, on trouve de l'analine; mais il y a
dans l'eau autant de molécules droites d'analine que de molécules
gauches, et les effets sur la lumière, dont nous voulons parler,
s'annulent et sont donc invisibles. Mais essayons (ce qui est une
opération que nos chimistes ne savent pas encore faire sans,
précisément, réclamer l'aide du Vivant), essayons, dis-je, de
séparer l'analine droite de l'analine gauche, et analysons l'effet
sur la lumière d'*une seule* forme de l'analine, l'analine droite par
exemple. Alors, on note que chaque molécule d'analine va en
quelque sorte « torsader » la lumière, c'est-à-dire obliger les photons qui composent cette lumière à avoir l'une de leurs caractéristiques [1] qui vient comme s'enrouler sur le fil d'un tire-bouchon.

1. Que les physiciens nomment leur plan de polarisation.

Pourquoi cette torsion? C'est une propriété de l'espace qui va nous fournir l'explication : il se trouve en effet que l'atome de carbone, qui possède quatre liaisons possibles avec d'autres atomes pour former une molécule comme l'analine, dissimule entre ces quatre bras un espace *différent* de l'espace ordinaire. L'espace du carbone est encore euclidien (comme notre espace ordinaire) mais il est semblable à une bande de papier qu'on aurait coupée, puis recollée en faisant faire à une extrémité une rotation d'un demi-tour (bande de Möbius) : c'est un espace qui se referme sur lui-même; si l'on marchait dans un tel espace toujours droit devant soi, on parcourrait les *deux* faces de la bande de papier, et on reviendrait finalement à son point de départ. En bref, le noyau de carbone possède l'étrange propriété de « torsader » l'espace autour de lui. Si l'on ne prend qu'*une seule* molécule d'analine, le photon de lumière qui traversera l'espace de la molécule n'aura un parcours que très légèrement torsadé; mais, si l'on met l'une à côté de l'autre un très grand nombre de molécules d'analine, comme on le constate dans les très longues chaînes d'ADN, alors les photons qui se propagent autour de la structure d'espace ainsi chaînée vont être comme « capturés », ils vont être comme enfermés dans une paroi, et ils réaliseront autour des électrons entrant dans la composition de la chaîne cette ambiance de « rayonnement noir » dont les électrons ont absolument besoin pour réaliser leurs Actes, c'est-à-dire se déplacer *selon leur choix*. Insistons encore sur le fait que ce « choix » que les électrons opèrent dans leur mouvement ne contrecarre en aucune façon les lois physiques : de même qu'un piéton peut choisir son chemin dans les rues, tout en obéissant *strictement* aux lois de la gravitation.

Existe-t-il des observations à l'échelle humaine qui permettent de s'assurer que la molécule d'ADN baigne dans un espace ainsi « torsadé »? Oui, et cette observation valut d'ailleurs aux deux biologistes Watson et Crick d'avoir obtenu, en 1962, le prix Nobel de Médecine. La molécule d'ADN, ont montré Watson et Crick, est *torsadée,* elle se présente comme l'enroulement d'un ressort. C'est exactement la forme à laquelle on *doit* s'attendre quand on prend une chaîne *droite* dans notre espace et qu'on la transporte dans un espace torsadé : la chaîne épouse nécessairement le contour de l'espace (de même qu'une chaîne droite posée sur une boule prend une forme arrondie); la chaîne « droite » d'ADN a donc, si elle est constituée de molécules carbonées comme l'analine *de même pouvoir rotatoire* (c'est-à-dire des molécules uniquement droites, ou uniquement gauches), un aspect torsadé, un peu comme si on prenait plusieurs brins de corde disposés parallèlement, et qu'on tournait seulement un bout de cette corde, pour obtenir une corde à fibres torsadées.

Mais la chaîne d'ADN est-elle bien composée de molécules carbonées *de même* pouvoir rotatoire? La réponse est affirmative, et c'est d'ailleurs là une des caractéristiques principales de toute matière vivante : les molécules carbonées sont toutes d'*un seul* type, elles torsadent toutes la lumière dans le sens droit, ou, toutes, la lumière dans le sens gauche. Ainsi, la voilà, cette « machine » à capturer la lumière « noire » que vont inventer les éons du début de la Vie : ils vont *choisir,* dans l'océan mondial, des molécules carbonées (protéines) *d'un seul* type rotatoire, et les agglomérer ensemble pour faire une longue chaîne carbonée capable de retenir la lumière noire (en fait retenir de la chaleur). Plus tard, les biologistes reconnaîtront cette « machine » dans la structure de l'ADN. Ces mêmes biologistes constateront que l'analine est l'un des vingt acides aminés que la cellule vivante ou les éons utilisent pour fabriquer leurs longues chaînes de protéines, entrant précisément dans la constitution de l'ADN.

Ainsi, muni de l'ADN, les éons vont pouvoir disposer d'une « machine » leur permettant de se déplacer dans l'espace autour d'eux [1].

L'invention par les éons de l'ADN pour se déplacer dans l'espace est en tout point comparable à notre propre invention de la fusée.

1. Et aussi, comme nous le verrons tout à l'heure, une machine à réaliser des réactions physico-chimiques.

Il faut un objectif : se déplacer dans l'espace à notre propre gré, c'est le même objectif pour les éons et pour le cosmonaute de la fusée. Il faut un principe physique pour se déplacer : dans la fusée, c'est le principe d'action et de réaction, qui se trouve être *strictement* le même que le déplacement des électrons par échange de photons virtuels. Il faut une source d'énergie qui, pour la fusée, est la haute température atteinte au moyen de la combustion du carburant, et pour les éons le rayonnement « noir » rendu disponible partout dans l'espace extérieur où l'on souhaite se déplacer. Enfin, il faut évidemment l'Esprit, pour choisir la direction où l'on veut se rendre : nul ne doute que le cosmonaute de la fusée est doté d'un tel Esprit; mais, nous l'avons vu dans les pages qui précèdent, l'Esprit est aussi présent chez les éons. Mieux même, le cosmonaute ne doit son Esprit qu'à celui qui est porté par ses propres éons. De telle sorte qu'il ne serait nullement exagéré de prétendre que, quand nos cosmonautes partent en fusée à la conquête de l'espace, c'est en fait *les éons eux-mêmes* qui ont décidé cette conquête!

Encore une fois, est-il si étonnant que les moyens de propulsion dans l'espace que l'Homme a inventés ressemblent tellement à ceux mis au point, depuis des milliards d'années, par les éons? Je fais pour la fusée la même remarque que celle que j'avais précédemment faite pour l'invention de l'ordinateur : les éons ont « chuchoté » à l'inventeur humain que s'il veut que « ça marche », il peut s'inspirer de ce que eux, les éons, ont expérimenté depuis des millénaires, pour faire fonctionner le Vivant : car, là, « ça marche », sans aucun doute!

En fait, l'invention de la machine ADN a permis aux éons de se mouvoir *à l'intérieur* de cette machine elle-même, puisque les photons qu'ils utilisent pour se déplacer sont « confinés » dans la machine, et non pas à l'extérieur de la machine. Ce n'est déjà pas si mal, si l'on pense que certaines chaînes d'ADN comportent plusieurs millions de maillons, et sont donc des machines ayant plusieurs milliards de fois la taille de l'électron lui-même : un milliard d'hommes mis bout à bout représenteraient plus de trois fois la distance de la Terre à la Lune! Dans certaines structures vivantes comme les virus (les « premières » inventions des éons sans doute), les déplacements des éons sont ainsi limités à *l'intérieur* d'une structure *rigide* d'ADN; le virus dans son ensemble n'est pas capable de mouvement [1], les éons se déplacent *dans* le virus, mais ne font pas « se déplacer » le virus dans son ensemble.

Mais les éons souhaiteraient aussi explorer l'espace extérieur, *hors* de la machine où ils se déplacent. C'est normal : le cosmonaute a, lui-même, envie de sortir de la fusée, par exemple quand il a atteint la planète qu'il souhaite visiter.

Ceci va être réalisé par une remarquable nouvelle invention des éons, qui est l'invention de la cellule, et notamment de la membrane cellulaire. L'ADN libère des électrons dans le corps cellulaire, puis met à leur disposition, dans ce corps cellulaire, des photons convenables prélevés dans l'ADN lui-même (ou dans l'ARN [2]) et qui permettront aux électrons sortis de l'ADN d'assurer *à leur choix* leurs déplacements dans le corps cellulaire. Cette fois-ci, ce ne sont plus seulement les électrons eux-mêmes qui se déplacent, ils déplacent en même temps de larges « morceaux » de la cellule, et ces déplacements cellulaires assurent eux-mêmes la mobilité de la cellule dans l'espace *extérieur* à la cellule.

Nous sommes cette fois-ci devant une supermachine, où, à l'intérieur de la membrane cellulaire, les électrons disposent, là où ils en ont besoin, des photons nécessaires pour se déplacer, et pour déplacer en même temps les noyaux atomiques auxquels ils sont associés, pour mouvoir finalement des parties entières du corps cellulaire. Et, aussi, pour réaliser telle ou telle réaction physico-chimique utile pour produire de l'énergie, ou fabriquer des matériaux chimiques spécifiques à partir de matériaux disponibles à l'extérieur de la cellule (nutrition de la cellule). Et, aussi, pour réaliser ce phénomène extraordinaire, devant lequel on ne peut se lasser de s'émerveiller : la duplication cellulaire.

1. Il ne deviendra capable de mouvement que lorsqu'il sera plongé dans une cellule vivante.
2. Je pense surtout ici à cet ARN « messager », qui se promène dans le corps cellulaire pendant la vie et l'activité de la cellule.

En fait, pour qui sait méditer devant ce qu'il voit, sans préjugé abusivement anthropocentrique, il ne peut faire aucun doute que les mécanismes vivants, avec leur complexité apparente mais aussi leur efficacité, démontrent d'une manière indubitable que c'est là l'*Esprit* qui est à l'œuvre, et non pas seulement la mécanique « automatique » à laquelle nous assistons dans un phénomène purement physique, comme la chute d'une pomme par exemple.

Les synthèses et les déplacements d'organites [1] réalisés dans le corps cellulaire constituent un exemple du second type d'Acte effectué par les électrons : « piloter » un photon extérieur pour concourir à lui faire réaliser une synthèse ou un déplacement de matière, en un point précis du corps cellulaire. En somme, distribuer l'énergie dans le corps cellulaire là où on en a besoin, et là seulement.

Notons que le fil d'Ariane qui apparaît comme une sorte de « guide » de toute l'évolution est ce que Teilhard de Chardin avait déjà nommé la complexification : il faut entendre par là que les éons perfectionnent leur prise de conscience du monde non pas en agissant *séparément,* ce qui après tout aurait été concevable, mais en se *réunissant* dans des structures toujours plus complexes; c'est l'union de qualités psychiques *diversifiées,* dans ce que nous avons nommé une nouvelle « machine » évolutive, qui permet de marquer un progrès, c'est-à-dire permet d'accroître en qualité et en quantité le flot des informations venant s'accumuler dans la mémoire des éons. Pour juger de l'état de « conscience » auquel permet d'accéder telle ou telle machine inventée par les éons, nous n'avons, nous, les Hommes, que le moyen de regarder avec nos microscopes ce qu'est capable de faire cette machine. Et l'action démontrée par le microscopique fait souvent apparaître nos centrales atomiques comme des jouets, quand on les compare aux techniques mises en œuvre par la cellule vivante. On peut

1. On appelle organites les « organes » du corps cellulaire, à l'image de notre propre corps.

prendre, à titre d'exemple, la « machine » que nos biologistes ont nommée enzyme. Il s'agit de sortes de ferments répartis dans le corps cellulaire, qui facilitent dans d'énormes proportions certaines réactions chimiques, mais qui se retrouvent cependant intacts à la fin de la réaction. Si on voulait réaliser en laboratoire certaines des réactions chimiques qui se déroulent dans le corps minuscule de la cellule, il y faudrait le plus souvent des pressions et des températures très élevées, et encore cela se ferait-il en des temps relativement longs. Grâce à l'enzyme, la cellule va produire cette réaction à une température et une pression compatibles avec sa vie, et va aller des millions de fois plus vite à réaliser la réaction. Sans les enzymes, la vie ne serait pas possible, ou du moins impossible au rythme que nous lui connaissons habituellement.

Nous voudrions bien mieux connaître les mécanismes qui animent ces « machines » que nous voyons à l'œuvre dans la cellule vivante : mais nous venons buter, non seulement sur la complexité apparente de la machine, mais aussi et surtout sur le fait que, à tous les niveaux de cette machine, il y a comme une « initiative » qui guide la « mécanique ». En fait, et parce que la machine que nous considérons possède l'Esprit dès le niveau de *l'élément le plus simple,* ces machines échappent aux seules lois de la Physique, elles utilisent de véritables rouages *spirituels,* ce qui est naturellement très déconcertant si l'on s'attend seulement (comme le font encore les biologistes « réductionnistes ») à voir la cellule agir comme un simple robot mécanique.

Même à la grossière échelle d'observation que nous permettent nos microscopes, la cellule nous apparaît comme une supermachine faite d'autres machines qui sont, pour chacune d'elles, effroyablement complexes. Ce n'est que réseaux entremêlés de tubes, de vésicules, de lamelles, de filaments, de grains; et encore, si ces réseaux étaient statiques : mais ils se modifient sans arrêt, se déplacent, semblent parfois se dissoudre dans la masse du cytoplasme ou du noyau pour se reconstituer ailleurs; les molécules s'échangent, se transforment, se scindent, se refont à un rythme incessant. La cellule n'a pas plus de consistance permanente que la flamme d'une bougie, et elle a cependant une organisation des millions de fois plus élaborée que le plus perfectionné de nos ordinateurs.

Dès qu'on a pris conscience du fait que l'initiative de chaque élément cellulaire est guidée par un objet aussi petit que l'électron, on comprend mieux la complexité véritable d'une cellule : car cette cellule, si petite soit-elle, est encore *très grande* vis-à-vis des électrons individuels, qui sont cependant les véritables « rouages » du fonctionnement cellulaire. Les plus petites cellules ont de l'ordre de un millième de millimètre de diamètre (bactéries); mais ces « petites » dimensions sont encore un milliard de fois celles d'un électron. Autrement dit, si un électron est comparé à une bille de un centimètre de diamètre, la bactérie a dix mille kilomètres de diamètre, les cellules de tailles moyennes ont entre cent mille et un million de kilomètres de diamètre! On se rend compte, devant ces chiffres, que la cellule est déjà un univers à elle seule, un univers gros comme notre Soleil qui fonctionnerait avec les rouages d'une montre-bracelet!

Sans doute le Vivant fait-il intervenir des chaînes parfois immenses de molécules où *le même* motif se reproduit régulièrement des milliers de fois, comme dans une grosse molécule de protéine par exemple. Mais ces molécules paraissent se casser sans cesse en des endroits qui ne sont pas indifférents; puis se reconstituer, puis faire des jonctions à d'autres molécules, en des points précis de leur longue chaîne; en d'autres termes, même quand le même motif se répète dans une longue chaîne, on doit dire que *chaque* motif joue un rôle qui n'est pas nécessairement celui de son voisin. Il est bien évident que si le Vivant a choisi d'utiliser de longues chaînes moléculaires apparemment répétitives et non de courts enchaînements, ce n'est pas pour nous simplifier l'observation ou la compréhension de sa structure : c'est parce que chaque maillon de la chaîne a son rôle *individuel*, coordonné avec celui des autres, certes, mais *différent* cependant de celui des autres. La cellule ne nous montre jamais une foule anonyme de molécules, comme dans un gaz par exemple : la cellule nous montre, au contraire, et cela dès l'échelon des atomes individuels qui la composent, une foule d'éléments à fonctions indépendantes, toutes les fonctions se coordonnant cependant librement et harmonieusement dans une structure plus vaste. Le Vivant est le contraire de la structure symétrisée, chez laquelle on peut grâce à une loi physique plus ou moins simple déduire les caractéristiques et le comportement de l'un des éléments à partir de ceux de ses voisins; le Vivant est essentiellement asymétrique dans le comportement des éléments qui le constituent, et j'entends par là que *chaque* atome est capable de faire *un choix.* Alors, comment comprendre une foule dont chaque élément est libre, c'est-à-dire capable de choisir? Il y a à bâtir toute une *biologie éonique,* où, après avoir reconnu l'existence de l'Esprit dès le niveau le plus élémentaire de l'élément cellulaire, on cherchera à comprendre le comportement de l'ensemble comme celui d'une société d'individus aux fonctions et aux initiatives multiples, et non comme de simples boules s'entrechoquant sur un billard selon des lois physiques connues.

La complexification des « machines » construites par les éons ne s'est pas arrêtée à la cellule, comme on le sait bien. Les cellules se sont regroupées ensemble pour former les végétaux, puis les animaux, puis l'Homme.

Qu'a-t-il donc de si particulier, cet Homme, pour que nous le mettions comme l'élément le plus élaboré, sur notre Terre au moins, des produits de l'évolution?

Une question préalable serait d'ailleurs celle de se demander s'il doit, effectivement, être reconnu comme cette « machine » la plus sophistiquée de la création éonique.

Pour réfléchir à cette importante question (« importante » puisqu'il s'agit en fait de notre place dans toute l'évolution), on doit chercher à se situer non pas dans le cadre de nos idées traditionnelles, où on postule que l'Esprit est premier et que l'Homme est l'objet de notre Terre qui en possède le plus; on doit se situer dans le cadre de cette biologie éonique, dont nous avons déjà fait mention, qui fournit une ligne directrice plus juste de réflexion : l'Esprit est premier, soit, mais l'Esprit *n'est pas le propre de l'Homme,* il est au contraire répandu très largement dans toute la Nature, et porté par ces électrons pensants qui entrent dans la composition de toute matière, qu'elle soit minérale, végétale, animale ou humaine. Que l'Homme fasse preuve de son Esprit, nous le reconnaissons volontiers : mais il n'y a rien là de si étonnant, puisque l'Esprit dont il fait étalage de manière *consciente* (à travers son langage par exemple) émane de ces milliards d'éons portés par son propre corps. Cet Esprit « conscient » n'est d'ailleurs qu'une très petite partie de l'Esprit total contenu dans ses éons, puisque ceux-ci ont chacun une expérience vécue et mémorisée depuis des millions d'années, un Esprit dont ces éons font aussi étalage en faisant fonctionner (sans que notre Esprit conscient s'en soucie) tout notre système biologique, depuis chacune de nos cellules jusqu'à l'ensemble de nos organes. En réalité, nous ne contestons donc nullement que l'Homme possède de l'Esprit, nous prétendons au contraire que son Esprit est beaucoup plus riche que celui qui apparaît dans ses actes et ses pensées *conscientes*: ce n'est là que ce qui dépasse de l' « iceberg » de son Esprit total, qui comporte une partie *inconsciente* qui a commencé à fonctionner bien avant ce qu'il nomme sa naissance, un Esprit total qui est en marche depuis des millions d'années. Ce que nous contestons, et ce qui constitue le postulat de base de cette biologie éonique dont nous parlions, c'est que *seul* l'Homme soit un objet de la Nature porteur d'Esprit, car au contraire « ça pense » dans tout l'Univers, partout et en tout temps; je ne dirais pas : « La rose pense », ou : « La souris pense », mais, plus correctement : « Ça pense dans la rose », et : « Ça pense dans la souris. » Mais quelle preuve a-t-on, dira-t-on, que « Ça pense dans la rose »? Et bien, pour le voir, il suffit de prendre un pétale d'un bourgeon de rose et d'examiner, au microscope, comment s'opère la duplication des cellules de la rose : on verra bien que « ça bouge », que « ça fait des choses très compliquées »; les actes de la cellule de la rose, même à ce grossier niveau d'observation, sont déjà si complexes et si « sophistiqués » que notre pauvre Esprit conscient humain a bien du mal à les décrire, et *a fortiori* à en tenter une explication cohérente.

Ce qu'il convient donc d'abord de dire, pour chercher à comprendre l'évolution dans une biologie éonique, c'est que cette évolution est *l'aventure spirituelle des éons,* et non celle des « machines » (que ce soit la rose, la souris ou l'Homme) créées par les éons. L'axe directeur de cette évolution est la mémorisation de toujours plus d'informations par les éons eux-mêmes; cet accroissement de la mémoire informationnelle (c'est-à-dire de la mémoire organisée) correspond à ce que, au niveau de notre langage humain, nous appelons l'élévation du niveau de conscience; et ce que les physiciens nommeront, de manière plus savante, l'élévation du niveau néguentropique de ce gaz de photons enfermé dans ce micro-univers qu'est un électron.

Mais, pour réaliser cette élévation du niveau de conscience des éons, il n'y a naturellement pas que la machine « Homme »; on ne peut même pas affirmer que la machine « Homme » soit le *nec plus ultra* actuel de l'évolution : car pourquoi les éons, s'il en était ainsi, n'auraient-ils pas supprimé purement et simplement la machine « rose » et la machine « souris », et remplacé tout cela par des Hommes? Imaginez-vous nos industriels de l'automobile continuant à mettre dans les chaînes de production des modèles de 1920, alors qu'ils ont inventé déjà tous les perfectionnements de nos véhicules actuels?

Non, si le problème de l'évolution est examiné dans le cadre de l'aventure spirituelle des éons, il nous faut reconnaître que *toutes* les « machines » actuelles, qu'elles soient rose, souris ou Homme, sont utiles à l'évolution : mais, sans doute, pas utiles au même titre, de même qu'il n'y a pas que des automobiles pour se déplacer, mais aussi des bateaux ou des avions. Les informations qu'est capable de recueillir la rose, ou la souris, ne sont non seulement pas les mêmes que celles que va recueillir l'Homme, mais encore doit-on penser que certaines de ces informations propres au règne végétal ou animal ne pourraient pas être recueillies par l'Homme. Autrement dit, le niveau de conscience des électrons n'a pas qu'un seul regard sur la Nature pour s'accroître, c'est un œil aux mille facettes, chaque facette ayant des propriétés spécifiques et étant capable de recueillir ce que ne pourra pas apercevoir la facette voisine. L'évolution de l'Esprit se déploie sur tout un éventail de « machines », sans qu'il soit possible de « hiérarchiser » ces machines, en prétendant que l'une est « meilleure » que l'autre : pas plus qu'on ne peut « hiérarchiser » le bateau, l'avion et l'automobile. Certes, il est toujours possible de se laisser aller à notre éternel « anthropocentrisme » et d'affirmer que l'Homme est le plus efficace « moteur » de l'Esprit. Mais aurons-nous des critères véritables pour appuyer une telle affirmation, puisqu'on aperçoit *dès le niveau cellulaire* des « actes » réclamant beaucoup plus d'Esprit que l'Homme ne peut en formuler de manière consciente ?

En vérité, nous sommes complètement aveugles pour reconnaître les qualités de ce qui ne nous ressemble pas, de ce qui n'agit pas et ne pense pas exactement comme nous. Je voudrais l'illustrer par une histoire que j'emprunte à mon ami Aimé Michel, et qui montre bien comment nous jugerions les humains si, au lieu d'être les hommes que nous sommes, nous étions des singes :

« Il y a 800 000 ans, vivait en Afrique australe un peuple de singes au sein duquel, parfois, naissait un type d'individu bizarre : il avait des mains d'une habileté inconnue de ses congénères, des mains avec lesquelles, sous l'œil stupéfait de ceux-ci, il fabriquait un bâton ou ranimait un feu de forêt prêt à s'éteindre. Ses mains avaient " un don ". Malheureusement, ce don, il devait le payer. Les mains trop délicates se refusant à marcher, le singe ne se déplaçait plus que sur ses membres inférieurs. Il grimpait aux arbres, certes, pour faire comme tout le monde et pour ne pas se séparer de sa communauté. Mais avec quelle maladresse ! Avec quelle lourdeur ! " Il a un don, reconnaissait-on volontiers dans les branches, à la veillée. Mais c'est un imbécile et un lourdaud. "

« Parfois même naissait dans cette communauté un type totalement aberrant, doté de deux mains fines, et de deux pieds. Il ne pouvait plus grimper, et son gosier lui-même se refusait à jacasser. Stupide et contrefait, ne comprenant rien aux piaillements de sa tribu, il passait son temps dans des rêves obscurs remplis de musique, d'images merveilleuses et indicibles, attendant de ses frères si différents la pitance que lui accordait leur pitié.

« C'était un idiot complet : c'était un Homme. »

On dit que les singes nous imitent ; évitons à notre tour d'imiter les singes de l'histoire précédente et ne nous hâtons pas trop de minimiser la vision et la conscience du monde que peut avoir une rose ou une souris.

Avec cette nécessité où nous nous trouvons aujourd'hui de ne plus laisser à l'Homme la place *centrale* dans l'aventure spirituelle de l'Univers, c'est, en fait, l'histoire de la lutte contre la tendance spontanément anthropocentriste de l'Homme qui se poursuit.

Il y a 2 500 ans, la croyance était bien établie que notre Terre ne pouvait être que le centre du monde. Le Soleil, la Lune et les sept planètes alors connues tournaient toutes autour de cette Terre, les étoiles n'étaient que des « lumignons » destinés à éclairer le cosmos. Dès cette époque, il y eut bien un Grec, nommé Aristarque de Samos, qui voulut prétendre que la Terre n'était qu'une planète comme les autres et que toutes les planètes tournaient autour du Soleil : mais il fut la risée des « mandarins » scientifiques de l'époque, qui avaient nom Aristote et Platon.

Il faudra attendre Copernic, vers le milieu du XVIe siècle, pour qu'on ose suggérer que la Terre n'est pas le centre du cosmos, et qu'on propose de mettre à sa place le Soleil.

Encore l'idée ne va-t-elle cheminer que très lentement. Cinquante ans après la publication de l'ouvrage de Copernic, l'Inquisition va emprisonner pendant sept ans Giordano Bruno, qui soutient la thèse de Copernic et ose parler de la « pluralité des mondes habités ». Il fut finalement jugé par seize cardinaux, excommunié, puis brûlé enfin sur un bûcher, à Rome, le 17 février 1600. Cela date, notons-le, d'un peu moins de quatre siècles!

Aujourd'hui, on a certes reconnu que non seulement la Terre n'était pas le centre du monde, mais que ce n'était même pas le cas du Soleil; le Soleil n'est qu'une étoile parmi toutes celles qui peuplent le ciel, elle n'offre notamment rien de particulier par rapport aux milliards d'étoiles de notre propre galaxie; ce Soleil n'est d'ailleurs même pas au centre, mais à la périphérie de cette galaxie. Et on aperçoit, dans le ciel, des milliards d'autres galaxies comme la nôtre, peuplées chacune de milliards d'étoiles, chaque étoile possédant, dans le cas général, son cortège de planètes. On estime à plusieurs centaines de milliards les planètes *à peu près identiques* à notre Terre dans l'immensité du cosmos : des planètes où, donc, selon toute probabilité, la vie a pris naissance, et avec elle les végétaux, les animaux et les humains. Bien sûr, on n'a pas encore aperçu d'autres humains que nous dans le cosmos; mais les connaissances scientifiques actuelles nous contraignent à penser que, les mêmes causes produisant inévitablement les mêmes effets, l'évolution qui s'est produite sur notre Terre a sa réplique à des milliards d'exemplaires dans le cosmos, où les étoiles et les planètes se répètent presque identiques à elles-mêmes dans toutes les régions vers lesquelles nous pouvons tourner nos télescopes.

Malgré cela, la tendance anthropocentriste de l'Homme est si forte qu'il n'est pas toujours de « bon ton », pour un scientifique, de parler encore aujourd'hui de la « pluralité des mondes habités ». Après tout, l'une des principales religions de notre planète ne fait-elle pas naître le fils de Dieu sur Terre, et non pas ailleurs? Alors, ne faut-il pas en conclure que seule notre Terre possède des Hommes? Ou, au moins, comme on l'avait proposé pour les indigènes découverts par Christophe Colomb, ne doit-on pas penser que les humains d'ailleurs « n'ont pas d'âme »?

En tout cas, si on accepte — généralement — de nos jours que tous les hommes aient droit à une âme, c'est-à-dire sont dotés d'Esprit, on est encore bien loin de reconnaître unanimement que les autres produits de la création, comme les végétaux ou les animaux, pourraient eux aussi posséder quelque chose ressemblant de près ou de loin à de l'Esprit. Soyons justes cependant, il est vrai que beaucoup de croyances, émanant souvent d'une pensée religieuse, acceptent de placer de l'Esprit dans certains animaux, voire certains végétaux. Il nous suffirait, pour nous en souvenir, de mentionner les célèbres vaches sacrées en Inde. Mais, même dans ce cas, il s'agit là d'un Esprit qui n'a guère la possibilité de se manifester en tant que tel, il est comme l'Esprit « enfermé » dans la bouteille des contes des *Mille et Une Nuits,* il attend des temps meilleurs, comme par exemple une future réincarnation dans une forme humaine, pour manifester complètement ses potentialités. Finalement, c'est l'Homme, toujours l'Homme, qui porterait seul le véritable flambeau de l'Esprit, l'Homme qui éclairerait le monde depuis notre Terre jusqu'aux confins du cosmos.

Cette attitude, notons-le, n'est nullement dictée par la connaissance du moment en matière scientifique. Il s'agit d'une sorte de dogme, provenant d'une volonté délibérée de l'Homme à prétendre au rôle central dans l'Univers; que l'Homme soit réellement ce qu'il prétend n'est nullement une constatation déduite de l'observation. Semblablement, les connaissances astronomiques au temps d'Aristote suggéraient déjà amplement que l'idée la plus « naturelle » était d'admettre que les planètes tournent autour du Soleil, la preuve en ayant d'ailleurs été administrée, comme nous l'avons déjà signalé, par un Grec de l'époque nommé Aristarque de Samos. Mais non, il fallait absolument laisser l'habitacle de l'Homme jouer un rôle central, et l'on préférait infliger aux planètes des mouvements extrêmement compliqués, avec des cycles et épicycles, plutôt que d'accepter de ne pas considérer l'Homme comme le personnage central de toute la création. Aujourd'hui, les « savants » n'hésitent pas à procéder de même pour l'Esprit. Ils ignorent, jusqu'ici, de quoi est fait l'Esprit : mais ils peuvent en donner une définition « opérationnelle », l'Esprit est ce qui guide le comportement de la matière vers des actes qui ne sont pas entièrement explicables par les lois physiques connues, des actes où se traduit une certaine « initiative », un certain « choix ». A ce titre, la simple observation d'une cellule vivante démontre à qui veut bien voir qu'il existe, dès ce niveau, des comportements de la matière traduisant des actes où l'Esprit ne peut être absent, car la cellule, elle aussi, prend des initiatives et fait des choix. Mais les « savants » refusent cette conclusion, puisque l'Esprit ne peut pas[1] être présent ailleurs que chez l'Homme complet, que cet Homme est *seul* capable de manifester un comportement spirituel. Et lesdits « savants » préfèrent alors rechercher des structures extrêmement complexes de la matière *inerte* qui expliqueraient que, à un certain moment,

---

1. Rappelons-nous le physicien Laplace, au siècle dernier, qui proclamait « qu'il ne pouvait pas tomber des pierres du ciel... puisqu'il n'y a pas de pierres dans le ciel ». Au diable les météorites!

passé un certain seuil de complexité, cette matière deviendrait matière vivante. Le malheur, c'est que, en fait, *aucune* théorie biologique n'a pu jusqu'ici rendre compte, même de loin, du comportement du Vivant à partir de la matière inerte et de lois physiques connues seules; pas plus que les épicycles des Anciens ne pouvaient expliquer toutes les particularités observées dès l'époque du mouvement des astres.

Mais voici que la situation change radicalement : on découvre que certaines particules, les électrons, qui sont des êtres élémentaires, portent en elles un « espace intérieur » ayant les propriétés qu'on doit attribuer à l'Esprit. Voilà, semblerait-il, une ouverture importante vers la compréhension du phénomène Vivant. Mais, une fois encore, l'éternel « anthropocentrisme » ne va-t-il pas jouer? Car la reconnaissance de l'Esprit dès le niveau du microscopique implique que *tout* ce que le microscopique compose est alors, peu ou prou, porteur d'Esprit. Et il devient bien difficile de continuer à soutenir, dans ce cas, que l'Homme détient *seul* ce privilège spirituel, il partage cet avantage avec *l'ensemble* des choses créées, il ne peut même plus logiquement prétendre être « le plus spirituel » des êtres de la création.

Cet « élargissement » de l'Esprit à l'ensemble de l'Univers, démontré par la connaissance scientifique de notre époque, devrait être comme une immense bouffée d'air frais, permettant à l'Homme de se sentir moins « étranger » dans l'Univers, puisqu'il sait maintenant qu'il partage son attribut essentiel, l'Esprit, avec le reste des êtres cosmiques. Je crains cependant que, l'anthropocentrisme continuant de jouer, cette bouffée d'air frais ait encore pour beaucoup une odeur de soufre... N'avons-nous pas déjà remarqué que, après tout, « l'affaire » Giordano Bruno, cela ne date que d'un peu moins de quatre siècles!

L'évolution, mais pourquoi? Vers quoi doivent mener toutes ces inventions successives de machines, toujours plus perfectionnées, par ces porteurs d'Esprit que sont les éons? Puisque au début il y avait le Verbe, l'Absolu, l'Esprit parfait et indifférencié, pourquoi « les choses » ne sont-elles pas demeurées toujours en cet état idéal, quel besoin de dérouler cet énorme processus qu'est l'aventure spirituelle de notre Univers ? Encore, si cette « aventure » devait mener l'Esprit vers un état encore supérieur à l'état initial, on pourrait entrevoir une « raison d'être » à cette évolution cosmique : mais non, il n'en est rien, car, si nous avons bien compris ce qui précède, l'étape *finale* de l'Univers, au moins pour ce qu'on en sait dès maintenant, sera identique à l'état initial. Alors, les éons auront atteint leur niveau de conscience maximal[1], les étoiles et les planètes auront été absorbées par ces dévoreurs de Matière que sont les trous noirs, cet Univers ayant commencé dans un état purement matériel se terminera par un état purement spirituel où les électrons et leurs partenaires du sexe opposé, les positrons, tout chargés d'Esprit, sillonneront les vastes prairies du ciel jadis constellé d'étoiles[2]. La dernière étape, à la « fin » de notre Univers, sera le retour à l'Absolu : dans une immense gerbe de lumière, les électrons et les positrons s'annihileront les uns les autres, toute la mémoire de l'expérience vécue par toutes les créatures de notre vaste monde retournera à l'Un, à l'Absolu, à cette association intime de photons et d'antiphotons, à la Lumière (avec un L majuscule), pour reprendre le langage de l'Évangile de saint Jean nous parlant dans la Genèse de la création du monde. Une fin du monde où tout retourne donc à l'état des choses tel qu'il était au commencement du monde. Alors, une nouvelle fois, à quoi bon ?

Je crois que le problème, exprimé de cette manière, est un problème mal posé. Nous sommes ici prisonniers de *notre langage,* qui a créé l'Univers en inventant les mots, et qui a notamment placé comme fil directeur pour comprendre et expliquer toute chose le concept de *temps.* Parler de l'évolution de l'Univers a, pour cette raison, tendance à nous laisser croire à la nécessité d'un commencement et d'une fin pour cette évolution. Mais c'est là, répétons-le, mal poser le problème. Nous chercherons à montrer de mieux en mieux, dans les chapitres qui suivront, que l'Esprit vit en fait *un éternel présent,* car au fur et à mesure qu'il

1. Leur état néguentropique le plus élevé, diraient les physiciens.
2. J'ai détaillé un peu plus cette « fin du monde » dans *L'Esprit, cet inconnu,* je n'y reviendrai donc pas ici.

enrichit sa mémoire d'informations nouvelles il modifie sans cesse *les idées qu'il se forme de ce qu'a été le passé et de ce que sera le futur.* Il ne dresse donc, à chaque instant du présent, que des « cartes » de l'évolution, et ces « cartes » ne sont pas censées nous dire ce qu'ont été et ce que seront « vraiment » les états de l'Univers, mais ce que nous pensons à ce sujet dans l'instant présent, compte tenu des informations que nous possédons à cet instant, ainsi que des postulats et des moyens logiques que nous avons choisis d'adopter pour rassembler ces informations dans un tout que nous qualifierons de « complet et cohérent ».

C'est parce que l'Univers, son évolution comprise, est ainsi d'essence purement *spirituelle* (l'Univers passé et futur est à chaque instant ce que je pense de lui à cet instant), qu'il doit être considéré, nous l'avons déjà dit, comme un *dialogue* qui se déroule entre l'Esprit non différencié (l'Absolu) et l'Esprit différencié (le Signifié). Mais ce dialogue est comme un paysage de montagne, aperçu entre le lever et le coucher du Soleil. D'abord il est plongé dans la brume et les ténèbres; puis, avec les premiers rayons de la lumière, les contours diaphanes de la montagne sortant toujours un peu plus de l'ombre, on aperçoit maintenant les cimes enneigées dont on envie et imagine la pureté de l'air, les torrents sinueux dont l'eau fraîche et limpide dévale les pentes abruptes, les sentiers qui courent parmi les sapins pointant leurs bras vers le ciel, les verts pâturages où la vie végétale et animale fourmille par tous les pores de la terre, la plaine enfin, où on devine la vie des hommes, autour du clocher d'une église. Puis, quand vient le soir et que sonne la trompe d'appel des bergers, quand les chiens commencent à aboyer, quand le ciel s'apprête à revêtir une robe plus sombre, alors tous ces détails s'estompent un à un à nouveau, en même temps que disparaît derrière l'horizon ce merveilleux Soleil de sang. Ce paysage de montagne, qui à chaque instant a changé d'aspect en nous révélant toujours des détails nouveaux, n'a lui non plus ni commencement ni fin. Il était beau quand l'aurore le sortait de la nuit, il était beau sous le Soleil de midi, il était beau quand il s'enveloppait dans les voiles de la nuit. Il est, lui aussi, un dialogue entre nous et la beauté. Doit-on se demander à quoi cela a-t-il servi qu'il découvre pour nous, pour la durée d'un beau jour d'été, les « signes » dont notre Esprit a su jouir si intensément, en donnant à ces signes des significations? Dites-moi donc aussi, dans ce cas, à quoi sert que se lève le Soleil? Pour ma part, je répondrais volontiers que le Soleil se lève parce que l'Esprit est là pour donner une consistance spirituelle aux merveilles que la nuit conservait dans son sein. Pourquoi le monde, pourquoi l'évolution? Peut-être aussi parce que l'Esprit est là, pour donner au monde existence et harmonie.

CHAPITRE VII

Notre Esprit habite des électrons éternels

Comment est réalisée l'unité du Moi en dépit d'une multiplicité d'éons? — Le Moi conscient, le Moi inconscient, le Moi cosmique. — Notre Moi est immortel. — Seulement certains éons de notre corps portent notre Moi immortel : mais ces éons sont quand même des milliards. — Les grands nombres et le « chiffrage paradoxal » des néo-gnostiques. — Nos éons et nous parlons le même langage. — Mes éons ne tirent pas les ficelles de mon Esprit : *je suis* mes éons. — Archétypes et symboles comme éléments de base de notre représentation du monde. — La Physique contemporaine ne peut plus se permettre de laisser « l'Esprit à la porte ». — Un humanisme s'inspirant de l'Esprit dans la Matière. — Le Bien, le Mal et la direction de l'évolution.

Je sais bien ce qui va tracasser tout un chacun et le retenir d'adhérer complètement, à prime abord au moins, à cette idée que notre Esprit soit fait de la multitude des Esprits des électrons contenus dans notre corps.

Comment est-ce possible, va-t-on objecter, que ce Moi qui est mien, et dont j'ai l'impression profonde qu'il est unique et indivisible, comment est-ce possible qu'il soit supporté par une myriade d'esprits élémentaires? Aurais-je cette impression de pouvoir penser et agir, à tout moment, comme « un seul homme », si l'Esprit qui me guidait vers cette pensée ou cette action était fait de mille morceaux, qui éventuellement ne seraient pas tous d'accord entre eux, et me laisseraient donc continuellement hésitant?

Vient ensuite la seconde objection, plus métaphysique celle-là : tant que je croyais à l'unicité de mon Moi, tant que je l'envisageais comme fait d'un seul « morceau », je pouvais croire les religions qui me promettaient que peut-être (et même sans doute), après ma mort corporelle, il y aurait une « échappée » de ce Moi spirituel, que celui-ci ne disparaîtrait pas en même temps que la matière de mon corps, que ma « personne », celle que je connais bien, avait donc sa chance de subsister telle quelle, avec tous ses souvenirs, dans un ailleurs plausible, sinon prouvé; et je pouvais croire aussi qu'il en serait de même de tous les êtres qui me sont chers, que je ne quitterai donc pas pour toujours en sombrant dans la Mort, mais que je retrouverai après cette Mort, par une relation d'Esprit à Esprit, d'âme à âme, et peut-être pour l'éternité. Mais, en faisant « éclater » mon Moi en mille morceaux, en le disséminant sur un grand nombre d'Esprits élémentaires, ceux des électrons, que restera-t-il de ma personne après ma Mort, puisque ces électrons s'éparpillent finalement comme de la poussière aux quatre coins de l'Univers, et qu'il sera donc impossible à mon Moi de retrouver cette unité qu'il possédait de mon vivant, quand tous mes électrons étaient encore groupés dans mon corps?

Eh bien, nous allons répondre à ces deux questions, et découvrir que c'est tout le contraire qui se passe : *rien* ne nous garantissait vraiment la vie éternelle de notre Moi tant que nous n'avions pas « localisé » l'Esprit, comme nous l'avons fait, sur des éléments de matière eux-mêmes éternels et porteurs d'Esprit; par contre, dans cette dernière hypothèse, suggérée rappelons-le non pas par nos rêves ou nos espoirs mais par la connaissance scientifique d'aujourd'hui, *tout* nous promet que la Mort *corporelle* n'est qu'un simple changement d'état pour notre Moi, et que ce Moi prolonge alors son aventure spirituelle dans l'Univers, et cela pour l'éternité.

Je vais me servir d'une image, et comparer la vie terrestre de chacun de nous au voyage d'un grand navire : notre naissance est le moment où il embarque son équipage et quitte le port;

notre mort est comparable au moment où le navire arrive au port de destination et débarque son équipage.

Nos électrons sont, dans cette image, représentés par tous les marins qui vont faire l'expérience de la traversée, en même temps qu'ils assureront la bonne marche du navire.

Tous ces marins vont « vivre » la même traversée : le temps et la mer seront les mêmes pour tous; ils vont coordonner ensemble leurs efforts, compte tenu de l'expérience antérieure qu'ils possédaient déjà avant l'embarquement, pour faire que cette traversée s'opère dans de bonnes conditions. Ils partageront ensemble les mêmes joies les jours de soleil, et ils auront à faire face ensemble aux mêmes difficultés, les jours de tempête. Si certains marins tombent malades, il faudra les soigner, car le navire exige que toutes les fonctions à remplir soient exécutées, si on veut éviter les ennuis les plus graves.

Considérons maintenant *l'ensemble* de ces marins chargés de la marche du navire, et goûtant les joies et les difficultés de la traversée. On peut parler d'eux comme de *l'équipage,* en les réunissant ainsi tous ensemble dans un concept *unique :* on dira que c'est l'équipage qui assure la marche du navire, que c'est l'équipage qui profite d'un beau jour de soleil, que c'est l'équipage qui a à essuyer une dangereuse tempête. *Chacun* des marins constituant l'équipage mémorise dans son propre esprit les différents événements de la traversée, tous les marins peuvent parler ensemble de ces événements, car ils les ont tous vécus, et tous mémorisés. Si la tempête les a fait dériver de leur route, ils vont tous ensemble, spontanément, coordonner leurs efforts pour reprendre le cap correct.

Mais chacun des marins composant l'équipage a effectué *d'autres* traversées, avant celle-ci. Pour ces traversées précédentes, il n'était pas sur le même bateau, donc pas non plus avec les mêmes marins qu'à la présente traversée; il a vécu, au cours de ces voyages antérieurs, des événements qu'il est *seul* à connaître, mais qui ont cependant enrichi son savoir concernant la navigation.

Plus généralement, chaque marin a dû faire son apprentissage de marin : il a été à l'école, on lui a appris à réfléchir, à raisonner, ce qui est naturellement nécessaire dans tout métier, y compris celui de marin.

Et puis, chaque marin a aussi eu une vie personnelle, qui a forgé son caractère au cours du temps, qui lui a fourni sa propre manière de considérer n'importe quel problème, qu'il s'agisse ou non d'un problème concernant la mer.

Notre Moi *conscient,* celui que nous croyons parfois composer *seul* notre Esprit, est comme cette expérience vécue et mémorisée par tous les marins au cours de la traversée du navire (une traversée qui symbolise le déroulement de notre vie, entre notre naissance et notre mort). Ce Moi conscient se rappelle sans difficulté *tous* les événements vécus entre notre naissance et notre mort, car *chacun* de nos électrons composant notre Esprit, comme les marins de l'équipage, a vécu en même temps que tous les autres *les mêmes* événements : si on se pose une question sur l'un de ces événements passés, ils répondront tous en chœur, à voix haute, spontanément. C'est l'unité qui préside à cette réponse qui nous donne cette impression d'unité de notre « personne », dans nos pensées comme dans nos actes [1].

Mais on note cependant que ce Moi conscient n'est pas *tout* notre Moi. Il y a d'abord ce « savoir-faire » qu'ont acquis nos électrons pour faire face, l'un comme l'autre, à tout problème « classique » inhérent à n'importe quelle « traversée », que ce soit celle-ci ou une traversée antérieure. Ce savoir-faire est matérialisé dans le regroupement des électrons de notre ADN génétique, inscrit dans chacune des cellules de notre corps. Et puis, comme les marins dont nous parlions tout à l'heure, nos électrons ont amassé leur savoir-faire et leurs informations non seulement en participant à des organismes vivants, mais aussi dans des organismes plus simples, dans des minéraux, dans les molécules chimiques, voire seuls, en se promenant isolément dans l'espace,

---

1. Notons que la biologie actuelle nous dit également que notre pensée est « sécrétée » par les milliards de neurones de notre cerveau. Le fait d'avoir une *multiplicité* d'éléments sous-jacents à notre pensée, neurones ou électrons, n'empêche donc nullement d'avoir un sentiment d'« *unité* » de cette pensée.

154 . MORT, VOICI TA DÉFAITE...

et en prélevant des informations sur cet espace et ses propriétés. En bref, avant de faire étalage de leur savoir en participant à un organisme vivant, nos électrons ont été sur les « bancs de l'école » de l'Univers. Tout ce savoir, amassé au cours de milliards d'années, et qui est fait d'informations accumulées par les éons constituant notre Esprit *avant* notre naissance, constitue ce qu'on peut nommer notre *Moi inconscient*. Nous nommerons *Moi cosmique* l'ensemble du Moi conscient et du Moi inconscient. C'est ce Moi cosmique qui porte l'ensemble de notre Esprit, de notre « personnalité ».

C'est notre Moi conscient qui intervient dans nos pensées et nos actions volontaires; par contre, c'est notre Moi inconscient qui assure toutes nos fonctions végétatives, où notre conscient n'intervient pas, comme notre respiration ou notre digestion par exemple.

C'est le Moi *inconscient* qui nous fournit le plus de recul pour considérer l'Univers. On peut dire que le Moi conscient n'est riche que du contenu informationnel de l'existence vécue présente; mais que le Moi inconscient est le contenu informationnel remontant à des millions d'années dans le passé, et rendant disponible, pour qui sait l'entendre, des informations sur l'expérience vécue antérieure dans *d'autres espèces,* minérales, végétales ou animales, expériences qui peuvent s'être déroulées en des régions du cosmos parfois très éloignées de notre Terre, voire sur d'autres soleils ou d'autres galaxies.

Le point important, qu'il faut bien comprendre, est alors le suivant :

Chaque électron participant à notre ADN possède les deux types d'informations dont nous venons de faire mention. Il a ce *Moi inconscient* qui lui confère ce savoir-faire dont il a fait état pendant toute notre vie, assurant notamment le fonctionnement des cellules de notre cœur, de notre foie, de nos poumons ou de nos reins. Il est venu s'ajouter à ce savoir-faire un savoir mémorisé fait de l'expérience vécue pendant notre vie, entre notre naissance et notre mort, c'est-à-dire notre *Moi conscient*. Mais alors que le Moi conscient est formé d'informations que les électrons de notre ADN ont acquises *toutes en commun* (l'expérience vécue présente), le Moi inconscient est complètement différent d'un électron à l'autre, puisque son contenu informationnel est tiré d'expériences particulières vécues dans des espèces et dans des lieux de l'Univers généralement très différents d'un électron à l'autre.

Quand nous parlons de notre Moi, de notre personne, à quoi pensons-nous généralement? En pratique, nous pensons immédiatement et surtout à notre *Moi conscient,* fait des souvenirs de notre expérience vécue depuis notre naissance. C'est ce Moi qui a fait l'expérience des plaisirs comme des douleurs de notre vie, c'est lui qui a connu tous les êtres qui nous sont chers. Mais on se rend compte, d'après ce qui précède, et dès qu'on veut bien considérer le problème de l'Esprit dans toute sa généralité « éonique », que notre Moi total, que nous avons nommé notre Moi cosmique, est beaucoup plus riche que ce Moi conscient, il est fait aussi du Moi inconscient des électrons de notre ADN. S'il n'en était pas ainsi, nous arrêterions immédiatement de respirer (plus d'intervention du Moi inconscient).

Puisque les électrons sont pratiquement immortels (ce qui, rappelons-le, est établi sans aucun doute par la Physique contemporaine), les électrons entrant dans nos ADN poursuivront leur existence *après* notre mort corporelle, alors que notre matière sera retournée à la poussière. Et ces électrons emmèneront avec eux leurs deux Moi : le Moi conscient, le Moi inconscient, ces deux Moi étant en fait leur véritable Moi, leur Moi cosmique.

Si, comme on en convient habituellement, nous disons que notre Esprit « survit » à notre mort corporelle s'il y a encore, quelque part dans l'Univers, « quelque chose » qui rassemble tous nos souvenirs *vécus* depuis notre naissance, et est capable d'effectuer sur eux une certaine « réflexion », alors notre Esprit survit bien à notre mort corporelle, puisque *chaque* électron de notre ADN (et ils sont des milliards) possède en lui, pour l'éternité, les souvenirs de notre expérience vécue de notre naissance à

notre mort et est capable d'exercer, sur ces informations mémorisées, une certaine réflexion [1]. Il en est tout à fait de même pour
les marins de notre équipage, après que le navire eut abordé au
port de destination : ils descendent à terre, se dispersent chacun
de leur côté, mais gardent *chacun* en mémoire les souvenirs de la
traversée, souvenirs à partir desquels ils peuvent réfléchir à loisir,
chacun de leur côté. Comme on le voit, les souvenirs liés à notre
Moi conscient ne disparaissent donc pas à notre Mort : ils sont
portés, *comme c'était déjà le cas* quand tous les électrons étaient
regroupés dans notre corps vivant, par des milliards d'électrons.
Ce qui s'arrête avec notre Mort, c'est en fait l'enrichissement en
informations *nouvelles* relatives à notre vie vécue : le navire arrive
au port, la traversée est terminée, il n'y a plus de souvenirs addi-
tionnels sur la traversée elle-même. Des informations nouvelles
sont bien acquises séparément, par chaque électron, de même que
les marins de l'équipage continuent d'accumuler des souvenirs,
une fois débarqués et séparés les uns des autres. Mais ces souvenirs n'ont plus comme objet la « traversée » elle-même, ils
concernent la vie individuelle de chaque électron, qui poursuit
son existence à un autre rythme et dans un autre cadre, avant de
participer sans doute plus tard à une autre « traversée », c'est-à-
dire à une autre vie.

Il nous faut répondre cependant à une double question, afin de
bien nous persuader que cette « survie » spirituelle est bien
réalisée. D'abord, comment est-on certain que *chaque* électron de
notre ADN recueille *toutes* les informations de notre vie vécue?
Ne serait-il pas possible que certaines informations soient captées
par certains électrons, et d'autres informations par des électrons
différents, de telle sorte qu'il n'y aurait pas de véritable « synthèse » possible, dans chaque électron, de la totalité des informations relatives à notre vie vécue depuis notre naissance? Dans ce
cas, ce serait une survie « en morceaux », et on ne pourrait plus

---

1. Rappelons-nous les quatre propriétés spirituelles essentielles de l'électron : Réflexion, Connaissance, Amour et Acte.

guère parler d'une survie de notre Moi conscient, qui lui n'était pas « en morceaux » durant notre existence terrestre. Par ailleurs, pourquoi les électrons ne feraient-ils pas comme nous et finiraient par « oublier » certains souvenirs, auquel cas notre « survie » ne serait que temporaire, finirait par s'estomper, puis disparaître, quand tous nos électrons auraient tout oublié de notre existence vécue terrestre?

Répondons d'abord à cette dernière question, car elle est la plus simple. La théorie de la structure de l'électron considéré comme un micro-trou noir nous dit, comme nous l'avons déjà souligné, que l'espace où se mémorisent les informations est à néguentropie jamais décroissante, contrairement à notre espace ordinaire qui est à entropie jamais décroissante. Sans qu'il soit besoin d'entrer ici dans trop de détails techniques [1], l'expression « espace à néguentropie non décroissante » signifie strictement que l'information ne peut pas s'échapper d'un tel espace, l'information ne peut faire que croître mais ne peut jamais décroître. Donc, l'espace de l'électron-micro-trou noir est une mémoire *parfaite,* qui peut s'enrichir mais qui ne peut *rien* oublier. Mais pourquoi alors, nous, dont l'Esprit serait porté par ces électrons à mémoire parfaite, nous arrive-t-il d'oublier certaines informations reçues? Il ne faut pas confondre ici la « machine » créée par le rassemblement des électrons, comme un corps humain par exemple, et les électrons eux-mêmes. Il faut bien un mécanisme, dans cette machine, qui, quand on cherche à se remémorer un événement donné, commande à tous nos électrons de se reporter « en chœur » au souvenir de cet élément. Si ce mécanisme est défectueux, on ne retrouvera plus le souvenir cherché, en dépit du fait qu'il est enregistré quelque part au cœur de chaque électron. De même, si on souhaite que les marins de notre équipage se souviennent d'un événement donné, il faudra (par exemple en leur donnant simplement le jour et l'heure de l'événement) les faire rechercher dans leur mémoire. S'ils ont tous une mémoire parfaite, et si la donnée du jour et de l'heure est *précise,* ils vont tous se mettre d'accord sur l'événement. Si le jour et l'heure ne sont pas donnés de manière

---

1. Nous avons donné de tels détails dans *L'Esprit, cet inconnu, op. cit.*

précise, ils fourniront des souvenirs également confus sur l'événement, produisant une véritable cacophonie d'événements au lieu du souvenir précis escompté. Ce que nous devons en tout cas retenir, c'est que la théorie de l'électron-micro-trou noir est formelle au sujet de ce problème de mémoire : il est *impossible* que l'information s'échappe de l'espace de l'électron, celui-ci est *incapable d'oublier* une information reçue. Pas plus que, on s'en souvient, la lumière ne pouvait s'échapper du trou noir, en astrophysique.

Et maintenant, demandons-nous comment *chaque* électron de notre ADN recueille *toutes* les informations de notre vie vécue, et non pas seulement une partie.

Je veux ici qu'il n'y ait aucune ambiguïté dans ce que j'affirme sur ce point important, car j'ai noté une certaine confusion dans l'esprit de mes lecteurs à ce sujet[1]. Comment pouvez-vous être sûr, disent-ils, que *tous* les électrons de notre corps reçoivent *toutes* les informations de notre vie vécue? N'est-il pas possible que ces informations s'éparpillent en fait sur ces électrons, de sorte que, quand, après notre mort corporelle, ils se trouvent libérés dans la poussière du cosmos, ils n'auraient chacun qu'une information *partielle* sur notre vie vécue : en d'autres termes, notre Moi *entier,* celui qui rassemble *tous* nos souvenirs, ne serait plus nulle part, après notre mort, il serait comme fractionné en morceaux, chaque électron n'ayant conservé que quelques bribes des informations de notre vie. On serait un peu comme avec un puzzle : pendant notre vie les morceaux se complètent les uns les autres et forment un tableau synthétique, qui a une signification; mais, à notre mort corporelle, les morceaux sont éparpillés vers tous les points cardinaux, et chaque morceau considéré *séparément* n'a plus de signification, ou en tout cas ne dit rien de l'image *complète* qui était celle du puzzle *rassemblé,* qui symbolise notre Moi conscient pendant notre vie.

---

1. Je pense à la correspondance que j'ai reçue après *L'Esprit, cet inconnu, op. cit.*

Qu'il soit bien clair que je ne tiens *pas* à prétendre ici que *tous* les électrons de notre corps mémorisent l'ensemble de notre vie. D'ailleurs, comme on le sait, les cellules de notre corps se renouvellent sans cesse, pour la plupart, de sorte que l'année suivante il nous reste très peu des cellules qui constituaient notre corps l'année précédente. Les cellules qui nous quittent, et les électrons qu'elles contiennent, ne peuvent naturellement pas « se souvenir » de notre aventure terrestre personnelle après le moment où elles ont quitté notre corps.

Mais il y a aussi des cellules qui demeurent les mêmes depuis notre naissance jusqu'à notre mort, ce sont les cellules nerveuses, notamment certaines des cellules de notre cerveau. Même chez ces cellules, il y a cependant un renouvellement continuel de matière, puisque ces cellules vivent, se nourrissent, éliminent des déchets, synthétisent des éléments chimiques à partir de matériaux empruntés à l'extérieur, etc. Cela signifie que ce ne sont pas *tous* les électrons des cellules nerveuses, mais seulement certains, ceux qui ne « se renouvellent pas », qui ont quelque chance d'avoir en mémoire la totalité de notre Moi conscient, c'est-à-dire la totalité des informations se rattachant à notre vie vécue depuis notre naissance. Quels sont ces électrons de la cellule qui ne se renouvellent pas? Ce sont précisément ceux qui font partie de la *structure génétique,* c'est-à-dire ceux portés par l'ADN. On a dit, mais rappelons-le encore ici, que ce « bagage génétique » qu'est la chaîne d'ADN se reproduit identique à lui-même dans *toutes* les cellules de notre corps, y compris par conséquent dans les cellules de notre tissu nerveux, que nous conservons toute notre vie durant. C'est pourquoi j'ai implicitement considéré, ci-dessus, que c'étaient les électrons *de notre ADN* (et ceux-là seulement) qui étaient capables de porter, chacun d'eux, *la totalité* de notre Moi conscient.

Mais pourquoi « la totalité » de ce Moi conscient? Pourquoi nos souvenirs vécus ne se répartiraient-ils pas, par exemple, sur *l'ensemble* des électrons d'une chaîne d'ADN, au lieu d'aller en totalité se loger dans *chaque* électron de l'ADN?

Le meilleur argument pour répondre nécessite de se placer dans une perspective « éonique ». Pourquoi les éons ont-ils inventé et construit la machine vivante, la machine « Homme » par exemple? Pour accroître en quantité et qualité leur stock d'informations. En somme, exprimé d'une autre manière, la machine vivante est pour les éons un centre d'enseignement, où il leur est prodigué des informations qui enrichissent leur propre esprit, c'est-à-dire qui accroissent sans cesse leur niveau de conscience. Mais, pour que l'enseignement soit de la véritable « information », il ne faut naturellement pas que cet enseignement aille « se répartir » sur l'ensemble des élèves. Imaginez une classe où les élèves auraient des écouteurs aux oreilles et où l'enseignement du maître consiste-rait à adresser sa première phrase à l'élève n° 1 seulement, sa seconde à l'élève n° 5 seulement, sa troisième à l'élève n° 3, et ainsi de suite. *Aucun* des élèves n'aurait recueilli, finalement, une véritable information *cohérente* sur le cours du maître, ce serait un procédé scolaire stupide. Les éons, on peut leur faire confiance, ne se sont pas donné le mal de construire la machine vivante pour en recueillir un enseignement incohérent. C'est pourquoi, sans aucun doute, l'enseignement prodigué aux éons au moyen de l'expérience vécue par la machine humaine ne se répartit pas sur l'ensemble des éons, mais va converger vers *chaque* éon souhai-tant profiter de cet enseignement.

Mais je ne tiens même pas à soutenir ici que *tous* les électrons de l'ADN de nos cellules nerveuses (celles qui accompagnent la totalité de notre vie) bénéficient de cet enseignement intégral et complet, c'est-à-dire portent en eux, chacun pour leur part, *la totalité* de notre Moi conscient. Je veux simplement affirmer, et cela suffit bien, que de tels électrons porteurs de la totalité de notre Moi conscient sont *des milliards,* et donc que notre Moi conscient ne risque nullement de sombrer après notre mort corporelle. Pourquoi des milliards? Ici, ce sont les « grands nombres » qui interviennent, comme ils le font souvent dans la Nature. Il y a des milliards d'étoiles dans le ciel, des milliards de planètes autour des étoiles; et aussi des milliards de cellules dans notre corps, et des milliards d'électrons dans chaque cellule, et des milliards d'électrons dans chacune des chaînes d'ADN de la cellule. Prenons l'ADN *d'une seule* de nos cellules, par exemple; son poids est de l'ordre du millionième de millionième de gramme :

mais on calcule que, dans cette minuscule quantité de matière, il y a cependant près de *cent milliards* d'électrons. Et les cellules de notre tissu nerveux se comptent naturellement elles-mêmes en milliards. Ainsi, même s'il n'y avait qu'une *seule* cellule nerveuse privilégiée de notre corps qui bénéficie de *la totalité* de l'information de notre expérience vécue, quand cette cellule retournerait à la poussière, après notre mort corporelle, elle libérerait une centaine de milliards d'éons porteurs pour l'éternité de notre «Je» conscient total, porteurs de ce que nous nommons notre âme, en fait.

Après notre mort, chacun de nous sèmera donc probablement dans le cosmos autant d'électrons porteurs de son «Je» total qu'il y a d'étoiles au firmament. La Nature nous met en présence de nombres immenses, à l'échelle de la Matière comme à celle de l'Esprit. Et si cet immense est capable d'être harmonieux, c'est que chaque unité a son rôle dans le tout, comme le fait chaque note dans une symphonie, chaque musicien dans un orchestre.

Il y a cependant quelque chose d'à la fois étrange et fascinant dans ces «grands nombres», tels qu'on les rencontre un peu partout, dès qu'on scrute un peu attentivement notre Univers. Ainsi, on ne peut s'empêcher de «rêver» quand on calcule qu'il y a plus d'électrons dans un centimètre cube de l'air de notre planète qu'il n'y a d'étoiles dans tout notre Univers.

Mais n'y a-t-il pas une mystérieuse «raison d'être» qui se dissimule derrière ces grands nombres? C'est une interrogation qui a été très bien ressentie, de manière intuitive, chez les néo-gnostiques de Princeton et Pasadena, et ils l'ont traduite par ce qu'ils nomment le «chiffrage paradoxal». Ils se sont plu en effet à faire connaître, tant dans leur entourage que par des publications, et sur un ton de «plaisanterie sérieuse», quelques conséquences entraînées par l'existence des grands nombres, conséquences qu'il nous faut bien accepter car, en dépit de leur apparence à prime abord paradoxale, elles résultent de déductions et de calculs parfaitement «scientifiques», et on ne peut guère les mettre en doute. En voici un exemple.

César fut assassiné, comme on sait, en l'année 44 avant Jésus-

Christ. A l'instant de sa mort, il exhala, comme tout un chacun à ce moment critique, un « dernier soupir »; cela veut dire qu'il rejeta à cet instant, dans l'atmosphère, et pour la dernière fois, environ un litre d'air ayant circulé dans ses poumons. Or, voici la question : respirons-nous encore actuellement, à chacune de nos propres inspirations, et quelle que soit notre place sur la planète, quelques-uns des électrons qui entraient dans les molécules de l'air composant ce « dernier soupir » de César? Si on suppose, comme cela est scientifiquement acceptable, que ce dernier litre d'air de César mourant a été uniformément dilué dans tout l'air de notre planète, au cours du temps, et cela sur une hauteur d'atmosphère de l'ordre de cent kilomètres au-dessus du sol, tout autour de la Terre, alors un calcul fort simple montre que la réponse est : « Oui, nous respirons actuellement quelques dizaines de ces électrons césariens à chacune de nos inspirations. »

Mais alors, si ces électrons ont eu le temps, lors de leur court séjour dans le corps de César, d'emporter quelque chose de l'Esprit de César, alors le grand tribun n'est plus pour nous tout à fait un inconnu, nous « communions » en quelque sorte avec un peu de lui-même, par l'intermédiaire de notre « Je » cosmique, et cela à chacune de nos inspirations!

Le même type de calcul peut être fait concernant les électrons de notre propre corps. Admettons que seuls les électrons entrant dans la composition de notre ADN soient porteurs de notre « Je ». Après notre mort, ces électrons se disperseront progressivement, au cours du temps, à l'intérieur et autour de notre Terre. Supposons ces électrons, quelques années après notre mort corporelle, uniformément dispersés dans une sphère comprenant toute notre Terre et une couche atmosphérique d'une épaisseur de l'ordre de cent kilomètres. On calcule alors facilement, encore une fois, que chaque centimètre cube de cette sphère contient quelques-uns des électrons porteurs de notre « Je », et qui firent pour un moment partie de notre ADN cellulaire. Donc, nos descendants absorberont, à chacune de leurs inspirations de l'air atmosphérique, quelques-uns des électrons porteurs de notre « Je ». Et ceci tant que durera notre Terre.

Mieux encore : dans chaque centimètre cube de l'espace de

notre Terre viendront donc « se retrouver », au bout d'un temps suffisant, au cours d'une sorte de « communion » les uns avec les autres, les « Je » de mes ancêtres, mon propre « Je », et les « Je » de mes descendants! Nous qui nous sommes connus, nous ne serons jamais séparés! Nous serons réunis non pas tant par nos corps, dont les électrons ne constituent dans le centimètre cube considéré qu'une minuscule parcelle, mais nous serons réunis, ce qui est l'essentiel, sur le plan de l'Esprit, puisque chaque électron ayant appartenu à notre corps (ou au moins à notre ADN) est porteur de notre « Je » entier. Nos « Je » se trouvent ainsi réunis et en communication l'un avec l'autre pour l'éternité! Qui refuserait d'apercevoir la profonde signification métaphysique de cette constatation?

Selon quel processus nos éons sont-ils informés de notre expérience vécue? Ce n'est naturellement pas mon intention d'examiner ici en détail ce problème, c'est un véritable problème scientifique, qui réclame, comme tout problème de ce type, une investigation longue et minutieuse.

Mais, compte tenu simplement de ce que nous révèle la biologie actuelle ou la structure du Vivant, on peut imaginer dans les grandes lignes comment se déroule cette information des éons.

Le corps humain est une « machine », fabriquée par les éons, et reliée au monde extérieur par nos organes des sens : la vue, le toucher, le goût, l'ouïe et l'odorat. L'information consiste, en dernière analyse, en impulsions de nature électromagnétique cheminant le long de nos circuits nerveux et centralisées quelque part dans l'encéphale. C'est sans doute à partir de ce « central » qu'est l'encéphale que les éons prélèvent l'information qu'ils vont mémoriser, et à partir de laquelle ils vont pouvoir faire jouer leur Réflexion. A la suite de cette Réflexion, les éons pourront eux-mêmes transmettre à la « machine » humaine des signaux [1], de manière à faire « agir » la machine.

---

1. Entendons par là les types de signaux que peut émettre un électron, c'est-à-dire ce que les physiciens nomment des signaux d'interaction faible ou électromagnétique.

Il faut bien comprendre que les informations recueillies par les éons, à la suite de l'exploration par la machine humaine du monde extérieur, ne sont *nullement différentes* de celles que nous connaissons et auxquelles nous attribuons une signification.

Prenons, par exemple, la couleur bleue du ciel. Nos yeux ne reçoivent naturellement pas du ciel « la couleur bleue », mais des signaux électromagnétiques d'une certaine longueur d'onde. Ces yeux, à leur tour, adressent par nos circuits nerveux vers l'encéphale des signaux électromagnétiques, d'une longueur d'onde très différente de celle de la lumière bleue du ciel, mais qui seront toujours cependant « significatifs » du bleu du ciel : c'est-à-dire que le même bleu du ciel engendrera le même type de signaux électromagnétiques à travers nos circuits nerveux[1]. Les cellules nerveuses de l'encéphale informeront alors (toujours par signaux électromagnétiques) nos éons, c'est-à-dire procéderont à des échanges déterminés de photons virtuels avec ces éons. Maintenant, « qui » va ressentir cette information comme la couleur « bleue », cataloguant éventuellement cette information sous le vocable « bleu »? Ce ne peut être que notre *Esprit,* c'est-à-dire *les éons eux-mêmes.* J'entends par là que la couleur bleue du ciel est interprétée comme du bleu, avec la signification que nous donnons à ce mot et cette sensation, *directement* par les éons. Il ne faut donc pas faire la confusion de croire que les éons, et leur Esprit (qui est le nôtre, rappelons-le), ne « connaîtraient » le monde que sous la forme de signaux électromagnétiques : ce serait à la fois vrai et faux. C'est vrai, car c'est effectivement des échanges de photons, et uniquement des échanges de photons[2] qui s'effectuent entre les éons et le monde extérieur; mais le résultat de cet échange est *interprété* par les éons, sinon il ne s'agirait pas d'une véritable « information » en provenance du monde extérieur. Et cette interprétation se traduit pour les éons,

---

1. Tout ceci étant naturellement ici *très* simplifié : on cherche à faire comprendre *le principe* du phénomène, on ne vise nullement à une analyse scientifique.
2. Comme nous l'avons déjà noté, l'information des éons passe aussi par des échanges de neutrinos. Mais nous simplifions ici volontairement le phénomène.

en ce qui concerne le bleu du ciel, comme le « bleu du ciel », *exactement comme pour nous*. D'ailleurs, encore une fois, quand nous pensons, ce sont en fait les éons qui pensent, notre Esprit est en eux, et en eux seulement : on ne voit pas, dans ce cas, qui donc pourrait donner la signification que nous lui connaissons à l'expression « bleu du ciel », si ce ne sont les éons eux-mêmes.

Cela signifie encore que, quand les éons quittent la machine humaine, après notre mort corporelle, pour retourner à la poussière cosmique, ils emportent avec eux le souvenir du « bleu du ciel », et ce souvenir est exactement identique à celui que nous pouvons avoir dans notre tête quand nous sommes encore vivants, quand nous pensons (sans regarder le ciel) à la couleur bleue du ciel. Certes, l'électron rendu à la poussière ne dispose plus de la machine humaine, et en ce sens il cessera de « voir » dans l'instant présent le bleu du ciel : il ne dispose plus que du souvenir de cette sensation. Mais ce souvenir, il le garde, et pour toujours, il pourra exercer sur lui sa réflexion, il pourra en d'autres termes agencer ses réflexions en tenant compte de l'information « bleu du ciel », comme nous le ferions nous-mêmes, de notre vivant, au cours d'un de nos rêves par exemple (c'est-à-dire sans avoir nos organes des sens nous transmettant directement la sensation « bleu du ciel »).

Ceci ne veut pas dire que l'électron libéré de notre corps, et retourné à la poussière, ne reçoit pas encore directement, dans cet état, des informations du monde extérieur. Par exemple, il peut échanger un de ses photons avec un photon « bleu » (c'est-à-dire d'une fréquence déterminée) en provenance du ciel. Mais ce n'est qu'à travers un processus *indirect* de réflexion qu'il pourra alors éventuellement associer ce photon « bleu » au souvenir qu'il a en lui de la couleur « bleu du ciel ». Dans la machine humaine, les éons se sont véritablement dotés d'organes des sens, qui sont les organes des sens que nous connaissons, ils « voient » directement le monde à travers eux, comme nous le faisons [1]; ce que les éons

---

1. Encore une fois, il faudrait plus justement dire que c'est parce que les éons connaissent directement le monde à travers nos organes des sens que nous connaissons ce monde comme nous le faisons.

mémorisent en eux, les éléments spirituels sur lesquels ils pourront faire agir leur réflexion, ne sont pas seulement analogues mais *identiques* aux pensées sur lesquelles nous pouvons faire agir notre propre réflexion. Les éons ne « pensent » pas parce que la machine humaine pense; c'est parce que les éons pensent que la machine humaine donne l'impression de penser. Mais, attention, notre Moi *n'est pas* la machine humaine, il est l'Esprit des éons, *nous sommes les éons* et non pas la machine qui les aide (et nous avec) à connaître et à aimer le monde.

Ce « souvenir » directement interprétable que les éons ont du monde extérieur à travers les organes des sens est particulièrement reconnaissable dans l'instinct animal. On ne peut manquer, par exemple, de s'émerveiller en constatant avec quelle science les jeunes oiseaux évitent de tomber de leur nid, alors que personne ne leur a apparemment appris que les lois de la gravitation entraîneraient leur mort s'il leur advenait de tomber du nid. Leurs organes des sens leur fournissent des informations sur la situation, et ils rapprochent *directement* ces informations d'un souvenir qu'ils ont à l'Esprit : tomber hors du nid, c'est mourir. Or, où peut être « logé » ce souvenir, associé aux informations que leur livrent leurs organes des sens : nulle part ailleurs que dans les éons de ces oiseaux, et ces éons démontrent ainsi qu'ils fournissent une signification directe, et sans apprentissage, à des informations que leur délivre la machine « oiseau ».

On trouverait d'ailleurs, on le sait, des milliers d'exemples de cet instinct animal, où l'Esprit animal démontre bien qu'il sait dès sa naissance analyser une situation (faite des informations livrées par les organes des sens), c'est-à-dire avant même que d'en avoir expérimenté une première fois les différents aspects.

Il peut paraître curieux, comme on l'a souvent noté, de constater que ces réactions instinctives spontanées sont très atténuées chez l'Homme, comme si les propriétés d'intelligence avaient en quelque sorte effacé en partie les propriétés instinctives. Je ne suis pas si convaincu, pour ma part. Tout d'abord, les fonctions purement végétatives, comme la nutrition et la respiration par exemple, « démarrent » dès la naissance aussi bien chez l'Homme que chez l'animal, traduisant un « savoir-faire » non enseigné qui ne peut être qu'un souvenir d'existences antérieures (Moi inconscient). D'autre part, on peut « retourner » le problème et dire, par exemple, qu'on ne voit pas pourquoi les bébés humains se souviendraient à la vue du vide de l'autre côté de la fenêtre qu'il y a là danger de tomber et de se rompre le cou, puisque leurs parents prennent toutes les précautions pour ne pas les mettre en équilibre sur le bord des fenêtres (ce que ne font pas les parents oiseaux) et que leurs éons ne peuvent donc avoir conclu, au cours de nombreuses vies antérieures, que tomber d'une fenêtre produit des effets extrêmement désagréables : pas d'expérience, pas de souvenirs, pas de réaction instinctive à partir de souvenirs inexistants. Cela paraîtra sans doute un peu simpliste : j'attends qu'on dise mieux.

Nos éons sont donc incapables de « voir » directement le ciel bleu après notre mort, puisqu'ils ne disposent plus de nos organes des sens; ils ne pourront que « se souvenir » du ciel bleu. Cependant, ils auront la possibilité de découvrir le souvenir du ciel bleu que possède un électron voisin, et avoir une connaissance renouvelée du monde extérieur non pas par leurs propres yeux (puisqu'ils n'en ont plus) mais par les yeux de l'autre, en utilisant cette propriété d'Amour dont nous avons déjà parlé. Rappelons que, dans cette relation d'Amour, l'électron est capable d'accroître ses informations en prenant directement connaissance des informations d'un électron voisin, cédant pour la même opération ses propres informations à cet électron voisin. C'est, comme nous l'avons noté, un échange direct d'informations d'Esprit à Esprit, sans transiter par le monde extérieur de la Matière. Souvenons-nous aussi que cette relation d'Amour est apparue comme le procédé le plus « efficace » de l'accroissement de néguentropie des électrons, c'est-à-dire de l'élévation de leur niveau de conscience.

Échanger des pensées sur le même sujet, ce n'est pas autre chose qu'un dialogue, ici sans avoir à passer par aucun langage.

C'est bien, d'ailleurs, finalement là l'Amour tel que nous en faisons l'expérience, dans notre état de machine humaine.

Ce « dialogue » possible des Esprits entre eux après notre mort corporelle, n'est-il pas significatif que, en fait, la Mort est à peine un changement d'état sur le plan de l'Esprit ? D'autant que, comme nous le notions plus haut, et la loi des grands nombres jouant, les électrons voisins « connus », ou plutôt s'étant connus au cours de leur vie terrestre, seront très nombreux dans chaque centimètre cube d'espace.

Un tel « dialogue » entre électrons justifie encore un peu plus notre remarque que notre Univers est, en fait, l'aventure spirituelle *du peuple des éons.* Des éons dont l'aventure a commencé il y a des milliards d'années, et se terminera dans des milliards d'années, avec l'Univers lui-même. Avec cette autre remarque que nous appartenons, nous, les Hommes, avec notre Moi total, à ce grand peuple des éons.

Car la plus grave des erreurs d'interprétation, contre laquelle j'ai déjà cherché à mettre en garde, serait de penser que ce que j'ai nommé « les machines », c'est-à-dire les créations éoniques, qu'elles soient minérales, végétales, animales ou humaines, sont « spirituellement » de simples robots dont d'autres, les éons, seraient seuls à tirer les ficelles. J'ai insisté déjà sur ce fait fondamental que notre Moi conscient *entier,* c'est-à-dire ce que nous disons être notre personnalité, ce que nous sommes, non seulement n'est pas « fabriqué » avec d'autres nommés éons, mais *est fait* de ces éons, et est contenu *en entier* dans *chacun* d'entre eux. J'ai dit *de quoi était faite* notre personne spirituelle, je n'ai absolument pas voulu dire que cette personne spirituelle était animée par *d'autres* Esprits. Sans doute, j'ai précisé que ce Moi conscient se répétait à des milliards d'exemplaires : mais tous ces exemplaires, au point de vue état conscient (c'est-à-dire mémoire de la vie terrestre vécue), sont répétitifs, c'est-à-dire contiennent *tous* la totalité des informations de l'expérience vécue depuis notre naissance. Le fait que ces « supports » du Moi conscient soient des milliards peut donc, éventuellement, être interprété comme une preuve de *l'intensité,* dans la vie terrestre, de ce Moi conscient (par rapport au Moi inconscient, différent pour chaque éon), ce dont nous faisons journellement l'expérience; mais il ne doit aucunement laisser croire à un manque d'unité de ce Moi conscient, ou à une animation de ce Moi conscient par des acteurs cachés derrière le rideau, à la façon des pantins d'un théâtre de marionnettes.

Au contraire, ce que j'ai voulu expliquer, mais que bien d'autres ont d'ailleurs intuitivement déjà soutenu bien avant moi, c'est que notre personne n'était pas faite *uniquement* de ce Moi conscient, mais qu'il fallait lui ajouter le Moi inconscient.

Donc, la découverte des éons comme porteurs de l'Esprit ne signifie pas du tout que nous perdons notre « personnalité » au profit d'autres Esprits, mais que cette personnalité nous apparaît au contraire, avec les éons, comme beaucoup plus riche que ce que nous croyions généralement.

Nous constatons que cette personnalité prend ses racines dans un passé très lointain. Nous avons en nous des éons qui possèdent des informations, c'est-à-dire qui ont des souvenirs, qui remontent à des millions, voire des milliards d'années. Ces éons ont pratiquement assisté à la création de l'Univers, ils ont participé au feu des premières étoiles, ils ont rampé sur le sable humide des plages précambriennes, ils ont appartenu aux fougères géantes des forêts du Paléozoïque, ils ont animé des poissons qui nageaient dans les eaux tièdes du Jurassique inférieur, ils ont participé au corps et à l'esprit d'oiseaux qui ont volé dans l'azur du ciel du Crétacé. A travers des millions de réincarnations successives, ils ont fait l'expérience du fonctionnement de la vie, et « connu » tous les aspects de l'Univers, tels qu'on les aperçoit non seulement dans notre perspective humaine, mais à travers les organes des sens des végétaux et des animaux de toutes espèces. Ce long apprentissage a forgé le Moi cosmique total des éons. Nous avons, pour la facilité de l'exposé, distingué deux parties dans ce Moi total. La partie faite de tous les souvenirs de l'expérience vécue depuis notre naissance, que nous avons nommée Moi conscient, et la partie faite des souvenirs des existences vécues antérieurement, qu'il s'agisse d'espèces minérales, végétales ou animales, que nous avons nommée le Moi inconscient.

Le Moi conscient d'un Homme déterminé est donc celui qui est bâti sur son expérience vécue depuis sa naissance, son Moi inconscient concerne l'expérience vécue par ses éons quand ils ont appartenu à d'autres êtres que l'individu considéré ici, que ces êtres soient simplement des substances chimiques ou minérales ou encore des végétaux ou des animaux.

Qu'y a-t-il d'essentiellement nouveau parmi les conséquences de cette découverte, par la Physique contemporaine, de l'Esprit dans la Matière?

Ce n'est pas tant, comme on pourrait d'abord le croire, que ceci démontre que notre personne, notre Moi, a une existence qui n'est pas limitée à notre vie terrestre mais est pratiquement éternelle. Cela, et sous diverses formes, toutes les religions nous l'avaient déjà promis. Certaines de ces religions nous parlaient d'ailleurs de réincarnations successives à peu près exactement dans les mêmes termes que nous avons utilisés ici, à travers une analyse de l'Esprit basée sur la connaissance scientifique. Certes, il est particulièrement satisfaisant de constater que la Science d'aujourd'hui apporte une confirmation aux promesses des religions : mais une telle confirmation doit-elle tellement nous étonner? Si, comme nous l'avons aperçu, ce sont des éons dont la naissance remonte à des millions d'années qui sont porteurs de l'Esprit de l'Homme, comment l'Homme aurait-il pu « inventer » des religions qui soient en contradiction avec ce que devait, en son temps, préciser la connaissance scientifique? Parménide, un philosophe grec du Ve siècle avant Jésus-Christ, avait déjà remarqué que « Tout ce qui est pensé est possible »; c'était là une autre manière d'affirmer que tout ce que nous pouvons imaginer, notamment à travers les mythes religieux, ne peut jamais être vraiment une « parole en l'air », mais que, précisément parce qu'il a été possible de l'imaginer, il y a une source à cette imagination. La source à l'imaginaire, nous le savons mieux maintenant, c'est le « savoir » des éons, un savoir millénaire, qui parfois « remonte » sous une forme symbolique jusqu'à la surface de notre conscient. Le psychologue Carl G. Jung nous a d'ailleurs déjà proposé une telle explication de l'imaginaire. Il nomme archétype cette connaissance des éons au niveau de l'inconscient : mais ce savoir ne vient naturellement pas émerger dans notre conscient sous forme d'un langage précis, ce sont des bulles d'information non encore structurées, où vient se mêler la connaissance des milliards d'éons dans un chuchotement dont les mots nous échappent. « Imaginer », c'est prendre conscience de ces « bulles informationnelles » qui viennent éclater dans notre conscient, et c'est surtout savoir donner à celles-ci une forme qui permet de les distinguer du néant, c'est-à-dire leur donne véritablement existence.

Cette forme *n'est pas* la traduction directe de la voix profonde des éons : c'est un simple « symbole », dans lequel le conscient a modelé ce qu'il sent avec ce qu'il sait. Et, bien sûr, il y aura mille façons de traduire par des symboles *la même* poussée archétypale, en provenance des profondeurs de notre inconscient. Mais finalement, peu à peu, c'est en agençant entre eux les symboles imaginés, *quels que soient* ces symboles, qu'on fabriquera un langage de plus en plus précis pour révéler la signification véritable de l'archétype éonique. Les poètes, les peintres, les musiciens, et tous les artistes qui manipulent les symboles créés par leur imagination, savent bien que, après quelques années, l'ensemble de ces symboles devient pour eux un langage authentique, qui leur révèle un savoir secret profondément ancré dans leur chair, et généralement difficilement traduisible pour autrui. L'artiste édifie ainsi souvent autour de lui les murs d'une véritable forteresse, à l'intérieur de laquelle il se trouve parfaitement à l'aise, mais aussi de plus en plus isolé du monde extérieur, où on ne parle pas (ou pas encore) le langage qui est le sien, entre les murs de sa citadelle.

Les religions sont nées ainsi dans le conscient humain à travers ces bulles de savoir informulé, émanant d'une réalité spirituelle qui vit au fond de nous depuis des millions d'années. C'est pourquoi le symbolisme du langage religieux n'est ni vrai ni faux : c'est, en fait, un langage qui se forme, un langage qui se précise au fur et à mesure que la connaissance ajoute aux concepts d'autres concepts, aux significations des significations complémentaires. Il n'est pas justifié, en ce sens, de tellement s'étonner quand la connaissance scientifique vient « confirmer » l'intuition religieuse. Le langage de la Science est, comme tout langage, un langage construit par les hommes, et dans cette mesure ce langage vient se modeler et se préciser autour des symboles d'origine *inconsciente* que l'homme a imaginés, au cours de son évolution. Si les symboles imaginés avaient été différents (et ils auraient pu l'être, puisqu'ils sont un produit de l'imagination), alors le langage de la Science, lui aussi, aurait été différent. Notre époque, qui se prétend « scientifique », n'est pas à ce point de vue différente des autres époques, et Einstein remarquait justement combien les données « métaphysiques » intervenaient dans le langage et les explications scientifiques. On a tort quand on croit que la Science progresse en *observant* toujours plus l'Univers, comme si cet Univers était une donnée *préexistant* à l'Esprit, et dont on préciserait chaque jour un peu plus de détails. Ce que nous observons transite *d'abord* par notre Esprit, c'est-à-dire par nos éons, et se teinte alors nécessairement du savoir profond éonique, où l'information nouvelle doit venir s'insérer entre des informations anciennes, datant pour certaines de milliards d'années dans le passé. Et, ce qui remonte vers l'Esprit conscient du savant, ce n'est pas l'observation elle-même en tant que telle, mais l'interprétation donnée à celle-ci par une réalité sous-jacente à l'Esprit purement conscient, une réalité que nous avons nommée le Moi inconscient. C'est ce qui faisait dire à Albert Einstein [1] qu' « une théorie scientifique peut être vérifiée par l'expérience, mais aucun chemin ne mène de l'expérience à la création d'une théorie ».

Nul besoin donc de s'étonner que la Science d'aujourd'hui vienne confirmer la pensée religieuse et nous promette, comme l'avait déjà fait la Religion, la vie éternelle après notre mort cor-

1. Albert EINSTEIN, « Notes autobiographiques », dans *Einstein philosophe et savant,* Tudor, New York, 1951.

porelle. La Science utilise, même si elle ne le reconnaît pas toujours, les symboles religieux dans le langage plus riche et plus précis qu'elle élabore pour rendre compte des phénomènes. Et si nos cosmologistes actuels nous découvrent que notre Univers est né dans la lumière, ce n'est pas une « remarquable » confirmation d'une certaine « intuition » religieuse (« Au premier jour, Dieu créa la lumière », Ancien Testament, Genèse), mais c'est parce que nos cosmologistes n'ont pas pu éviter ce symbole, fruit d'un archétype éonique, dans le langage de la pensée scientifique moderne. C'est pourquoi aussi, exprimé d'une autre manière, je ne crois pas qu'il puisse jamais y avoir une Science *en contradiction* avec la Religion : ceci n'est qu'une apparence pour les esprits bornés et intolérants, qui confondent leur langage du moment avec l'absolu, et sont incapables d'imaginer un rapprochement quelconque entre les symboles manipulés par la pensée scientifique et la pensée religieuse [1].

Je pense que l'une des conséquences les plus remarquables de l'existence de l'Esprit dans la Matière est que cette découverte a été faite *par la Physique* elle-même, qui est par excellence la science de la Matière, et non par la Métaphysique, qui est la science de l'Esprit.

Je m'explique. Que la Métaphysique ait pressenti que l'Esprit était inséparable de la Matière, ce n'est pas là un fait nouveau. Nous avons longuement rappelé, dans notre premier chapitre, que de Thalès à Teilhard de Chardin, en passant par Descartes et Leibnitz, les défenseurs de cette idée n'ont pas manqué, et ce n'est donc pas là une idée « métaphysiquement » neuve.

Il y a eu aussi les physiciens, qui forgeaient de toutes pièces une théorie, à laquelle ils donnaient l'apparence d'une théorie « physique » pour essayer de confirmer cette idée que l'Esprit était dans la Matière : ce fut notamment le cas des monades du

---

1. On trouve ces esprits intolérants aussi bien chez les religieux que chez les scientifiques : exemple de l'Inquisition obligeant Galilée à dire que la Terre ne tourne pas, ou exemple des « scientistes » modernes qui « voient rouge » dès qu'on parle de l'Esprit dans la Matière.

physicien Leibniz, ou des esprits animaux du physicien Descartes, ou, plus près de nous, du « Dedans » des choses du scientifique Teilhard. Mais tout ceci, à l'analyse, a fini par ne pas être convaincant, car c'était aller « plus vite que la musique », c'était en quelque sorte « devancer » la connaissance scientifique que l'on avait, à l'époque, de la Matière, et pour cette raison de telles théories ont fait long feu.

Mais, aujourd'hui, ce n'est plus de tout cela dont il s'agit. La théorie des trous noirs cosmiques, ou celle des électrons-microtrous noirs, n'est pas un pas en avant ou sur le côté de la Physique contemporaine, nous sommes *en plein dedans,* et à moins de refuser (mais pour quelles raisons?) certaines des conséquences entraînées par les théories qu'ils ont forgées sur ces phénomènes et qui expliquent correctement les observations constatées, les physiciens sont bien obligés de reconnaître aujourd'hui que la structure qu'ils offrent pour expliquer les propriétés observées de la Matière *a ouvert tout grand la porte à l'Esprit.* Autrement dit, la découverte de l'Esprit dans la Matière n'est pas aujourd'hui à revendiquer par ce que, traditionnellement, on nommait la Métaphysique; elle n'est pas non plus une physique « métaphysique », se développant *en marge* du courant de recherche à la pointe actuelle de la Physique; c'est de la Physique, de la bonne Physique, qu'on la nomme supergravitation ou Relativité complexe. On ne quitte pas, dans une telle Physique, les idées de base sur lesquelles la Science a travaillé depuis un demi-siècle : on est dans le prolongement direct de ces idées de base, c'est l'approfondissement naturel de ces idées qui a rendu, à partir d'un certain degré d'analyse théorique, l'Esprit enfin « visible » dans la Matière.

Ceci, je crois, aura dans les années à venir des conséquences importantes. Car, s'il avait fallu demander à la Physique, avec l'énorme masse de chercheurs et de matériel dont elle dispose, de s'orienter vers une analyse de l'Esprit, simplement parce que, après tout, cette analyse intéresse beaucoup de gens, je crois que, l'inertie jouant[1], il n'aurait pas fallu s'attendre à voir de

1. Einstein avait déjà remarqué que « la Science est un moulin qui est long à moudre ».

si tôt la Science accepter de changer ainsi son fusil d'épaule.

Mais il en est tout autrement dès que, sans avoir voulu le chercher au départ, l'Esprit jaillit tout à coup des analyses les plus fines auxquelles les physiciens se livrent actuellement sur la Matière. On ne peut dès lors plus faire sans lui, puisqu'il est là, et je crois qu'il deviendra difficile de l'éviter alors dans l'interprétation qu'on pourra donner des phénomènes.

Déjà Teilhard avait remarqué, il y a plus de vingt ans, que : « Quand les physiciens se penchent sur la structure la plus fine de la Matière, ils ne savent plus si c'est la Matière elle-même qu'ils étudient ou le reflet de leur propre pensée. » De fait, quand on a vu ces dernières années nos physiciens dire que les particules de matière qu'ils observent au bout de leurs énormes casseurs d'atomes ont de « l'étrangeté », du « charme », de la « couleur », ou « savaient choisir entre la droite et la gauche », on était en droit de s'attendre à ce qu'une des prochaines propriétés consiste en ce que ces particules pouvaient aussi avoir « de l'Esprit ». Eh bien, c'est aujourd'hui fait. Mais, où la boulette va peut-être mettre un peu de temps à passer, c'est que cet esprit est à mettre avec un E majuscule, c'est aussi *notre Esprit.* Cependant, on est là sur un chemin irréversible : la Physique du IIIe millénaire devra traiter *à part entière* l'Esprit comme la Matière.

Je crois aussi que cette découverte de l'Esprit dans la Matière doit conduire à un certain *humanisme,* c'est-à-dire à améliorer nos qualités pour penser.

Ceci ne provient pas tant cependant du fait que les éons, en tant que support « éternel » de notre Esprit, permettraient de donner à notre courte vie terrestre un sens plus profond. C'est vrai, il est plus satisfaisant, pour donner un sens quelconque à notre vie, de savoir que notre aventure spirituelle, dans l'immense Univers qui nous entoure, n'est pas limitée à ce ridicule laps de temps et d'espace qu'est notre vie terrestre; c'est vrai aussi qu'il est encourageant de savoir que l'Esprit de l'Homme n'est pas un « étranger » dans l'Univers, mais qu'au contraire l'Homme partage l'Esprit avec tout le reste de la création. Mais tout cela, encore une fois, a fait de tout temps partie du « bagage » des dogmes religieux, et celui qui a la Foi du charbonnier n'a nul besoin qu'on vienne lui dire que la science actuelle confirme les espérances des croyances de sa religion pour trouver une signification à son existence. Je ne crois pas non plus que ceux qui, au contraire, n'ont jamais su découvrir un sens à leur vie, seront vraiment aidés sur ce point par le fait de savoir que leur Esprit a l'éternité pour lui : rien ne leur garantit qu'un demain *post mortem* sera plus « signifiant » qu'aujourd'hui.

L'humanisme auquel je pense proviendrait directement de notre *manière d'être* vis-à-vis des caractéristiques essentielles de notre Esprit.

Ces caractéristiques spirituelles sont les mêmes que celles de nos éons, puisque ce sont eux qui constituent notre Esprit : on les a nommées Acte, Réflexion, Connaissance et Amour. Mais la machine humaine que nous sommes a souvent tendance à faire comme l'apprenti sorcier de l'histoire, elle paraît échapper parfois au contrôle des éons eux-mêmes, pour avoir un comportement, non pas autonome (encore une fois, il n'y a pas *d'autre* Esprit en cause que celui des éons, *notre* Esprit est celui-là) mais *déréglé,* c'est-à-dire avec des réactions qui marquent des retards par rapport à la ligne générale de conduite souhaitée par les éons.

Comment peut-on savoir qu'il en est ainsi? Comment, puisque ce sont les éons eux-mêmes qui animent notre Esprit, est-il possible que cet Esprit fasse agir la machine humaine dans de mauvaises « directions »? Et comment reconnaître, d'abord, une « bonne » direction d'une « mauvaise » direction?

C'est peut-être à cette dernière question qu'il faudrait d'abord répondre. Le seul critère que nous ayons pour cette réponse, et c'est sans doute là un premier facteur humaniste, c'est de dire que la « bonne » direction pour exercer notre Esprit est celle qui est symbolisée par le comportement des éons eux-mêmes. Pourquoi? D'abord parce qu'on ne peut guère imaginer que les éons réclament à la machine humaine de se comporter de manière diamétralement opposée à ce qu'ils font eux-mêmes, à certaines échelles d'organisation où leur comportement est observable. Ensuite, parce que ce comportement éonique est basé sur une information accumulée depuis *des millions d'années,* ce qui laisse penser que ce comportement a fait ses preuves, et est en tout cas une ligne de force selon laquelle l'évolution a choisi de s'opérer dans le passé.

Nous constatons bien que, « en gros », l'espèce humaine se comporte en mettant à profit l'expérience éonique. Le fonctionnement automatique du corps humain, par exemple, est généralement « bon »; la respiration, la digestion, les différentes fonctions métaboliques, « marchent » bien. Mais parfois, cependant, il y a des anicroches, le corps est malade, ce qui est la preuve flagrante que les éons perdent parfois le contrôle de la machine humaine. Comment cette perte de contrôle peut-elle s'opérer? Parce que, naturellement, un organisme vivant n'est pas séparé du monde extérieur, il « vit » dans ce monde extérieur, et notamment parmi d'autres organismes vivants. Autrement dit, l'organisme vivant a une *aventure vécue,* que mémorise d'ailleurs ce que nous avons nommé le Moi conscient, et cette aventure est d'une certaine manière *imprévisible,* ou en tout cas non totalement prévisible, pour les éons de notre corps. Sans doute ces éons réagissent-ils spontanément, et c'est notre Esprit conscient et inconscient à la fois qui le fait, pour corriger toute situation qui s'écarte de celle souhaitée. Mais il y a nécessairement un « temps de réaction » non nul, et parfois les « écarts à la normale » se creusent. C'est vrai, nous venons de le souligner, pour la partie du corps pilotée par le Moi inconscient (fonctions végétatives), et ces écarts entraînent la maladie du corps; c'est encore beaucoup plus vrai pour le comportement du Moi conscient, c'est-à-dire celui qui est construit à partir de notre expérience vécue quotidienne. C'est surtout avec ce Moi conscient que l'apprenti sorcier que nous sommes joue dangereusement avec le feu : non pas que nos éons soient informés « en retard » de notre vécu seconde par seconde, mais parce que ces informations ont besoin d'être interprétées par les éons par rapport au stock informationnel qu'ils ont accumulé depuis des millions d'années avant que ces éons puissent savoir si le comportement conscient de la machine humaine, jugé par rapport à leur choix de la direction d'évolution, est « bon » ou « mauvais ». Il est bien clair que, à la courte échelle de temps de

nos vies humaines, les notions de Bien et de Mal sont essentiellement relatives, et ne comportent aucune interprétation absolue *immédiate,* puisque demain pourra démentir hier, et ce qui
était jugé Bien hier sera jugé Mal demain. Ainsi, il était « bien »
de brûler hier sur le bûcher un hérétique ne reconnaissant pas le
dogme religieux; aujourd'hui, on ne brûle généralement plus les
sorcières, c'est « mal ». A une même époque, plus simplement, il
est parfois difficile, ou au moins ambigu, de décider si tel acte est
bien ou mal : ainsi, tuer un homme innocent est mal si cet acte
est exercé individuellement, sans permission peut-on dire; mais
c'est refuser de tuer un homme innocent qui sera jugé mal si la
société a baptisé cet homme d' « ennemi », en cas de guerre. Que
souhaitent nos éons, sur des problèmes comme ceux-ci? S'ils le
savaient clairement, ils auraient déjà répondu depuis longtemps :
le drame c'est qu'il faut un certain temps de « digestion » à ces
éons pour décider que tel acte est mauvais, et donc l'interdire
dans l'Esprit des hommes. Si les réponses à certains problèmes ne
nous paraissent pas toujours aussi évidentes qu'on le souhaiterait,
c'est parce que nos éons eux-mêmes (il n'y a d'ailleurs pas d'autres
êtres qui pensent et décident pour nous) *ne savent pas encore*
quelle est la direction à suivre.

Il faut surtout se garder de croire que nous pourrions en savoir
plus que les éons eux-mêmes pour les réponses à ces problèmes.
Ainsi, « tuer » n'est nullement « mal » de manière absolue : la
preuve en étant que l'évolution accepte apparemment comme
« bon » que les animaux se tuent entre eux pour se nourrir; on
aurait pu imaginer, par exemple, que « tuer » aurait été considéré
comme « mauvais » à tous les niveaux de l'évolution, et faire
que les animaux se nourrissent uniquement de l'oxygène de l'air
(ce que font les végétaux) : mais non, l'évolution en a décidé
autrement, et ceci doit correspondre à des mobiles qui, au niveau
des archétypes des éons, ont une raison d'être profonde.

En bref, l'Esprit des éons n'est pas un « Pic de la Mirandole »,
c'est un Esprit *qui cherche,* qui a besoin *de temps* pour juger, qui
a besoin d'expériences nombreuses pour choisir sa voie : et c'est
pourquoi, nous aussi, nous sommes hésitants sur la voie à suivre.
Dans l'instant, nous ne savons nullement où est le Bien et le Mal,

car nos éons n'ont pas encore fourni la réponse : s'ils le savaient, alors notre Esprit (qui est l'Esprit des éons) nous commanderait immédiatement de ne plus faire ce qui a été jugé Mal. Aujourd'hui, le Mal n'existe pas, c'est demain qui nous apprendra seulement que nous faisions encore hier quelque chose qui, finalement, a été reconnu comme s'écartant de la « bonne » route évolutive par nos éons.

Est-ce à dire qu'il suffit « d'attendre et laisser faire », puisque le bon chemin n'apparaîtra qu'avec le temps, et que sans le temps rien ne peut être décidé? Non, car si nos éons (comme nous, puisque nous sommes « eux ») sont loin d'avoir la « science infuse » et sont des Esprits qui cherchent, nous pouvons les aider à chercher, et raccourcir ainsi les « temps de relaxation » pour découvrir la bonne route, en demandant à la machine humaine de se conformer d'un peu plus près à l'exemple que nous fait apparaître le comportement éonique dans des organismes plus simples, moins évolués, où la « digestion » de l'information est plus avancée et permet d'apercevoir les grandes lignes de force selon lesquelles l'évolution est souhaitée par les éons. En d'autres termes, et ceci paraîtra peut-être paradoxal, permettre à l'évolution de corriger plus vite les « faux pas » de l'espèce humaine, c'est, non pas réfléchir dans l'abstrait sur ce que devrait être l'homme de demain, mais observer le comportement concret des espèces moins « sophistiquées » que l'espèce humaine. Et, dans toute la mesure du possible, mieux connaître selon quelles lois fonctionne l'Esprit élémentaire pour accroître son niveau de conscience. Car c'est aussi selon ces mêmes lois que s'élève le niveau de conscience de notre propre Esprit.

Nous allons donc examiner tour à tour maintenant, à la lumière de ce que nous a apporté l'étude des mécanismes de l'Esprit au niveau des structures éoniques, comment la « machine humaine » actuelle utilise les quatre grandes propriétés de l'Esprit, à savoir l'Acte, la Réflexion, la Connaissance et l'Amour. Non pas, bien

entendu, pour en suggérer une certaine « manière de vivre » :
les conseils, s'ils doivent être prodigués à ce sujet, ne peuvent
être fournis de manière valable que par nos éons eux-mêmes;
mais plutôt pour chercher à distinguer comment les mécanismes
éoniques orienteront sans doute l'évolution de notre manière de
vivre et de penser le monde, au cours des décennies à venir.

CHAPITRE VIII

De l'Acte

Les éons refusent le « non-agir ». — Les éons cherchent continuellement le « bon chemin » de l'évolution. — Les Actes humains et les Actes éoniques. — De l'humain vers l'humanité. — Les structures universitaires. — Les structures socio-politiques. — Les structures économiques. — Une colère grandissante des jeunes.

L'Acte, rappelons-le, est cette propriété psychique que possède l'électron de « faire des choses » selon son choix dans le monde extérieur, que ceci soit simplement se déplacer en choisissant sa route, ou agir sur des particules du monde extérieur pour leur faire effectuer des opérations précises, libérer de l'énergie ou effectuer des synthèses chimiques par exemple; ou encore s'assembler avec d'autres électrons pour créer des structures plus complexes et faire fonctionner ces structures, comme dans la cellule vivante par exemple.

L'Acte est, en fait, le résultat, la réalisation concrète dans le monde extérieur, des trois autres propriétés psychiques de l'électron : la Réflexion, la Connaissance et l'Amour. Ces trois propriétés pourraient, notons-le, conduire l'électron à un « non-agir ». Cet électron pourrait se contenter de méditer (Réflexion), connaître le monde extérieur simplement à travers le flux d'informations qui chemine jusqu'à lui (Connaissance), et échanger une partie de ses propres informations avec les informations contenues dans le corps de l'électron voisin (Amour); tout cela sans, finalement, choisir d'accomplir lui-même aucune action, aucun

Acte. Mais l'observation nous montre qu'il n'en est nullement ainsi, et il n'y aurait en fait aucune évolution dans l'Univers si l'électron avait opté pour ce « non-agir ». L'électron stocke des informations nouvelles et « réfléchit » sur elles pour, finalement, *accomplir des actes.*

Un Acte singulièrement important des électrons a été, notamment, celui de création de la cellule vivante; un autre acte a consisté à associer ces cellules entre elles pour constituer des organisations plus complexes, comme les végétaux et les animaux. L'Homme est aussi une de ces « machines » créées par les Actes des électrons, et, si les électrons ont inventé l'Homme, c'est pour intensifier encore l'exercice de leurs quatre propriétés psychiques, l'Acte, la Réflexion, la Connaissance et l'Amour. Pour cette raison, l'Homme aussi accomplit des Actes, et ceux-ci sont, en dernière analyse, les Actes de leurs électrons pensants, les Actes de leurs éons : exactement comme les « actes » d'un ordinateur sont, en fait, ceux des informaticiens qui pensent et se servent de la « machine » pour obtenir des résultats de calcul.

Mais, comme nous l'avons expliqué à la fin du chapitre précédent, les éons sont des Esprits « qui cherchent », ce qui veut dire qu'ils ne connaissent pas à l'avance les « bons » chemins de l'évolution; ils se livrent donc à des essais, intègrent les informations apportées par ces essais dans le stock des informations qu'ils recueillent depuis des millions d'années, analysent si la ligne d'évolution annoncée dessine un objectif souhaité, et dans la négative apportent une correction à cette ligne d'évolution. On pourrait comparer les éons aux premiers chercheurs de l'aviation : l'objectif était alors d'aller toujours plus vite, et les avions furent équipés de moteurs toujours plus puissants, avec de très faibles modifications des profils des coques. Mais, à un certain moment, passé la vitesse du son, les chercheurs constatèrent qu'il leur fallait radicalement modifier ces structures de coque, si on souhaitait poursuivre l'objectif « toujours plus vite ».

La machine humaine, elle aussi, est orientée par l'Esprit vers certains objectifs : mais, au cours de cette marche vers l'objectif, certains « essais » apparaissent infructueux. Cela peut mettre plus ou moins de temps aux éons pour découvrir qu'ils pilotent la machine humaine dans une « mauvaise » direction : mais ils finissent *toujours* par le constater, puisque ce sont eux qui, en dernier ressort, sont *seuls* juges de ce qu'est la bonne ou la mauvaise direction. Ce sont les Actes principaux actuels de la machine humaine, à notre échelle terrestre, que nous souhaiterions examiner maintenant, pour réclamer à nos propres éons, c'est-à-dire à notre Esprit, de dire si on aperçoit dès maintenant les orientations « corrigées » de l'évolution, pour les quelques décennies à venir.

A moins d'être aveugle, un point apparaît clairement à tous ceux qui réfléchissent à l'évolution de nos structures humaines : ces structures vont devoir s'édifier à l'échelle planétaire.

Cela est particulièrement visible dans le domaine économique. Mais c'est vrai aussi dans le domaine social, où il devient de plus en plus difficile de considérer comme acceptable le fait que les deux tiers des hommes souffrent actuellement de la faim. Et c'est vrai aussi dans le domaine politique, où la menace nucléaire contraint les hommes à un minimum d'entente.

On a naturellement le droit de douter que ces structures planétaires de demain uniront harmonieusement tous les hommes, au point de comparer ces structures, par exemple, à celles qui régissent l'ensemble des milliards de cellules vivantes constituant l'animal, ou encore à celles qui régissent l'ensemble des milliards de molécules de matière inerte constituant la cellule vivante considérée isolément. On a le droit de croire qu'une telle humanité unie, nouvel être qui serait à l'homme individuel ce que l'homme lui-même est à la cellule vivante, est du domaine de l'utopie. Mais nous devons cependant remarquer ici que toute l'évolution nous démontre, avec son expérience s'étalant sur des milliards d'années, que les structures nouvelles qu'elle rend « viables » sont faites en associant suivant certaines lois des éléments appartenant à l'étape évolutive précédente. C'est ainsi que, comme nous le notions, l'étape évolutive « cellule vivante » est faite d'un ensemble de molécules de matière disposant d'une structure particulière; c'est ainsi encore que l'étape « homme » est faite d'un ensemble de cellules vivantes disposant d'une structure particulière. Pourquoi donc ne pas croire alors à l'avènement d'une étape « humanité », qui serait faite d'un ensemble d'hommes disposant d'une structure particulière pour leurs relations mutuelles?

L'intérêt de situer ainsi les transformations de nos structures humaines dans le prolongement de toute l'évolution est de pouvoir dès maintenant discerner l'aboutissement de ces transformations, dans la structure future de l'humanité. En effet, et nous allons y revenir, on peut constater que l'évolution utilise certains invariants en passant d'une étape à l'autre, de la matière au vivant, du vivant à l'humain, donc aussi de l'humain à l'humanité. Ces invariants profilent dès maintenant les structures de l'humanité, et indiquent donc clairement les directions selon lesquelles s'effectueront les transformations de nos structures humaines au cours des décennies à venir, dans cette marche vers l'édification de l'humanité.

On peut distinguer trois invariants principaux marquant le sens de toute l'évolution :

1. Un fond commun de connaissance.

Le passage à une étape évolutive suivante exige que chaque élément de l'ensemble qui constitue cette étape ait au préalable acquis un fond commun de connaissance. C'est ainsi que chaque cellule vivante constituant un organisme complexe, animal ou végétal, dispose d'un bagage génétique commun permettant à chaque cellule de contribuer pour sa propre part à l'harmonie de l'ensemble nouveau auquel elle participe.

2. Une initiative individuelle.

Chaque élément d'un ensemble évolutif nouveau dispose d'une grande initiative individuelle : il est remarquable de constater, par exemple, l'initiative qui est dévolue à chaque cellule de notre corps pour exercer son rôle spécialisé; cette initiative est totale : une cellule n' « hésite » pas à accomplir telle ou telle action, elle agit ou elle n'agit pas; mais, si elle agit, c'est en toute liberté, spontanément, compte tenu des informations dont elle dispose à cet instant. On peut dire qu'une cellule agit complètement librement, en ce sens qu'elle accomplit toujours et à tout instant ce que lui suggère le stock d'informations dont elle dispose. On se rappellera à ce sujet le mot de Schopenhauer, qui avait tant impressionné Albert Einstein : « L'homme peut faire tout ce qu'il veut, mais il ne peut pas vouloir tout ce qu'il veut »; chaque cellule d'un organisme, au contraire, « ne veut que ce qu'elle veut ».

3. Une structure commune.

Cette grande initiative individuelle qui caractérise chaque élément d'un ensemble construit par l'évolution fait donc d'une certaine manière de cet ensemble un système aussi peu centralisé que possible. Mais une telle liberté individuelle des cellules conduirait très vite à l'anarchie de l'ensemble du système si chaque cellule ne renouvelait pas, à chaque instant, le stock d'informations qui motive son action, sous l'effet des informations qui lui parviennent de la totalité de l'ensemble auquel elle appartient, et ceci grâce à une structure commune propre à l'ensemble et dont peut aisément disposer chaque élément de l'ensemble. Il s'agit donc d'un processus où l'Un s'adapte continuellement au Tout. Certes, la cellule agit librement sous l'impulsion des informations dont elle dispose à chaque instant, mais à chaque instant aussi, ces informations se renouvellent par une sorte de « communication collective » entre l'Un et le Tout.

De ces trois invariants qui caractérisent les moyens mis en œuvre par l'évolution, on peut dégager trois grandes tendances, qui constituent les vecteurs de transformation de nos structures humaines actuelles vers l'humanité future :

1. Tendance à étendre l'éducation à toujours plus d'individus humains, jusqu'à fournir à chacun ce « fond de connaissance » lui permettant d'agir efficacement et harmonieusement à l'intérieur de la structure « humanité ».

2. Tendance à ramener la libre initiative de l'action à des groupes humains formés de toujours moins d'individus, jusqu'à atteindre finalement l'initiative individuelle.

3. Tendance à accroître les moyens de communication de

manière à permettre à des groupes humains toujours plus nombreux de profiter de l'information et des moyens de production disponibles à l'échelle de la planète entière, jusqu'à rendre chacun capable de profiter de la totalité de l'information et des moyens de production dont dispose la communauté humaine.

Ces trois tendances indiquent respectivement les directions selon lesquelles évolueront, dans les années à venir, nos structures universitaires, socio-politiques et économiques. Nous allons successivement examiner ces différentes transformations.

C'est donc un développement prodigieux de l'éducation qui va permettre à chaque élément de la future humanité d'acquérir ce « fond commun » de connaissance que nous avons reconnu comme nécessaire au fonctionnement harmonieux de cette humanité.

Un seul chiffre nous suffira pour bien prendre conscience du problème et apercevoir qu'il ne s'agit pas là d'une vue « théorique », que l'éducation pour chacun est un objectif relativement très proche d'être atteint. Aux États-Unis, en 1976, 43 % des jeunes gens et jeunes filles d'âge universitaire, c'est-à-dire entre 20 et 24 ans, étaient effectivement à l'Université. Les pourcentages sont plus faibles dans les autres pays du monde, mais ils sont tous en croissance rapide, et on peut considérer le développement universitaire américain comme la pointe avancée qui marque le sens de l'évolution dans ce domaine de l'éducation. Qu'on ait donc bien ce chiffre en tête, il est sans doute le plus significatif de toutes les transformations que nous allons vivre dans les années qui viennent : près de un jeune sur deux est aujourd'hui, aux États-Unis, occupé à poursuivre des études universitaires, et cette proportion relative est en très rapide progression; on peut pévoir que, d'ici la fin du siècle, c'est-à-dire en vingt années, pratiquement 100 % des jeunes de 20 à 24 ans seront à l'Université.

Qu'est-ce que cela veut dire? Comme il faudra bien qu'il y ait toujours des travailleurs pour faire fonctionner l'économie de la nation, cela veut dire que la classe ouvrière de demain ne sera pas autre chose qu'une classe universitaire. Cela paraît presque incroyable quand on juge cette situation dans l'optique des vieilles structures de pensée, qui considéraient la classe ouvrière comme formée essentiellement de « manuels », la minorité dominante étant celle de la bourgeoisie industrielle et des gouvernants, qui se recrutait elle-même en grande partie dans la minorité privilégiée de la jeunesse ayant bénéficié d'une éducation universitaire. Mais il faut réaliser que nous sommes à un tournant où l'échelle sociale balance, et tend à venir s'équilibrer autour d'une classe unique qui est la classe universitaire, ou plutôt celle des ouvriers-universitaires. Ceci ne va pas manquer de réclamer, dans les toutes prochaines années, un changement radical dans les manières de considérer les problèmes économiques, sociaux et politiques.

En fait, les modifications apportées par cet événement sans précédent du niveau d'éducation de la population vont être si profondes que les pays qui seront en retard dans cette direction vont devoir activer les transformations de leurs structures à un rythme « explosif », afin de pouvoir continuer de participer à la vie économique planétaire. Ces modifications vont donc prendre parfois l'apparence de véritables « révolutions ». Il est bien certain que tout système politique, quel qu'il soit, dont le manque de disponibilité à s'adapter constituera une entrave à ce mouvement rapide vers une démocratisation totale de l'éducation, devra disparaître. C'est là le sens revendicatif profond de cette « révolte » grandissante montant des universités du monde entier, dans des nations dont les systèmes politiques sont très différents : dans chaque cas, c'est une réforme des bases mêmes de la structure socio-politique qui est réclamée par le mouvement universitaire; très généralement, les jeunes constatent que les régimes politiques actuels ont vieilli et sont incapables de se transformer. Le souhait, plus ou moins explicitement exprimé, est donc de faire table rase, de repenser le problème des structures socio-politiques sur des axiomes complètement différents.

En ce qui concerne les structures universitaires elles-mêmes, la transformation essentielle qui doit prendre place dans les prochaines années est celle de préparer l'accueil à l'Université de la quasi-totalité de la jeunesse, et cela dans chaque nation. Certes, la réalisation totale de cet objectif n'est pas pour demain, le travail à effectuer demeure immense, notamment dans les nations encore fort en retard sur le plan de l'éducation. Mais c'est là le sens de toute l'évolution; et, d'autre part, l'accélération des transformations dont notre planète est le témoin nous assure que cette « démocratisation totale » de l'éducation est plus proche qu'on ne le croit généralement aujourd'hui.

Bien mieux, l'Université de demain sera non seulement ouverte à tous les jeunes d'âge universitaire, mais encore à ceux qui ont passé cet âge. Pour faire face à l'évolution économique, pour parvenir à participer efficacement à la structure économique planétaire, chaque entreprise devra désormais encourager une promotion continuelle de ses travailleurs, en leur permettant de consacrer une partie importante de leur temps rétribué de travail à poursuivre leur éducation, et plus spécialement à se tenir informés de l'évolution du savoir. Doivent disparaître ces slogans qui veulent qu'il ne soit plus guère possible ou profitable d'étudier, donc de se promouvoir sur le plan humain fondamental, au-delà d'un certain âge, slogans savamment entretenus par la minorité bénéficiaire des sociétés de profit afin de se conserver une main-d'œuvre à bon marché. Une entreprise dont les travailleurs ne seront pas aussi, pour une partie de leur temps de travail, des étudiants, ne parviendra plus demain à demeurer compétitive pour satisfaire à une organisation planétaire de l'économie. En bref, demain, tous les travailleurs sortiront de l'Université et, si cette condition n'est pas remplie pour certains, ceux-là rentreront alors à l'Université, après avoir éventuellement complété leur éducation préuniversitaire. Une part du « travail » de chacun sera, en outre, quels que soient son âge et son niveau d'éducation, de poursuivre et parfaire continuellement son savoir au moyen de ce qu'on nomme dès aujourd'hui l'éducation « permanente ». Les conséquences de cette démocratisation totale de l'éducation seront nombreuses; nous en citerons ici deux, qui apparaissent comme essentielles :

Nous allons vers un *nouveau machinisme,* qui ne se situe pas directement dans le prolongement du précédent car il implique des machines répondant à une technicité très différente, et des méthodes de gestion de l'entreprise sans commune mesure avec celles de la plupart de nos industriels actuels. Le machinisme du XIXᵉ siècle et du début du XXᵉ était en effet à l'opposé même de tout développement de l'éducation. La machine était là pour produire plus, en réclamant de l'ouvrier toujours moins de savoir et moins de force. Au siècle dernier, le machinisme envoya dans les usines pour 14 à 16 heures par jour les enfants et les femmes, qui constituaient une main-d'œuvre meilleur marché que les hommes. Aujourd'hui, bien souvent encore, l'ouvrier demeure un simple maillon d'une chaîne entre deux machines automatisées. La bourgeoisie industrielle, préoccupée de se conserver cette main-d'œuvre ignorante, donc à bon marché, s'est toujours beaucoup souciée de défendre le point de vue que tous les jeunes n'étaient pas aptes à poursuivre des études supérieures. Fort heureusement, cet argument spécieux s'envole avec l'expérience américaine, où déjà un jeune sur deux passe par l'Université. L'ouvrier-universitaire de demain (car il faudra bien l'appeler ainsi) va poser tout autrement le problème de la machine : alors que, par le passé, la structure sociale venait se modeler autour des machines inventées, profitant aux uns et asservissant les autres, ce sont maintenant les machines qui seront inventées par l'immense recherche scientifique de notre planète pour satisfaire les exigences sociales et économiques des travailleurs, les ouvriers-universitaires. La machine viendra servir l'ensemble d'une société de travailleurs, et non pas servir une minorité privilégiée. La machine deviendra vraiment ce qu'il aurait toujours été souhaitable qu'elle fût, un instrument au service du plus grand nombre des hommes pour les aider à mieux penser, et aussi à mieux vivre. Demain, seuls les jeunes ouvriers-universitaires auront la compétence nécessaire pour utiliser les machines nouvelles, et cela au moyen de méthodes de gestion appropriées. La force vive de l'industrie ne sera plus ni dans le petit noyau de ses responsables au sommet, ni dans le capital attaché aux éléments matériels, mais dans le potentiel de matière grise que constituera l'équipe des ouvriers-universitaires; ces ouvriers seuls seront capables d'amener l'entreprise à participer efficacement à l'économie planétaire.

La démocratisation totale de l'éducation nous conduit aussi, inévitablement, à une *réforme profonde sur le plan psychologique*. Il faudra que les générations les plus anciennes abandonnent ici un bon nombre de leurs « absolus » actuels, absolus qui servent à justifier certaines valeurs qui ne pourront plus avoir cours dans la société nouvelle. C'est sans doute là que réside le fossé le plus profond qui sépare aujourd'hui les jeunes de leurs aînés : il n'y aura pas de « dialogue » possible entre ces deux générations tant que les aînés seront incapables de remettre en question un certain nombre de postulats de base qu'ils ont acceptés comme « absolument » justes pour étayer leur méthode de pensée. L'un de ces postulats, peut-être le plus grave, est la croyance que leur « expérience » leur donne un avantage sur les jeunes pour découvrir les solutions « pratiques » aux problèmes auxquels ils ont à faire face : bien souvent, cette « expérience » les accroche inexorablement à un passé révolu, qu'il faudrait pouvoir oublier pour devenir capable d'une réelle ouverture d'esprit aux situations posées par le monde moderne. Neuf fois sur dix, quand un jeune et un vieux ne sont pas d'accord, c'est le jeune qui a raison ; c'est lui qui possède l'imagination créatrice, la disponibilité d'esprit et la vigueur intellectuelle indispensables pour construire l'action de demain. Il n'y a guère que les esprits jeunes pour savoir découvrir le complémentaire dissimulé sous des apparences contradictoires, attitude indispensable pour sauvegarder, sans conflit avec les autres, la pensée originale de chacun.

Nous l'avons vu, l'humanité future se caractérisera par une initiative individuelle quasi totale de chaque élément, donc de chaque homme, participant à cette humanité.

Nul doute par conséquent que, dans tous les secteurs de *la vie sociale et politique,* c'est une initiative toujours plus grande dévolue à chacun qui marquera toutes les transformations structurelles.

On peut refuser de marcher dès aujourd'hui dans cette direction, mais, cependant, tôt ou tard, c'est vers de telles structures socio-politiques qu'il faudra nous acheminer.

Nous allons vers ce qu'on peut nommer des structures « personnalistes », permettant à chacun d'utiliser dans les meilleures conditions ce qu'il y a d'unique et d'irremplaçable dans la « personne » humaine, c'est-à-dire son originalité, son pouvoir de création, ce qui finalement correspond à sa véritable vocation d'homme.

Cette transformation par rapport aux structures existantes équivaut, dans la plupart des cas, à un retournement complet des axes selon lesquels est organisé le fonctionnement sociopolitique. Au lieu de laisser la responsabilité de l'action, dans les divers compartiments de cette vie socio-politique, à un groupe d'individus relativement peu nombreux constituant le « sommet » de la pyramide hiérarchique, cette responsabilité reviendra maintenant à la « base » de la pyramide hiérarchique, dont chaque individu sera doté de la plus grande initiative possible dans le domaine d'action qui est le sien. Cela ne signifie pas, bien entendu, que toute centralisation devra être abolie : celle-ci reste nécessaire au bon fonctionnement de la société. Mais le « sommet » de la pyramide fonctionnelle, au lieu d'imposer à la « base » l'action à entreprendre, laissera la base choisir son action et, après être informé de celle-ci, n'émettra un interdit motivé vis-à-vis de la poursuite de cette action que si des raisons impérieuses le justifient. Certes, il ne s'agit là que d'un schéma simplifié, mais le principe directeur reste clair, la pyramide des responsabilités est retournée dans une société à structures personnalistes, la pyramide hiérarchique devient une pyramide fonctionnelle gérée par la base, l'initiative de l'action est accordée *a priori* à celui qui agit effectivement. Pour résumer cette situation dans une seule formule, on pourrait dire qu'on passe d'une société où, au niveau individuel, rien n'est possible sauf ce qui a été autorisé, à une société où, au niveau individuel, tout est possible sauf ce qui devient interdit. On conçoit que, dans de telles structures personnalistes, l'originalité de chacun pourra se donner libre cours, l'homme pourra s'épanouir dans l'exercice de son pouvoir créateur. Le rôle de la pyramide fonctionnelle, et notamment du sommet centraliseur de cette pyramide, sera de toujours faire effort pour construire l'unité bâtie sur cette grande diversité des éléments participants.

L'un des traits caractéristiques de cette unité est qu'elle sera toujours changeante, donc toujours à refaire, tout comme évolue sans cesse la personnalité de chacun de nous. Cet aspect « dynamique » contrastera singulièrement avec les slogans statiques qu'affectionnent nos politiciens actuels (le communisme est toujours « totalitaire », le capitaliste toujours « impérialiste »); cet aspect dynamique de l'unité de nos futures sociétés sera le reflet de cette initiative conférée aux éléments de la base de notre société. Construire l'unité sur des éléments changeants nécessitera de bons synthéticiens, capables de coordonner harmonieusement l'ensemble des actions de la pyramide fonctionnelle. Ces synthéticiens, situés au sommet de la pyramide fonctionnelle, devront mériter cette place de coordination où la base les aura élus. Cela aussi sera un changement notable par rapport à la situation existant généralement aujourd'hui.

A titre d'illustration, indiquons quelques-unes des transformations structurelles que va entraîner ce « retournement » de la pyramide sociale.

1. Dans l'Université.

Dans l'Université, la base fonctionnelle est naturellement constituée des étudiants eux-mêmes. Il faudra quand même bien que les anciennes générations se rendent un jour compte que l'Université est faite pour les étudiants, et non pour les professeurs, ou les gouvernants politiques. On commence à parler aujourd'hui timidement, en Europe, d'une revendication étudiante qui est depuis des années monnaie courante aux États-Unis : la participation des étudiants à la gestion de l'Université ainsi qu'au contenu et à la forme de l'enseignement. Mais comprenons-nous bien : la gestion de l'Université par la « base » signifie que les étudiants accepteront, pour cette gestion, les conseils des professeurs et des gouvernants, et non le contraire; la responsabilité pleine et entière de l'organisation de l'Université doit demeurer celle des étudiants. J'étais en avril 1976 à la Columbia University de New York, où les étudiants venaient d'obtenir de pouvoir nommer et révoquer leurs professeurs.

C'est ainsi qu'il faut entendre une véritable « participation » de la base à l'Université. Seuls les professeurs qui auront été choisis par les étudiants pour leurs excellentes qualités pédagogiques, pourront demain occuper une chaire universitaire. Et, si l'on veut bien y réfléchir sans préjugés anachroniques, cela sera juste, et bon (pour les étudiants s'entend).

2. Dans l'entreprise.

Si demain les étudiants désignent leurs maîtres, demain aussi, dans l'entreprise, les ouvriers désigneront leurs chefs. Ces chefs ne seront pas là pour édicter les règles de la discipline ou imposer les méthodes et le contenu du travail : ils seront là pour assurer l'unité de l'ensemble d'un groupe, voire de l'ensemble de l'entreprise. Mais l'ouvrier, le technicien (et nous pensons surtout à cet ouvrier-universitaire de demain) disposeront du maximum tolérable d'initiative individuelle, la responsabilité de l'action demeurera à leur niveau.

Il ne faudra pas vœir seulement là, d'ailleurs, un souci de créer plus de justice dans le cadre de l'entreprise : les Américains commencent à découvrir aujourd'hui, et avec eux les Russes, et avec eux encore les Japonais, qu'une entreprise devient d'autant plus compétitive à l'échelle planétaire qu'on permet à chacun de mettre mieux en œuvre son pouvoir créateur, son originalité. Il faut être le premier à « créer » du neuf, et cela ne peut être obtenu qu'en utilisant au mieux chaque élément humain de l'entreprise, depuis la recherche jusqu'à la gestion. L'entreprise qui n'aura pas su assez tôt comprendre cette transformation nécessaire de sa structure fonctionnelle sera demain impitoyablement éliminée de la compétition économique planétaire. Et finalement, là encore, ce sera mieux ainsi pour tous les hommes, qu'ils soient travailleurs ou consommateurs (ou naturellement les deux à la fois).

3. En matière politique.

Il est extrêmement intéressant de constater que ce système de gestion « par la base », qu'on reste hésitant bien des fois à vouloir introduire dans l'entreprise, a cependant été adopté depuis longtemps dans la plus grande entreprise que puisse contenir une nation, à savoir la nation elle-même, c'est-à-dire l'État. Depuis qu'existe le suffrage universel, c'est le peuple qui, en effet, en matière politique, désigne ses représentants. Ces derniers sont sans cesse responsables devant leurs électeurs; périodiquement, ils sont remis en cause, on procède à de nouvelles élections. La gestion d'une nation, en principe au moins, est donc une gestion assurée par la base.

L'expression « en principe » est cependant ici nécessaire car, dans bien des cas, la « participation » politique du peuple d'une nation dans la gestion des affaires publiques est toute fictive, le pouvoir politique demeure, en fait, le seul apanage d'une infime minorité gouvernante.

On pourrait épiloguer longuement sur les défauts de nos systèmes politiques actuels. Nous nous limiterons ici à trois remarques concernant les transformations vers une structure politique « personnaliste », c'est-à-dire où la base participerait effectivement à la gestion politique.

a) L'élément clé est *l'information*. Il n'y a pas aujourd'hui de véritable participation populaire si l'information fournie au public sur les problèmes de la nation et du monde, notamment à travers ce puissant moyen qu'est la télévision, n'est pas aussi complète et aussi objective que possible. Il est vrai que ces deux qualités sont partiellement contradictoires : comme il n'est pas possible d'informer complètement, on est nécessairement tenu à un choix, donc à une objectivité qui n'est pas parfaite. Une possibilité est cependant de présenter, aussi souvent que possible, les deux faces opposées d'une information sur un sujet donné, en s'efforçant d'ailleurs toujours de ramener ces oppositions apparentes à une complémentarité. Quoi qu'il en soit, l'information est le type même de l'entreprise qui ne doit pas rester sous le seul contrôle du pouvoir politique en place, c'est le type même de l'entreprise qui doit être gérée par la « base », et pratiquement par l'ensemble des travailleurs qui ont professionnellement l'information pour tâche.

b) Il faudra certainement aussi demain chercher à aller, d'une certaine manière, au-delà de la notion de nos *« partis » politiques* actuels, dont une large part de la politique est précisément de s'opposer entre eux. C'est naturellement tout le contraire qu'il serait souhaitable de réclamer à nos gouvernants. Y a-t-il dans le peuple certaines aspirations qui paraissent contradictoires? Alors les représentants du peuple, en charge du gouvernement, devraient travailler à surmonter ces contradictions et à faire entrer celles-ci comme des aspects complémentaires dans un cadre de gestion élargi des affaires publiques, une gestion où chacun serait capable de retrouver ses souhaits fondamentaux. Le peuple devra, demain, refuser de désigner pour le représenter autre chose que des hommes libres de toute discipline imposée par un parti politique quelconque, afin d'éviter que ces représentants ne dépensent une grande partie de leur énergie à attiser la haine contre l'opposition, c'est-à-dire à diviser le peuple au lieu de s'efforcer de l'unir.

c) Il paraît enfin essentiel que chaque représentant élu investi de pouvoirs importants de direction des affaires de la nation demeure à tout moment *responsable de ses actions* devant le peuple tout entier. Si le peuple juge que tel représentant n'a plus sa confiance, il doit pouvoir le décharger sans délai de ses responsabilités. La mise en place sur le plan pratique d'un tel système ne devrait pas présenter de réelles difficultés à l'ère de l'électronique et des ordinateurs [1].

En bref, les transformations de nos structures socio-politiques doivent nous conduire vers des nations de « personnes » où chaque citoyen fera usage de son initiative individuelle dans les meilleures conditions, mettant ainsi à la disposition de la communauté ce qu'il a de plus spécifiquement humain, à savoir son originalité, son pouvoir de création. Une telle société de personnes s'oppose aux actuelles sociétés d' « individus », où chacun est un rouage anonyme d'une société fonctionnant suivant un plan préétabli, un peu à la manière d'une machine, le pouvoir réel demeurant la seule responsabilité d'une petite minorité qui tient les commandes de la machine.

Ce personnalisme se traduira dans tous les compartiments de la vie socio-politique. Il implique essentiellement une gestion par la base de toutes les activités de cette vie socio-politique.

1. J'ai personnellement entre les mains un projet présenté par mon ami le grand économiste Robert Triffin, qui propose une solution pratique très séduisante à ce problème.

Ce personnalisme, répétons-le, ne se confond pas cependant avec une absence totale de structure de la société : on conserve la centralisation nécessaire pour coordonner les actions de l'ensemble du corps social; mais cette structure centralisée est gérée par la base, on passe d'une pyramide hiérarchique à une pyramide fonctionnelle.

Quand un historien ou un sociologue du futur se penchera sur les idéologies de nos diverses civilisations terrestres au cours des derniers millénaires, il sera sans doute étonné de la persévérance avec laquelle nous nous sommes évertués à vouloir maintenir la notion d'une « Fraternité » entre les hommes relevant du domaine *spirituel,* alors que ce sont visiblement des raisons d'ordre purement « matériel » qui nous font, parfois, nous sentir « frères » les uns des autres.

Ces raisons sont *économiques.* Les hommes d'une communauté ont le sentiment d'être des « frères » quand ils possèdent en commun quelque chose : ce quelque chose n'est (heureusement) pas l'Esprit, qui se caractérise au contraire par une grande diversité; et nous avons vu que c'est bien ainsi, que cette originalité qui nous différencie du voisin est source du pouvoir « créateur » de l'homme, ce qui est sans doute sa qualité la plus spécifiquement humaine. Ce « quelque chose » que les hommes d'une communauté ont en commun est fait des structures matérielles qu'ils ont mises en place dans cette communauté, et dont ils profitent tous sur le plan matériel.

Croit-on que les hommes d'une nation se sentent frères pour beaucoup plus que ce bien commun qu'ils possèdent dans les structures nationales? Croit-on qu'ils partent en guerre contre ceux qu'ils ne considèrent pas comme des frères pour d'autres raisons que pour défendre, ou étendre, ce patrimoine national, même quand cette démarche se déguise sous des apparences plus « spirituelles »? Croit-on que l'union « fraternelle » des cinquante États américains ou celle des nombreuses républiques autonomes d'U.R.S.S. ne reposent pas essentiellement sur des bases économiques? Croit-on que les Européens auront jamais ce sentiment d'être des frères d'une même communauté avant que soit solidement construite une Europe économique?

Et croit-on maintenant, enfin, que ce sentiment de « fraternité » entre les hommes de toute notre planète, nécessaire à l'éclosion de l'humanité future, pourra prendre naissance avant que soit, au préalable, développée une économie « planétaire », j'entends par là une structure économique dont tous les hommes de la planète pourront également bénéficier, qu'ils posséderont donc tous en commun?

Cela donne tout leur sens, et leur importance, aux structures économiques. Que l'économie d'une nation soit en expansion, et les hommes de cette nation se sentiront de plus en plus « frères », ils seront toujours plus prêts de s'unir contre toute menace, intérieure ou extérieure, dirigée contre l'édifice national. Que cette économie soit au contraire en récession, et ce sont les « déchirements » de l'unité nationale, voire la guerre civile.

Ceux qui veulent bien réfléchir à autre chose qu'aux problèmes purement contingents savent parfaitement que le premier problème de l'économie moderne, posé aux responsables de toutes les nations de notre globe, c'est la mise au point et l'édification d'une économie planétaire. Les soubresauts de la structure monétaire internationale agonisante, l'intérêt (mêlé d'une certaine crainte) avec lequel les nations les plus riches suivent le développement de l'économie des nations les plus pauvres, l'effroi parmi ces nations les mieux dotées elles-mêmes de ce fameux *technological gap* qui pourrait mettre en péril l'économie nationale, les difficultés grandissantes, pour une entreprise quelle qu'elle soit, de survivre autrement qu'en étendant son domaine d'action à la planète tout entière : tout cela oblige les « responsables » à penser, dès aujourd'hui, dans le cadre d'une Économie planétaire.

La route vers l'humanité, la première étape vers un monde plus uni, plus « fraternel », passe par l'édification d'une Économie planétaire au service de toute la communauté humaine.

Les transformations de notre structure économique doivent donc conduire graduellement à une « planétisation » de l'Économie. Les problèmes que posent ces transformations sont nombreux, nous nous limiterons à en signaler trois, qui nous apparaissent

198 . mort, voici ta défaite...

comme trois thèmes fondamentaux de la recherche économique de demain.

1. Les ordinateurs.

La centralisation nécessaire à l'utilisation des données à l'échelle planétaire fera collaborer de plus en plus à la gestion de toute entreprise économique ces mémoires gigantesques que sont les ordinateurs.

L'un des projets actuels particulièrement intéressant dans ce domaine est celui de transférer tout le savoir publié dont l'homme dispose aujourd'hui à une immense mémoire, celle d'un ou plusieurs ordinateurs. Les ordinateurs d'aujourd'hui sont d'ores et déjà capables de mémoriser environ le millième de tous les signes typographiques contenus dans la documentation écrite dont dispose l'humanité. Mais on peut penser que, dans les dix années qui viennent, et sans doute dans moins de cinq ans, le facteur 1000 sera atteint.

Cette bibliothèque mondiale ainsi mémorisée sera ordonnée par la machine de manière à ce que celle-ci soit capable de répondre pratiquement immédiatement à toute question qui lui sera posée. Mieux même, elle sera capable de répondre ainsi à plusieurs centaines de questions posées simultanément. Aujourd'hui, les délais impliqués par la programmation des questions et le décodage des réponses sont encore relativement longs. Mais les progrès sont continuels : on envisage pour les prochaines années une conversation orale directe entre celui qui pose la question et l'ordinateur, ce dernier répondant dans le langage humain à la vitesse d'un interlocuteur ordinaire, mais un interlocuteur qui saurait tout ce que savent les hommes de notre planète, et qui répondrait sur tous les sujets immédiatement et de matière précise, chiffrée, complète. On conçoit que les entreprises disposant demain d'un tel moyen d'information seront capables de participer, avec une efficacité jusqu'alors jamais atteinte, à l'Économie planétaire.

2. Le revenu par tête.

La fraternité entre les hommes passe en effet par une égalisation des revenus par tête, les structures économiques devant permettre à chacun de disposer de revenus voisins. Pour le moment, ce revenu varie sensiblement d'un facteur 40, suivant les régions considérées de notre planète. Les plus récentes statistiques (1975) indiquent environ 80 dollars par tête de revenus annuels pour près des deux tiers de l'humanité (Asie, Afrique, Amérique du Sud), 1 000 dollars en U.R.S.S., 1 800 dollars en Europe occidentale, 3 500 dollars aux États-Unis.

Il semble bien que cette harmonisation des revenus par tête nécessite impérativement la mise en place de moyens de production dans les pays moins développés; il faudra que cette solution prévale sur celle, encore trop en vogue aujourd'hui, qui voudrait que les pays les plus riches développent toujours plus leurs moyens de production afin de subvenir aux besoins des pays les plus pauvres, ce qui revient à creuser encore le fossé entre les peuples les moins bien développés et les autres. Il faudra notamment apporter aux pays affamés des moyens puissants pour industrialiser leur agriculture.

3. Le système monétaire international.

Mais comment permettre aux nations à faible revenu par tête de s'industrialiser? Nous n'avons pas l'ambition de répondre ici à cet immense problème, mais nous voudrions mettre l'accent sur un point particulier, sans doute fondamental : cette industrialisation des pays moins développés nécessite au préalable une réforme profonde du système monétaire international.

On conçoit en effet que l'accroissement de l'industrialisation de certaines régions de notre planète réclame un accroissement du volume monétaire nécessaire pour permettre les nouveaux échanges (du producteur au consommateur) qu'apporte cette industrialisation. On est là comme dans le cas du volume de sang nécessaire aux échanges métaboliques chez un être vivant : plus nombreuses sont les cellules (c'est-à-dire les producteurs et les consommateurs), plus il faut de sang dans le système circulatoire. Le nœud du problème de l'accroissement des moyens de production à l'échelle du monde entier est donc de faire en sorte qu'il y ait toujours un volume monétaire suffisant dans le « système circulatoire » monétaire du monde.

Le calcul de ce volume est un subtil problème économique, il dépend de nombreux facteurs, notamment de la fluidité des échanges (la vitesse du courant sanguin).

Grosso modo, puisque la population du monde augmente sans cesse (elle va sensiblement doubler d'ici la fin du siècle), et puisque le taux d'industrialisation par habitant doit aussi être augmenté dans de nombreuses régions du globe, il faut évidemment accroître sans cesse le volume monétaire international.

Il semblerait hautement raisonnable, à une époque dite « scientifique » comme la nôtre, que le calcul du volume d'argent frais qui doit entrer, annuellement par exemple, dans le courant monétaire mondial, soit le fruit des réflexions des économistes de notre planète s'efforçant d'obtenir un optimum d'effets bénéfiques grâce à cette « transfusion » monétaire. Mais les choses ne se passent malheureusement pas ainsi : il entre bien continuellement de l'argent frais dans le courant monétaire mondial, mais d'une façon qui n'a rien à voir avec un calcul économique quelconque; c'est pratiquement le hasard qui préside à cette entrée d'argent frais, à savoir la quantité d'or qui a été déterrée par les prospecteurs en Union sud-africaine, en U.R.S.S., au Canada ou ailleurs. Il existe bien, il est vrai, un Fonds monétaire international : mais il ne joue qu'un rôle de « répartiteur » des fonds existants, il n'a aucun pouvoir pour intervenir sur le volume total des fonds disponibles à l'échelle de la planète entière.

On reste effaré devant cette situation. Surtout lorsqu'on sait que l'accroissement des moyens de production du monde, et donc le sort de plus des deux tiers de la population affamée du globe, est conditionné par cette construction de structures monétaires internationales qui seraient capables de fournir au monde économique le volume monétaire optimum qui lui serait indispensable. Ce n'est pas par hasard que les monnaies en circulation, et notamment les plus « fortes », celles servant de référence (comme la livre anglaise et le dollar) ont chancelé ces derniers temps : la raison profonde en est que les problèmes économiques sont désormais planétaires, et c'est la structure monétaire internationale tout entière qui se trouve être anachronique vis-à-vis des exigences actuelles de l'économie.

Peut-on s'étonner, devant ces réformes nécessaires et qui tardent à se réaliser des structures de notre monde, que la colère des jeunes aille grandissant et conduise parfois à des prises de position violentes?

C'est l'Université qui sera demain le principal champ de bataille où vont venir s'affronter les anciennes et les nouvelles générations : car c'est naturellement à l'Université qu'une part sans cesse croissante de la jeunesse prend conscience de l'anachronisme des structures sociales vis-à-vis de l'état actuel du savoir humain. Certes, ces « révoltes » étudiantes viennent bien souvent déranger nos habitudes de petits-bourgeois, surtout lorsque ces révoltes prétendent remettre en cause un certain nombre de principes sur lesquels les générations anciennes se sont douillettement installées, et qu'il sera sans aucun doute inconfortable d'abandonner pour beaucoup. Mais comment faire? Les deux milliards d'humains affamés, dont l'espérance de vie ne dépasse pas trente ans, ont certainement, eux aussi, et en permanence, un très « inconfortable » mode d'existence. Les structures anciennes ont prouvé, même dans un pays aussi « évolué » que les États-Unis, qu'elles étaient incapables d'écarter la guerre ou le racisme. Doit-on dès lors s'étonner de voir la jeunesse désireuse de se construire pour demain un univers bâti sur des structures rénovées, plus adaptées aux données psychologiques de l'aube du IIIᵉ millénaire?

Et d'ailleurs, si la colère des jeunes éveille aujourd'hui tant de résonances, c'est que notre monde actuel est incapable de continuer de vivre, aussi bien sur le plan politique que sur les plans économique et social, sans subir une métamorphose profonde de ses structures. Comme le notait Louis Armand : « Si le niveau méditerranéen de la civilisation, puis le niveau européen, ont duré quelques siècles, c'est qu'ils avaient toujours un palier au-dessus. Maintenant, c'est fini, nous voilà installés dans ce qu'on pourrait appeler le palier final, sur notre planète en tout cas, de l'évolution de la société. » C'est là, sans aucun doute, le fond du problème de la crise actuelle de croissance de notre civilisation terrestre. Les hommes sont obligés de se replier sur eux-mêmes à l'intérieur du cadre planétaire, le progrès de la civilisation n'est plus fait d'une simple expansion dans l'espace mais d'une réforme en profondeur des structures existantes, pour mieux les adapter à une communauté humaine unique, l'humanité planétaire. Où les anciennes générations continuent de voir des nations, des partis politiques, des races, des économies, opposant leurs intérêts les uns aux autres, la nouvelle génération, au moins celle qui a réussi à se libérer du joug imposé par l' « éducation de papa », n'aperçoit que des hommes souhaitant retrouver une raison de vivre ensemble sur notre planète Terre pour faire de celle-ci un monde harmonieux et uni, participant pour sa propre part à l'évolution de tout notre univers.

Il y a certes de l'exaltation, mais aussi beaucoup d'espoir dans cette grande colère des jeunes.

CHAPITRE IX

De la Réflexion

Le mécanisme de la Réflexion. — Élaboration d'un langage. — La Réflexion prépare l'Acte ou la parole. — Les langages non humains. — La Méditation et son rôle évolutif. — Les troubles de la Réflexion. — Réflexion et médecine actuelle.

Les Actes de l'électron, comme ceux de notre propre Esprit (ce sont les mêmes) ne sont pas accomplis « au hasard » : ils sont le résultat *d'un choix;* nous avons choisi d'accomplir, à un instant donné, tel acte plutôt que tel autre. Ce choix est, à l'analyse, le fruit de la propriété psychique de l'électron que nous avons nommée la Réflexion. Et il est naturellement très important d'entrer ici dans plus de détails, et de chercher à voir comment cette Réflexion permet de préparer, c'est-à-dire de choisir, un acte déterminé. Ceci est d'autant plus important que chacun de nous est obligé de reconnaître que cette possibilité de « choix » est un des critères fondamentaux de ce que nous nommons Esprit. En fait, si nous avions à définir en quelques mots ce qu'on appelle « Esprit », on pourrait dire que l'Esprit est ce qui permet le *libre choix* préalable à l'exécution d'un acte.

Nous avons détaillé déjà dans notre *Esprit, cet inconnu,* le mécanisme sous-jacent à la Réflexion chez l'électron, mais en nous exprimant alors dans le langage un peu compliqué de la Physique contemporaine [1]. Nous voudrions y revenir ici dans un

1. Faisant notamment appel aux concepts de « spin » des électrons, et du « matricialisme » associé à cette notion de spin.

langage plus simple, mais nous le souhaitons tout aussi précis.

La Réflexion prend naissance après un phénomène de Connaissance (connaissance du monde extérieur) ou d'Amour (connaissance des informations mémorisées par un autre électron). La Connaissance et l'Amour, nous le verrons mieux dans les deux chapitres qui suivent, sont des processus psychiques qui *accroissent* le niveau de conscience de l'électron, car c'est de l'information *nouvelle,* prélevée au monde extérieur, que l'électron mémorise, tout en ordonnant cette information nouvelle dans le cadre des informations qu'il possède déjà. Nous nommerons *signe* cette information brute provenant du monde extérieur, et nous nommerons *signifié* l'information telle qu'elle est *mémorisée et ordonnée* par l'électron, à l'intérieur de son propre corps[1].

La Réflexion est exactement l'opération de « réflexion » dans l'Esprit de l'électron de ce qu'il a appris au cours de la Connaissance ou de l'Amour : à partir de ses informations mémorisées et ordonnées, c'est-à-dire à partir d'un *signifié* qu'il possède en lui, l'électron va faire un *signe* au monde extérieur (Acte).

Comme tout ici, j'en conviens parfaitement, peut paraître à ce stade un peu abstrait, je vais tout de suite prendre un exemple, pour illustrer ce mécanisme de la Réflexion. Nous allons constater que ce mécanisme, pour posséder cette caractéristique de « choix » associée au produit de la Réflexion, fait intervenir la propriété fondamentale commune aux trous noirs cosmiques comme au micro-trou noir qu'est l'électron : à l'intérieur de tels objets le temps se déroule *à l'envers* du nôtre.

Considérons une table de billard, avec plusieurs boules blanches et une boule rouge. La table, circonscrite par les quatre bandes, est l'analogue de l'espace intérieur à l'électron; les boules représentent les photons intérieurs à l'espace électronique. Tout ce qui n'est pas la table constitue le monde extérieur; dans ce dernier il y a notamment un personnage intéressant, armé d'un bâton

---

1. Rappelons que ce corps est un micro-trou noir, et que toute cette mémorisation est effectuée par les photons « noirs » qui emplissent le corps de l'électron.

qu'on appelle généralement une queue de billard et qui s'apprête à « communiquer » avec la table, en heurtant certaines boules avec la queue.

Les boules blanches forment pour le moment un tas compact, à l'un des bouts du billard; à l'autre bout se trouve, toute seule, la boule rouge. Voici maintenant que le personnage extérieur (dit encore le « joueur ») s'approche et frappe, avec le bout de la queue, la boule rouge, qui vient heurter violemment le tas de boules blanches à l'autre extrémité du billard. Les boules blanches vont alors s'éparpiller aux quatre coins du billard, en rebondissant à la fois sur les bandes et l'une sur l'autre, pour finalement s'arrêter.

Regardons maintenant le film se dérouler à l'envers, dans un espace où le temps s'écoulerait « en remontant », comme cela a lieu dans l'espace-temps de l'Esprit propre à l'électron.

Les boules blanches sont d'abord immobiles, dispersées sur toute la surface du billard; puis voici que, l'une après l'autre, ces boules se mettent en mouvement, selon des directions très différentes qu'elles semblent avoir librement choisies. Après avoir tournoyé un moment sur la table, avoir heurté plusieurs fois les bandes, s'être cognées l'une sur l'autre, voilà cependant que toutes les boules blanches viennent se réunir et s'immobiliser à nouveau dans un même tas, tandis qu'elles semblent comme éjecter de ce tas la boule rouge; celle-ci vient s'arrêter finalement en un point particulier du billard, en même temps qu'elle heurte violemment un bâton tenu par un monsieur à l'extérieur du billard.

Au début du déroulement de ce film « à l'envers », tant que nous n'apercevions que le mouvement apparemment « choisi » par les boules sur le billard, nous aurions pu croire que les boules étaient douées de « conscience », et qu'elles en faisaient la preuve en décidant librement de leur comportement. Mais, dès que nous apercevons la queue et le joueur, nous ne sommes plus dupes : nous comprenons immédiatement qu'on nous passe un film à l'envers, et les boules redeviennent de simples objets matériels.

Mais pensons à notre espace électronique : étant donné qu'il y a « retour » continuel du temps dans cet espace, le film est comme « bouclé » sur lui-même; le déroulement auquel nous

venons d'assister sera donc « mémorisé » et pourra se reproduire
à nouveau à un instant ultérieur. Il sera en fait déclenché dès
qu'un objet extérieur, comme la queue de billard, viendra « communiquer » avec l'espace du billard, en se mettant au voisinage
du point de départ de la boule rouge. Mettons ainsi la queue
seule en ce point de départ, sans le joueur. Dans l'espace électronique, nous avons vu qu'il ne faut aucune énergie pour déclencher le déroulement du film à l'envers, et donc le mouvement des
boules; la seule « stimulation » provoquée par la présence de la
queue au point de départ va donc suffire pour que le processus de
« réminiscence » du déroulement antérieur prenne place, et la
boule rouge va finalement, comme précédemment, venir heurter
le bout de la queue de billard. Mais attention! cette fois-ci, il n'y
a plus de joueur, la boule rouge va donc éjecter la queue hors de
la table d'une manière parfaitement inexplicable... sauf à supposer que l'ensemble de ce qui se passe sur la table de billard fait
intervenir des objets « conscients », qui ont choisi un comportement ordonné, avec l'intention de communiquer avec un objet
extérieur, à savoir ici la queue de billard.

On voit donc que le processus de la Réflexion, à l'intérieur de
l'espace électronique, suppose d'abord une expérience mémorisée
avec le milieu extérieur; il y a ainsi, au départ, acquisition d'information en provenance de l'extérieur. Ensuite, stimulé par la
Connaissance d'une situation analogue (la queue de billard dépo-
sée seule au point de départ), l'espace électronique va « se souvenir », et mettre en œuvre le même processus que celui qu'il a
enregistré au moment de l'expérience initiale. Mais, cette fois-ci,
le phénomène va prendre l'apparence d'un Acte de l'électron, et
d'un Acte librement choisi.

On peut donc dire que, stimulée par la Connaissance d'une
situation nouvelle créée par le monde extérieur, et aidée par la
mémoire du déroulement des phénomènes à l'intérieur de l'espace électronique dans une situation analogue antérieure, la
Réflexion prépare un Acte. Plus brièvement encore, on peut dire
que la Réflexion est la Connaissance qui « se réfléchit » dans
l'espace-temps de l'Esprit électronique, pour devenir un Acte
de l'électron.

Mes lecteurs ayant quelque connaissance des théories actuelles concernant le langage et la sémantique (c'est-à-dire la signification des mots) auront reconnu que l'électron, au cours de ce processus Connaissance-Réflexion-Acte, est en fait occupé à élaborer un véritable *langage*. Rappelons donc d'abord ici, de manière très schématique, les éléments essentiels de l'élaboration d'un langage.

A partir d'un signe reconnu dans le monde extérieur, la pensée est capable d'associer un signifié, qui est une réalité différente du signe. Par exemple, nous voyons de la fumée (signe) et nous y associons l'idée de feu (signifié); nous voyons des nuages (signe) et nous y associons « Il va pleuvoir » (signifié); nous voyons des empreintes de pas humains sur le sol (signe) et nous y associons « Un homme est passé par là » (signifié). L'association signe-signifié est généralement suivie d'un acte. Cet enchaînement signe-signifié-acte est reconnaissable chez tous les êtres vivants.

Le jumelage par la pensée entre signe et signifié constitue un langage. Les signes peuvent être naturels, c'est-à-dire être des éléments de la réalité extérieure, comme la fumée, les nuages et les empreintes de pas dans les exemples ci-dessus. C'est, en somme, la réalité extérieure qui nous parle à travers ce langage de signes, dès que nous sommes capables d'associer un sens, une signification, à ces différents signes naturels.

Les signes peuvent aussi être artificiels : écriture, signaux lumineux, musique, peinture, etc. Dans ce cas, le signifié n'est pas immédiat, il ne se déduit pas directement de notre expérience sensible, il faut y ajouter une convention, résultant elle-même généralement d'un usage social; la convention adoptée a pour principal objet de permettre la communication commode entre les membres de la société.

Ces différents aspects du langage, qui s'appuient sur le fonctionnement de la pensée, nous devons pouvoir leur trouver une correspondance sur le plan du fonctionnement de la pensée au niveau élémentaire des électrons pensants, puisque nous avons

souligné l'identité entre la pensée de ceux-ci et notre propre
pensée.

Cherchons à mieux voir maintenant comment la Réflexion
conduit l'électron à élaborer un véritable langage. Nous distin-
guerons deux aspects à cette Réflexion, suivant que l'acte sur
lequel elle débouche est constitué d'un signe *naturel* ou d'un
signe *artificiel*.

Dans un premier aspect, la Réflexion est exactement le processus « miroir » de la Connaissance. La Connaissance était la
mémorisation et l'interprétation d'un signe extérieur, on va donc
du signe (monde extérieur) à sa signification (mémorisation et
interprétation par l'électron).

La Réflexion permet à l'électron de manifester lui-même, à
travers un Acte (signe extérieur), les conséquences de la signification mémorisée.

J'ai goûté par hasard, et pour la première fois, une pomme
que j'ai aperçue pendant à la branche d'un arbre (signe du monde
extérieur); j'ai mémorisé cette connaissance et l'ai interprétée dans
le cadre de toutes les informations antérieures déjà présentes
dans mon Esprit (attribution d'une signification mémorisée, par
exemple : « J'aime le goût de la pomme »). Plus tard, à partir de
cette signification mémorisée, ma Réflexion va me faire choisir
un Acte, qui pourra être interprété comme l'élaboration d'un
signe : je vais dans le jardin, je me dirige vers le pommier, je
cueille une pomme et je la mange.

La Réflexion peut aussi revêtir un second aspect.

Quand je vais cueillir et manger une pomme, dans l'exemple
précédent, je crée en fait un signe *naturel,* que quiconque me
voyant faire pourra interpréter : cet homme s'est dirigé vers l'arbre,
a cueilli une pomme et l'a portée à sa bouche pour la manger.

Mais, à partir des informations déjà mémorisées et interprétées
en lui à un moment donné, l'électron est capable de *réarranger*

ces informations les unes par rapport aux autres [1] et *de décou-vrir ainsi des significations ne correspondant à aucun signe naturel observé* au préalable dans son monde extérieur. Ce processus de Réflexion n'est cependant pas encore, par lui-même, un véritable langage. Pour que ce soit un langage, il faut faire correspondre un *signe* à la signification découverte. Ici donc, la signification *précède* le signe, la signification est dite *abstraite,* le signe est dit *artificiel.* Le signe pourra, par exemple, consister en un Acte particulier de l'électron, un mouvement. L'observation de cet Acte par l'Autre (un autre électron) ne fournira cependant pas immédiatement la signification que le signe est supposé traduire. Il existe en effet là une part de convention, l'électron qui a inventé une signification à la suite d'une Réflexion a traduit cette signification à travers un signe artificiel, qu'il a plus ou moins arbitrairement choisi. Un autre électron devra donc s'initier à ce langage abstrait, par un processus simultané de Connaissance (lecture du signe artificiel) et d'Amour (lecture du signifié abstrait chez l'électron « inventeur »).

On peut illustrer ce processus de Réflexion de la manière suivante : j'aperçois un bison dans le monde extérieur (signe); je le mémorise et lui attribue une signification (Connaissance). Plus tard commence à jouer le processus de Réflexion, j'invente une « nuance abstraite », à partir de l'état mémorisé correspondant à la signification « bison vu dans le monde extérieur », cette nuance me conduisant elle-même à dessiner sur le mur de ma caverne (Acte) l'image d'un bison (signe artificiel). Ce dessin n'est cependant pas immédiatement interprétable par les autres (un jeune enfant ne le comprendra pas immédiatement, par exemple). Il y a en effet, dans le dessin, une part de « convention », que l'autre et moi devrons en commun accepter, afin que l'autre attribue lui-même une signification (alors abstraite) à ce signe artificiel que traduit le dessin du bison. Mais, dès que cette convention sera établie entre moi et l'autre, alors mon signe

---

1. J'ai montré (dans *L'Esprit, cet inconnu*) que ce réarrangement correspondait à échanger entre eux les états de spin des photons intérieurs à l'électron, avec conservation de la néguentropie totale (c'est-à-dire conservation du spin total en valeur absolue).

artificiel sera devenu l'élément d'un langage entre moi et l'autre.

Ce langage abstrait apparaît plus difficile à manier que le langage naturel qui nous met en relation avec la Nature; on constate cependant son existence aussi bien chez l'Homme que chez l'animal, ou chez le végétal. Et, bien souvent, quand nous croyons qu'une espèce animale ne dispose que d'un langage très rudimentaire, c'est en grande partie parce que nous, les Hommes, sommes incapables de le comprendre.

Le langage animal ne s'appuie pas, autant que le nôtre, sur la parole : mais il est certainement plus riche sur le plan des cris, des chants, des attitudes, des mimiques, des couleurs, des odeurs... Et, à chaque fois, il s'est établi une « convention sociale » entre les animaux d'une même espèce pour associer le signifié au signe, c'est-à-dire pour élaborer un véritable langage abstrait.

Il faudrait rappeler encore une fois ici les célèbres expériences de Karl von Frisch sur les abeilles [1]. Au moyen de mouvements très précis, ressemblant à ceux d'une danse, une abeille est capable de transmettre à la ruche un message tel que le suivant : « Vous trouverez dans une fleur de *cyclamen,* dans une direction qui fait un *angle sud de 30 degrés* avec la direction présente du soleil, à *600 mètres* de distance, de la nourriture en *grande* quantité. »

Nous avons souligné les mots clefs, que l'abeille élabore et transmet dans un langage dansé. Combien de fois obtenez-vous des renseignements aussi précis, quand vous demandez votre chemin par exemple?

Toutes les sociétés animales, bien qu'à des degrés divers, ont ainsi leur langage abstrait de communication. On ignore souvent, par exemple, que dix significations ont pour le moment été reconnues dans les « cris » de la poule. Et, si la plupart des chercheurs ne distinguent aujourd'hui chez les singes hurleurs que quinze à vingt vocalisations différentes, cela ne prouve nullement

1. Karl von Frisch a obtenu le prix Nobel de biologie et de médecine pour 1973, en récompense de ses travaux.

que ces vocalisations ne sont pas en réalité beaucoup plus nombreuses, avec pour chacune une signification (quitte à ce que ces vocalisations soient jusqu'ici passées inaperçues des chercheurs!).

Je ne prétends nullement vouloir disputer à l'Homme la place qu'il revendique généralement sur le plan de l'élaboration des langages abstraits, c'est-à-dire la première place dans le règne animal. Mais, encore une fois, je crois que, au niveau de *l'aventure spirituelle des éons,* l'Homme ne doit pas être considéré comme une machine si « perfectionnée » qu'elle justifierait une « hiérarchie » des machines éoniques où l'Homme serait seul en tête. L'évolution de l'Esprit se déploie « en éventail » et, si les autres machines animales ou végétales ne jouaient pas un rôle essentiel pour assurer la progression de *l'Esprit* au niveau de l'Univers entier, on peut faire confiance aux éons, ils auraient purement et simplement éliminé de telles machines du mouvement évolutif, de même que nos industriels de l'automobile ne continuent pas de produire les vieux « tacots » de 1910.

Et, d'ailleurs, ne doit-on pas souligner ce fait que, si l'Homme paraît supérieur à l'animal dans l'élaboration et la lecture des signes *artificiels,* en revanche l'animal paraît bien supérieur à l'Homme dans la lecture des signes naturels. Les animaux sont, comme il est bien connu, capables de reconnaître beaucoup mieux que nous les signes avant-coureurs d'une tempête ou d'un tremblement de terre, ou capables de s'orienter dans l'espace, ou capables de deviner les produits naturels qui les soignent. Cette compréhension du langage naturel ne vaut-elle pas, sous bien des aspects, la compréhension du langage abstrait? Et qui pourrait nous garantir que les progrès de l'Homme dans l'élaboration des langages abstraits, qui paraît s'accompagner d'une « cécité » partielle vis-à-vis des langages naturels, n'est pas dommageable à l'avenir de l'humain, que le peuple des électrons cessera peut-être un jour de considérer comme une « machine valable » pour cheminer vers son objectif? Car qui peut encore, dans nos civilisations dites avancées, comprendre le langage de la roche ou de l'arbre? Comme si l'Homme pouvait se permettre d'évoluer seul, sans se préoccuper des forces sous-jacentes en œuvre un peu partout autour de lui, dans l'immense Univers qui lui a prêté la vie! Je crois qu'il est aussi stupide de vouloir à toute force « hiérarchiser dans l'absolu » l'Homme, l'animal, le végétal et le minéral, que de tenter de hiérarchiser dans l'absolu l'ordinateur, la télévision et la roue. Toutes ces « inventions » sont, en dernière analyse, l'œuvre de l'Esprit, c'est-à-dire les créations de ce grand peuple des électrons pensants. Ces « machines » ont été inventées pour servir à accroître la néguentropie de chaque espace électronique, et bien des moyens concourent à réussir cette opération. L'ordinateur peut paraître supérieur à la roue : mais demandez à l'ordinateur de vous ramener chez vous, et vous changerez d'avis! Et si l'animal devait raisonner autant « de travers » que nous, je me demande ce que penseraient de notre niveau psychique les oiseaux migrateurs, en découvrant que, comme le Petit Poucet, nous avons besoin de « semer des miettes de pain pour retrouver notre chemin quand nous sommes perdus dans le grand bois »!

Nous venons d'analyser la Réflexion comme opération psychologique élémentaire, chez chacun de nos électrons. Mais, nous venons de le voir à l'évidence, notre Esprit (qui est d'ailleurs le même que celui de nos électrons) se livre lui aussi à cette opération de Réflexion, chaque fois que nous préparons un Acte, ou chaque fois que nous élaborons une pensée nouvelle (c'est-à-dire que nous « inventons » des significations nouvelles à partir de nos informations mémorisées).

Sur un plan plus profond, ce que nous nommons la *Méditation* procède aussi du mécanisme de la Réflexion. Et l'on peut deviner ici, à la lumière de ce que nous venons de dire, tout l'intérêt que présente pour l'aventure spirituelle humaine cette Méditation.

Car, qu'on veuille bien y réfléchir : nous possédons en nous, nous l'avons vu, des racines spirituelles qui plongent dans un passé de milliards d'années. C'est un savoir *immense* que nous emmagasinons dans notre Moi inconscient, un savoir qui ferait de chacun de nous un sage ou un prophète s'il parvenait à discerner seulement une petite fraction des significations du langage de ce Moi inconscient.

Mais pour que ce savoir inconscient vienne émerger dans notre Moi conscient, il faut permettre à nos électrons d'intensifier leur processus de Réflexion, c'est-à-dire *d'inventer* des signes artificiels qui pourront éventuellement, sous forme symbolique, être « lus », puis interprétés par notre Moi conscient. Comment pouvoir enrichir un peu notre Conscient, qui ne concerne que les événements mémorisés depuis notre naissance, de quelques bribes du savoir que notre Esprit inconscient a accumulé pendant la période où cet Esprit était incarné dans le végétal, ou dans l'animal? Ce savoir n'est naturellement pas *directement* traduisible dans le langage que notre Esprit conscient a appris à manipuler. Ce savoir est fait des grands archétypes dont nous parlait Carl Jung. La Méditation peut aider nos électrons à rechercher des significations abstraites, entendons par là des informations traduisibles par des images (c'est-à-dire des signes artificiels) susceptibles d'être entrevues par notre Moi conscient, et nous raconter quelque chose de ce savoir millénaire enfermé au plus profond de nous-même, dans notre chair.

Ce n'est pas ici le lieu pour fournir des recettes à la Méditation, nous voulons simplement en souligner l'importance pour discerner les objectifs spirituels de l'aventure humaine, qui fait partie de l'aventure spirituelle de l'ensemble de notre Univers [1].

---

1. Je peux cependant dire comment je procède personnellement dans cette Méditation : je pense à un aspect du monde extérieur et je m'efforce de le considérer en éliminant tour à tour, au maximum du possible, les différents présupposés qui m'ont permis jusqu'ici d'interpréter cet aspect, dans le cadre de l'ensemble de mes informations conscientes. Je remplace aussi certains présupposés par d'autres, parfois diamétralement opposés à ceux que je viens d'éliminer, jusqu'à ce que cet aspect m'apparaisse sous de si nombreuses apparences complémentaires qu'il révèle comme un bout de « l'étoffe » profonde de l'Univers. Je m'efforce d'associer alors cette vision « signifiée » en profondeur de la réalité aux symboles que me suggère par ailleurs mon imagination (signes abstraits) pour construire un langage ayant une résonance pour moi-même; faire que ce langage ait aussi une résonance *chez les autres,* c'est là l'œuvre de l'artiste, ou du poète, plus rarement du scientifique.

La Méditation à l'échelle humaine a aussi un autre aspect. Les informations accumulées par notre Moi conscient ont, elles aussi, bien entendu, à être mémorisées par nos électrons et *interprétées* dans le cadre de toutes les informations que ces électrons possèdent déjà, qui s'accumulent et s'ordonnent, comme nous l'avons remarqué, depuis des millénaires. Il n'est pas certain que ces nouvelles informations en provenance de notre vie consciente, c'est-à-dire notre vie actuelle, soient toujours si facilement « interprétables » par l'ensemble de nos électrons, tout simplement par exemple parce que ces informations sont incompatibles avec l'ordre antérieur selon lequel les électrons ont organisé leur stock d'informations. C'est un peu le problème de : « Comment ranger un chien dans un jeu de quilles? » La première réaction, c'est certainement pour nos électrons-quilles de chasser le chien, c'est-à-dire l'intrus. Si celui-ci refuse de s'en aller, il faudra bien cependant que nos électrons réorganisent complètement les quilles, ou même les règles du jeu elles-mêmes, pour laisser une place « acceptable » au chien. Et ceci réclamera certainement Réflexion, c'est-à-dire, à l'échelle humaine, Méditation.

On est là, finalement, devant un des aspects des troubles dits « psychosomatiques ». Car, comment se traduit le comportement d'électrons qui ne peuvent plus bien, à cause d'une intrusion d'éléments conscients inacceptables dans leur mémoire, assurer un fonctionnement harmonieux de leurs actes, ces actes qui constituent une grande part de l'activité dite « inconsciente » de notre corps? Cela se traduira par des troubles de nos fonctions végétatives, et plus généralement par un mauvais fonctionnement de la « machine humaine ».

Et, à son tour, si la machine humaine est déréglée, qui possède le plus de ressources pour la remettre rapidement en état? Ce sont naturellement les électrons eux-mêmes. La santé du corps, c'est donc avant tout une *harmonie psychique* de nos éons, c'est-à-dire la « digestion » (voire l'élimination) de tout élément d'information en provenance du conscient qui troublerait de manière durable la Réflexion, et donc aussi les Actes, de nos éons.

Quand le corps ou l'Esprit est malade, on va généralement chercher le médecin. Chez l'Homme d'aujourd'hui, on procède en tout
cas ainsi. Chez les animaux, ou les végétaux, c'est moins fréquent.
Les lions d'Afrique, les fourmis de mon jardin, le chêne de la
forêt, s'ils tombent malades, en sont quittes pour se débrouiller
seuls; et ils se débrouillent d'ailleurs pas mal du tout.

Mon intention n'est pas ici de sous-estimer le rôle de nos
médecins, ni de la multitude de médicaments que la plupart
d'entre eux n'hésitent pas à recommander hardiment à leurs
malades. Mais, en dernière analyse, médecin ou pas médecin,
médicaments ou non, les électrons de notre corps devront se
débrouiller *eux-mêmes* pour tenter de rétablir le bon équilibre
d'un corps malade. Et, ici encore, je crois que la Méditation peut
jouer un rôle important. Qu'on puisse agir au moyen de l'Esprit
pour soigner le corps, cela ne devrait plus surprendre personne à
la fin de notre XXᵉ siècle, où les thérapeutiques psychologiques
sont nombreuses pour un certain nombre de troubles du corps.
Je crois cependant qu'il reste beaucoup à faire dans ce domaine,
et que trop souvent encore nos médecins considèrent le malade
comme un corps seulement, où l'Esprit ne jouerait qu'un rôle
passif dans l'évolution de la maladie.

Quand la coque d'une barque a un trou et prend l'eau, on peut
naturellement se procurer des seaux et vider le bateau, cela permettra de ne pas sombrer : mais, finalement, il faudra bien qu'à
un certain moment quelqu'un se décide à boucher le trou de la
coque.

Tous nos médicaments et nos thérapeutiques sont un peu
comparables à vider l'eau du bateau avec des seaux : ils ne
combattent pas directement la cause profonde de la maladie, mais
ses effets *secondaires*. La cause profonde, c'est un trouble de
fonctionnement de *l'Esprit* de nos éons, parce qu'ils ont eu à
accepter, en provenance de notre Moi conscient (c'est-à-dire de
l'expérience de notre vie vécue), des informations qu'ils sont
incapables de mémoriser harmonieusement parmi le stock d'informations qu'ils possèdent déjà. C'est parce que ce sont nos
électrons qui sont malades que certaines thérapeutiques, comme
l'acupuncture, obtiennent d'excellents résultats en jouant sur

l'équilibre électrique du corps, naturellement réalisé par la distribution des charges électriques dans notre corps. Mais, même l'acupuncture n'est jamais qu'un traitement opérant sur les effets *secondaires* de la maladie. La cause profonde, le « trou dans la barque », c'est au niveau de l'Esprit de nos éons qu'on la trouve, et c'est là qu'il faut agir, ou au moins agir *aussi*. Qui n'a pas fait l'expérience de faire disparaître la douleur en un point de son corps, simplement en concentrant sa pensée, par la Méditation, sur ce point particulier du corps? On ignore encore beaucoup trop les pouvoirs que notre Esprit peut exercer pour assurer le bon fonctionnement de notre corps : c'est notre inconscient qui a en charge, avons-nous remarqué, nos principales fonctions végétatives comme la respiration ou la digestion, mais cela ne signifie pas qu'il est inutile, pour le bon équilibre du corps, que notre *conscient* n'établisse pas une sorte de dialogue avec ces fonctions inconscientes du corps, pour que ce conscient « sente » le fonctionnement des activités inconscientes, ce qui lui permettra d'être averti beaucoup plus tôt d'un dérèglement de ces fonctions inconscientes; et permettra aussi au conscient de parvenir plus facilement, par la Méditation, à deviner comment contribuer à un retour à l'équilibre d'une activité inconsciente perturbée. « Sentez votre respiration, prenez conscience de son importance, essayez d'agir sur elle par l'intermédiaire de votre Moi conscient », nous recommandent souvent les sages indous, dans des exercices de yoga. Tous ceux qui ricanent de ces exercices psychosomatiques, au cours desquels on cherche à développer dans la machine humaine les relations entre le conscient et l'inconscient, se privent sans nul doute d'une certaine joie de vivre : la joie de « se sentir bien dans sa peau ».

Ainsi la Réflexion nous apparaît-elle comme une opération importante de toute l'évolution spirituelle de l'Univers. Elle se traduit, au niveau de l'électron individuel, comme le processus servant à organiser les informations en provenance de son monde extérieur, en rangeant celles-ci dans un système signifié cohérent, et en permettant de préparer ainsi l'Acte à venir. Puisque notre

Esprit est celui des éons, cette Réflexion est un processus psychologique qui a la même importance à l'échelle de la machine
humaine tout entière qu'au niveau des électrons porteurs d'Esprit.
Et les « pauses » dans l'activité humaine, pour simplement
réfléchir et méditer, n'apparaissent pas à ce point de vue comme
du « temps perdu ». Bien au contraire, ce temps est *nécessaire*
pour assurer à cette machine humaine un fonctionnement harmonieux. Le temps de la Méditation est celui qui nous permet de
recueillir parfois, si on sait écouter d'une oreille suffisamment
attentive la « voix intérieure » qui chuchote au fond de nous-
mêmes, quelques parcelles du savoir millénaire que porte en elle
la partie inconsciente de notre Esprit. Et, sans nul doute, un tel
savoir devrait aider notre Moi conscient à acquérir un peu de cette
sagesse dont, aujourd'hui comme hier, l'Homme aurait tant
besoin.

CHAPITRE X

De la Connaissance

Connaissance et re-connaissance. — Les signes du monde exté-rieur et le signifié fourni par l'Esprit. — Notre Esprit donne « existence » au monde extérieur. — Pourquoi nous mettons-nous d'accord à plusieurs sur notre représentation du monde exté-rieur? — L'éducation « stérilise » notre imagination. — Pourquoi l'Homme n'a-t-il pas, comme les animaux, une connaissance « innée »? — L'Amour est une connaissance télépathique. — La Connaissance progresse par généralisation, et non par synthèse.

La Connaissance est, pour l'électron individuel, une opération psychologique de grande importance car c'est elle qui, avec l'Amour que nous étudierons au chapitre suivant, est seule capable de faire monter le « niveau de conscience » de l'électron. Les physi-ciens expriment ceci en disant que la Connaissance est une opé-ration qui accroît la néguentropie de ce micro-univers qu'est l'électron [1].

Il convient de bien distinguer ici la Connaissance, dans le sens que nous venons de lui donner, et la re-connaissance, qui, elle, ne correspond pas à une élévation du niveau de conscience électro-nique. Nous avons déjà abordé ce point dans les pages ci-dessus,

1. Nous avons vu que cet accroissement de néguentropie se traduit par l'élévation du spin total des photons noirs intérieurs à l'électron : il y a Connais-sance, par exemple, quand un photon du monde extérieur change le signe de son spin ($+ 1$ à $- 1$) et que ceci correspond à faire passer un photon du monde intérieur à l'électron du spin 1 au spin 2, le spin de l'électron lui-même passant simultanément de $- 1/2$ à $+ 1/2$, afin de conserver le spin total.

mais il est utile sans doute d'y revenir une fois encore ici.

La véritable Connaissance a lieu quand l'électron reçoit de son monde extérieur, sous forme électromagnétique [1], un « signe » *nouveau, c'*est-à-dire auquel *il n'a pas encore donné une signification.* C'est ce signe encore non interprété qui accroît la néguentropie de l'électron, et c'est cet accroissement de néguentropie qui va, à son tour, faire que l'électron va ajouter une signification à celles qu'il possédait déjà pour interpréter les signes du monde extérieur.

Quand ce signe se renouvellera ensuite, dans le monde extérieur, l'électron possédera alors immédiatement une signification à lui associer : l'électron va re-connaître (et non pas connaître) le signe, il n'y aura plus, dans cette opération psychologique, un nouvel accroissement de néguentropie de l'électron, on aura affaire à une re-connaissance, et non plus à une Connaissance. La re-connaissance fait partie de l'opération psychologique de l'électron que nous avons nommée l'Acte (l'acte de re-connaître), et non pas de l'opération de Connaissance. Nous avons vu que dans l'Acte, comme dans la Réflexion, il n'y a pas élévation du niveau de conscience de l'électron, pas d'accroissement de la néguentropie de l'électron.

Tout ce que nous écrivons sur la Connaissance au niveau de l'électron individuel est encore valable pour la Connaissance des machines créées par l'électron, et plus spécialement la machine humaine, puisque l'Esprit de ces machines est l'Esprit des électrons qui la composent. Ce que nous apprenons par l'étude de la Connaissance au niveau élémentaire de l'électron peut donc nous apprendre aussi selon quels mécanismes fonctionne notre propre Connaissance humaine.

Il est intéressant de voir, à ce sujet, comment nous nous formons, à travers la Connaissance, la représentation du monde extérieur. Ce que nous obtenons d'abord ce sont *des signes* de ce monde extérieur. Ces signes, nous l'avons dit, sont de nature

1. En fait, comme nous l'avons noté, l'électron est sensible aux interactions électromagnétiques et également aux interactions que les physiciens nomment « faibles ». Nous simplifions volontairement ici.

électromagnétique, c'est-à-dire des photons. Nous n'« absorbons » pas en nous, pour connaître, ces photons du monde extérieur : nous l'avons vu, *rien* ne peut pénétrer dans les micro-trous noirs que sont nos éons (c'est-à-dire notre Esprit). Ce sont donc des échanges de spin et d'impulsion entre photons du monde extérieur et photons du monde des éons qui étayent le processus de Connaissance. Dans cette mesure, il n'y a aucun lien direct entre *ce qu'est,* dans l'absolu, ce monde extérieur, et la représentation que nous allons en faire. En effet, nous ne recueillons pas les photons du monde extérieur eux-mêmes, mais ces photons provoquent des modifications dans la structure des photons composant notre Esprit; de plus, et cela est encore plus essentiel, ce ne sont pas directement les signes en provenance du monde extérieur qui construisent notre représentation du monde, mais ce sont *les significations* que nous donnons à ces signes. Mais les significations, où trouvent-elles leur origine? Non pas dans le monde extérieur lui-même, mais dans l'ensemble des significations que nous nous sommes *déjà données* pour interpréter les signes du monde extérieur. Ainsi, *le même* signe du monde extérieur, entrevu pour la *première* fois par deux individus différents, donnera naissance à deux significations qui pourront parfois être très différentes, puisque ces significations vont dépendre des ensembles de significations que possèdent déjà, pour chacun d'eux, les deux individus en cause. Notre représentation du monde n'est donc nullement le reflet d'une réalité extérieure que l'on pourrait connaître de mieux en mieux par l'observation, cette représentation est la manière cohérente et harmonieuse que nous avons choisie pour rassembler entre elles *des significations* plus ou moins arbitraires que nous avons attribuées à des signes extérieurs de nature électromagnétique. Certes, on pourrait dire, puisque l'électromagnétisme c'est la lumière, que : « Le monde *est lumière* »; mais nous ne serions guère plus avancés que de dire : « Le monde est ce que nous pensons de lui », puisque ce monde *est* dans ce cas beaucoup plus une émanation de mon propre Esprit qu'une véritable « image » d'une certaine réalité extérieure de nature matérielle. Le monde est une émanation de mon Esprit parce qu'il est ensemble de *significations,* et non pas ensemble de signes interprétables en se passant de significations. Comme le remarquait donc Berkeley, « Être, c'est être pensé »; ce que nous nommons notre monde extérieur est fabriqué d'un tissu *spirituel,* et la matière elle-même ne prend existence qu'à travers l'idée qu'on se fait d'elle; cette matière est donc, elle aussi, de nature spirituelle.

Ces remarques viennent toujours mieux éclairer la célèbre parole d'Einstein que nous avons déjà citée, mais que je ne me refuserai pas le plaisir de citer à nouveau, tant je trouve traduire de manière juste la façon dont notre Esprit se représente le monde : « Une théorie peut être vérifiée par l'expérience, mais aucun chemin ne mène de l'expérience à la création d'une théorie. » Toute notre conception du monde procède de cette manière : elle n'est nullement l'image plus ou moins précise des signes qui nous sont livrés par nos sens, elle est une création cohérente et harmonieuse effectuée à partir d'un ensemble de significations que nous avons choisi plus ou moins arbitrairement de nous donner pour interpréter des signes du monde extérieur. Ces signes eux-mêmes n'ont, par nature, aucune interprétation *directe* en tant que signes.

Notre Esprit travaille un peu ici comme si le monde extérieur nous adressait des signes sous forme d'un tableau entièrement abstrait, c'est-à-dire où *rien* n'a de sens avant que le spectateur n'ait commencé à donner une signification à ce qu'il voit. Comment va procéder ce spectateur pour un tel tableau abstrait? Il va « consulter » ce qu'il a dans la tête, et cette tête va lui suggérer, compte tenu de son expérience passée mémorisée, des significations qu'il va attribuer aux aspects du tableau abstrait. Mais, bien entendu, comme il est libre du choix des significations, et que ce qu'il a dans la tête lui est « personnel » (c'est son Moi conscient et inconscient), les significations qu'il prêtera au tableau seront elles aussi « personnelles », c'est-à-dire qu'un autre spectateur choisirait sans doute des significations entièrement différentes. Alors, quelles sont les significations à associer au tableau abstrait, celles de Jean ou celles de Pierre? Aucun des deux groupes de significations n'est « vrai » de manière absolue, et d'ailleurs aucun des deux n'est non plus « faux » de manière absolue.

Comme pour le tableau abstrait, nous n'avons conscience de notre monde extérieur qu'à travers les significations que, plus ou moins arbitrairement, nous avons choisi de donner à des « signes » qui, en eux-mêmes, *ne contiennent pas* de significations.

Mais comment se fait-il, alors, que nous puissions, à plusieurs personnes, donner *la même* signification à un ensemble de signes? Est-il si exact que les signes du monde extérieur ne portent pas de significations *directes,* comme le faisaient tout à l'heure les détails du tableau abstrait, puisque nous nous mettons souvent d'accord à *plusieurs* à la fois pour attribuer *les mêmes* significations aux signes du monde extérieur? Cela résulte, comme nous l'avons signalé déjà, du fait que si vous permettez aux différents individus de *communiquer entre eux,* de personne à personne, vous allez permettre alors aussi *la comparaison* des différentes significations attribuées par les différentes personnes au même tableau abstrait, et il pourra s'établir une certaine *convention* sur la signification unique à donner à l'ensemble de signes qui composent le tableau abstrait. Nous avons déjà remarqué que, dans la Réflexion, on pouvait « inventer » de nouvelles significations (alors dites artificielles) à partir d'une signification (dite naturelle) attribuée à un ensemble de signes. Il est donc possible, si on peut communiquer avec autrui, de faire la convention que c'est *sa* signification (et non la mienne) que je donnerai à un ensemble de signes donnés. Dès lors, nous l'avons dit aussi, on a de cette manière construit avec l'autre les éléments d'un *langage,* qui permettra à l'autre de communiquer avec moi à travers des signes : nous attribuerons pour cela la même signification aux mêmes signes.

Cela ne veut pas dire, bien entendu, que la signification que nous avons convenu d'adopter pour un ensemble de signes du monde extérieur est plus vraie du simple fait que nous nous sommes mis d'accord pour l'adopter. Que nous donnions à plusieurs personnes à la fois *la même signification* à un même ensemble de signes du monde extérieur ne doit en aucune façon

laisser croire que cette signification est « objective », et traduit une
réalité du monde extérieur *qui serait* ce que nous avons convenu,
à travers une signification commune, de dire d'elle à plusieurs
personnes à la fois. Répétons-le, cette signification est *pure
convention,* et ne nous dit *rien* sur ce qu'est vraiment, c'est-à-dire
dans l'absolu, cette réalité extérieure. « Le mot n'est pas la chose »,
remarquait le sémanticien Alfred Korzybsky [1], cela veut dire
que d'appeler « chèvre » un animal que j'aperçois dans la pâture
d'en face ne signifie nullement que le mot « chèvre » *est* cet animal. L'animal est un signe, et ce signe restera le même que je
convienne de lui donner la signification « chèvre », ou la signification *« goat »,* ou tel autre mot qu'aura choisi un humain de la
galaxie d'Andromède pour désigner ce même animal. C'est *la
convention* sur la signification qui permet le langage : mais ce langage ne nous dit *rien* sur ce que sont les choses, il est fabriqué
à partir d'une stricte convention établie entre les esprits humains.

Le côté purement « conventionnel » de notre représentation du
monde extérieur apparaît plus nettement encore quand il
s'agit d'une réalité qui ne peut être appréhendée que par un
nombre limité de nos organes des sens. Les étoiles du ciel, par
exemple, ne peuvent être que vues, elles ne peuvent être ni goû-
tées, ni senties, ni touchées, ni entendues (encore que Pythagore
parlait de la « musique » des corps célestes!). Dès lors, cette réalité n'est plus que ce qu'ont dit d'elle : pour les Babyloniens, les
étoiles sont des lumignons éclairant la Terre; pour Aristote, les
étoiles sont des trous dans la voûte du ciel derrière laquelle se
cachent les dieux; pour le Moyen Age, ce sont les habitacles des
dieux eux-mêmes; pour nous, ce sont des sphères de matière à
haute température dont on croit connaître assez bien la structure physico-chimique. Mais que sont les étoiles, dans l'absolu?
Va-t-on prétendre que la Connaissance atteint aujourd'hui son
apogée, et que, dans 1 000 ans, ou dans 10 000 ans, nous n'aurons pas peut-être une signification complètement différente que
nous attribuerons au signe « étoile »? Ce serait bien présomptueux
de l'affirmer, et contraire au demeurant aux résultats de l'analyse

1. Alfred Korzybsky, *Science and Sanity.*

du processus de Connaissance tel que ce processus nous apparaît dès aujourd'hui.

Nous apprenons en fait le langage, c'est-à-dire la convention à faire sur les signes de notre monde extérieur (que ces signes soient naturels comme un arbre, ou artificiels comme l'écriture) au moyen de ce qu'on nomme l'Éducation.

Mais on voudra bien noter, à la lumière de ce que nous venons de dire, que si l'Éducation nous apprend bien le langage, elle est par contre un peu « stérilisante » en ce qui concerne l'opération psychologique fondamentale que nous avons désignée comme la Connaissance. En effet, que nous propose l'Éducation? Des significations *toutes faites* et, comme nous l'avons vu, *purement conventionnelles,* pour interpréter les signes de notre monde extérieur. Que cela soit valable pour les signes artificiels, comme l'écriture, soit; mais que ce soit également excellent pour les signes naturels, c'est beaucoup moins certain : en nous *imposant* les significations à donner à ces signes, la société stérilise en effet notre imagination, dont l'un des rôles est précisément d'attribuer une signification *librement choisie,* compte tenu de l'état conscient et inconscient de notre Esprit, à un signe naturel du monde extérieur. Qui sait encore aujourd'hui entendre le premier souffle de la vie qui se prépare sous la roche, connaître la joie du brin d'herbe qui se dresse vers le soleil dans la rosée du matin, partager l'euphorie de la biche qui court sur le sentier de la forêt? Toute notre Éducation de « civilisé » nous apprend que la roche est un caillou, et rien d'autre; et que la biche est surtout bonne quand elle est dans notre assiette; quant au brin d'herbe, il est comme les petits Chinois, il y en a tellement, alors pourquoi détourner le pied pour ne pas l'écraser en marchant?

Plus la Connaissance est structurée par les significations conventionnelles que la société a imposées pour interpréter notre monde extérieur, plus il devient difficile de faire encore preuve d'imagination, c'est-à-dire d'offrir pour connaître les choses des significations *différentes* de la convention. Cette situation

est particulièrement typique en Science, où l'imagination individuelle ne peut plus guère avoir cours. Au point que le grand physicien Max Planck a, on s'en souvient, justement remarqué : « Une
nouvelle théorie scientifique ne triomphe jamais, ce sont ses adversaires qui finissent par mourir. »

Ce sont donc nos éons, porteurs de notre Esprit, qui mémorisent durant notre vie vécue la Connaissance que nous acquérons
du monde extérieur, en associant les signes en provenance du
monde extérieur à des significations. Comme nous l'avons
remarqué, la société nous suggère généralement les significations
conventionnelles à attribuer aux signes, de manière à permettre
une communication entre les membres de cette société par l'intermédiaire du langage. Nous avons insisté, au chapitre précédent, sur le fait que les Hommes ne sont nullement seuls à construire des « langages », ies animaux en font autant. Le langage
animal, comme tout langage, suppose une « convention » entre
les individus de la même espèce animale sur la relation signe-
signification. Mais, chez l'animal, la convention semble en partie
innée : dès sa naissance, le jeune animal va être capable, sans
apprentissage, d'attribuer une signification (la signification conve-
nue par l'espèce entière) aux signes du langage des adultes de la
même espèce (cris, gestes, couleurs, etc.). On peut se demander
pourquoi?

En fait, c'est le contraire qu'il faudrait se demander : pourquoi
l'Homme ne connaît-il pas, dès sa naissance, et de manière
innée, au moins quelques « significations » des signes qu'il reçoit
de son monde extérieur, puisqu'il est fait en grande partie d'éons
« réincarnés » d'une génération humaine à une autre génération
humaine, et que les éons du bébé humain devraient donc encore
avoir, dans leur Esprit, le souvenir de relations signes-significations
apprises durant des existences antérieures, comme le font la plupart des animaux?

C'est une question importante, et on peut espérer qu'une meilleure connaissance des mécanismes de l'Esprit, dès le niveau
élémentaire des éons, permettra un jour de répondre de manière

précise à cette question. Pour le moment, il semblerait qu'on puisse suggérer l'explication suivante :

Ce sont, en fait, les propriétés particulièrement développées de *Réflexion* de la machine humaine qui sont ici en cause : cette Réflexion permet à l'Homme *d'imaginer un grand nombre* de significations pour *le même* signe extérieur, qu'il soit matériel comme la vision d'un arbre, ou artificiel comme une peinture ou une poésie. C'est parce que l'Homme dispose ainsi d'un large champ de significations possibles pour le même signe que, par contrecoup, il lui devient difficile de distinguer, sans apprentissage, *la* signification conventionnelle à attribuer à un signe donné. S'il en était ainsi, c'est que son imagination serait tarie, et cette imagination répond cependant sans nul doute à une vocation humaine profonde. Nous disions, tout à l'heure, à quel point l'Éducation peut présenter ce danger, si elle est mal dispensée, de tarir l'imagination que le jeune enfant possède de manière naturelle.

Mais alors, pourquoi l'Homme se distinguerait-il de l'animal par ce pouvoir de Réflexion plus intense? Là encore, la réponse n'est pas simple sans doute. Il est possible que cela provienne du fait que les éons de l'Homme seraient « recrutés » chez de *nombreuses* espèces du monde vivant, et non pas chez une même espèce, comme pour l'animal ou le végétal. La complémentarité des Esprits de cette diversité d'espèces entraînerait alors une intensification de la propriété spirituelle que nous avons nommée la Réflexion; en d'autres termes, l'Homme posséderait dans son inconscient une variété d'expériences vécues qui lui permettrait de « coller » des significations très variées aux signes en provenance de son monde extérieur. Imaginer, c'est après tout créer des symboles pour transmettre au monde extérieur des conceptions nouvelles, ou pour interpréter de façon nouvelle les signes extérieurs connus. Et il faut bien que cette imagination « sorte » de quelque part. Ce « quelque part », nous l'avons redit tout au long de cet ouvrage, ne peut pas être autre chose que ce qui porte l'Esprit, c'est-à-dire les éons qui composent la « machine » capable d'imaginer.

Il est intéressant de noter, à ce sujet, que les croisements entre

différents types d'une même espèce animale ou végétale, produi-
raient dans la plupart des cas des créatures vivantes plus saines,
plus fortes et, s'ils peuvent en faire preuve, plus intelligentes. Cela
est bien connu pour les végétaux et les animaux : mais c'est vrai
également pour l'Homme, comme l'ont démontré certaines études
récentes [1].

Les éons aussi, bien entendu, possèdent un langage pour
communiquer entre eux. Mais ce langage est particulier, nous
aurons à l'étudier au chapitre qui suit; ce langage de communication est précisément la propriété psychologique de l'électron
que nous avons nommée l'Amour.

L'Amour est une connaissance d'un type spécial, car elle
permet à un électron *d'échanger avec un autre électron des significations complémentaires,* c'est-à-dire des significations différentes concernant le même signe du monde extérieur [2]. Dans ce
processus, chaque électron qui « échange » n'a cependant pas la
signification de l'autre qui vient remplacer la sienne propre :
chaque électron est, après l'échange, doté *des deux* significations;
et, comme celles-ci sont complémentaires, c'est-à-dire peuvent
être harmonisées pour interpréter *de manière plus complète* le
signe associé aux significations, cela correspond à une *élévation
du niveau de conscience de chacun* des deux électrons. C'est
pourquoi l'Amour apparaît comme l'opération psychologique
contribuant le plus efficacement à l'élévation de la néguentropie
de l'Esprit des éons.

L'Amour correspond bien, dès ce stade des éons, à un véritable langage, puisqu'un électron transmet directement à l'autre,
d'Esprit à Esprit, le signe *et* la signification que chacun a donnés
à ce signe, ceci sans avoir à transiter par le monde extérieur.

Pour bien faire comprendre ce que nous entendons par signi-

1. *Le Problème des races en science moderne,* étude faite et publiée par
l'Unesco dans les années soixante.
2. Nous avons développé, sur le plan de la Physique, le mécanisme de cet
échange direct d'informations qu'est l'Amour dans *L'Esprit, cet inconnu,
op. cit.*

fications *complémentaires* d'un même signe du monde extérieur, nous allons donner un exemple.

Supposons que ce signe soit un cylindre (donc un objet à trois dimensions), mais que nous ne disposions que de « coupes » à deux dimensions pour donner une signification au signe « cylindre ». Une personne (ou un éon) va « imaginer » sa signification en opérant une coupe par l'axe du cylindre, et va dire que la signification du signe « cylindre » est un rectangle (la coupe d'un cylindre par un plan passant par son axe est un rectangle). Une autre personne (ou un autre éon) va imaginer sa signification en opérant une coupe par un plan perpendiculaire à l'axe du cylindre, et va donc dire que la signification du signe « cylindre » est un cercle. Il est clair que ces deux significations sont « *complémentaires* » l'une de l'autre, aucune n'est « absolument » vraie, aucune n'est « absolument » fausse. Comme nous l'avions donc remarqué précédemment, la signification *n'est pas* la réalité extérieure, quelle que soit cette signification : aucune signification ne peut nous fournir une représentation *absolue* du monde extérieur.

Mais, par contre, l'ensemble de plusieurs significations complémentaires, sans cependant nous fournir non plus une représentation absolue de la réalité extérieure, peut nous permettre d'avoir une *conscience plus complète* de la manière de se représenter le monde extérieur. L'ensemble de ces significations complémentaires produit ce qu'on peut nommer une *généralisation* [1]. Et la généralisation correspond, sur le plan psychique, à une élévation du niveau de conscience, à un accroissement de néguentropie de l'Esprit.

Supposons donc que nos deux électrons communiquent par cette Connaissance particulière qu'est l'Amour. Ils vont échanger entre eux, concernant le signe « cylindre », leurs deux significations respectives, c'est-à-dire le rectangle et le cercle. Les deux électrons auront de cette manière communiqué en utilisant un langage, puisque chacun a adressé à l'autre un signe et sa signifi-

---

1. J'avais plus particulièrement étudié la généralisation, en cherchant à la distinguer de la synthèse, dans mon ouvrage *L'Homme à sa découverte*, Le Seuil, 1963.

cation. C'est un langage un peu spécial cependant, car c'est l'un qui « lit » directement dans l'Esprit de l'autre. C'est pourquoi on peut dire que l'Amour est un véritable langage *télépathique*.

Remarquons les limites, mais aussi les avantages, de cette Connaissance télépathique qu'est l'Amour.

Les limites proviennent du fait que l'échange ne peut avoir lieu que si les deux électrons ont mémorisé et donné une signification *au même* signe du monde extérieur (par exemple avoir, tous les deux, mémorisé le signe « cylindre »); et, par ailleurs, avoir fourni pour chacun d'eux des significations *différentes* à ce même signe (par exemple, il n'y a aucune connaissance supplémentaire, et donc pas de processus amorisant, si les deux protagonistes ont donné *la même* signification, disons « cercle », au signe « cylindre »).

Mais, à côté de ces limites, combien d'avantages offre la connaissance effectuée par Amour! En effet, elle permet la « généralisation », c'est-à-dire la superposition, dans une même information cohérente, de *plusieurs* facettes d'un même signe. C'est exactement comme si l'on n'avait interprété soi-même que le côté « pile » de ce signe, et qu'on puisse soudain « lire » directement dans l'Esprit d'un autre, au cours du processus d'Amour, le côté « face » de ce même signe.

On rend compte ici, avec la généralisation, de la manière dont progresse la Connaissance humaine, et plus spécialement la connaissance scientifique. On illustre souvent en Physique ce progrès de la Connaissance par « généralisation » en citant l'exemple du dilemme onde-corpuscule.

Au début du siècle, on pensait que ces briques élémentaires formant toute matière, comme l'électron par exemple, pouvaient être représentées comme des corpuscules, comparables à de minuscules petites billes, pour fixer les idées.

Puis, vers 1920, on constata que l'électron ne se comportait pas toujours comme une « bille », mais parfois comme une onde :

ainsi, en traversant un petit trou, l'électron fournissait des observations qui ne pouvaient être correctement interprétées qu'en assimilant l'électron à une petite ondulation, comme celles qui rident l'eau quand on y jette un caillou; cette ondulation, en venant passer par le trou, donnait naissance elle-même à de nouvelles ondulations, dont la source était le trou.

Voici donc deux significations différentes fournies pour rendre compte de la structure du signe « électron » : une signification « corpuscule », une signification « onde ». Qu'était donc en fait l'électron? Pouvait-il revêtir *les deux* aspects, d'apparences contradictoires, de corpuscule et d'onde? Les physiciens des années 30 mirent quelque temps à se casser la tête sur ce problème, jusqu'au moment où ils découvrirent que les deux significations, corpuscule et onde, n'étaient pas contradictoires, mais *complémentaires* l'une de l'autre pour rendre compte du signe « électron ». Et, au moyen d'une « généralisation », ils bâtirent une *nouvelle* signification capable de contenir, comme deux faces complémentaires du même objet, les deux aspects corpusculaire et ondulatoire associés au signe « électron »[1].

On notera que la généralisation n'est pas une simple synthèse : dans une synthèse, on associe deux significations différentes pour fournir une nouvelle signification qui *remplace* les deux significations précédentes. Dans la généralisation, on conserve les significations précédentes, mais on les fait apparaître comme les facettes complémentaires d'un même signe. La synthèse nous dit : ce signe est signifié tantôt comme blanc, tantôt comme noir, ces deux significations sont fausses (ou incomplètement justes), je donne à ce signe la signification d'être gris; la généralisation nous dit : ce signe est signifié tantôt blanc, tantôt noir, ces *deux* significations sont acceptables, car une facette du signe est blanche,

---

1. La généralisation de 1930, comme tout progrès dans la Connaissance, n'était d'ailleurs pas le *nec plus ultra* de la Connaissance de l'électron. Elle fit en effet bientôt apparaître — théorie du probabilisme — qu'il fallait imaginer l'électron comme étant, à un instant donné, partout et nulle part. C'est une nouvelle généralisation, qui précisément associe ces deux significations dans une nouvelle signification plus « néguentropique », qu'a tentée *la Théorie de la Relativité complexe, op. cit.* Là non plus, ce n'est d'ailleurs naturellement pas la « dernière » généralisation possible!

une autre facette est noire. En d'autres termes, la généralisation veut se différencier de la synthèse en ce sens qu'elle n'est jamais le compromis entre thèse et antithèse, mais cherche à montrer que thèse et antithèse sont des significations toutes deux acceptables, qui se complètent comme les faces opposées du même signe.

Nous préférons la généralisation à la synthèse car l'analyse de l'Esprit, que nous avons menée au niveau élémentaire des éons, nous montre que les éons accroissent leur niveau de conscience en procédant par généralisation, et non par synthèse. Les significations différentes d'un même signe ne viennent pas se remplacer l'une l'autre, mais viennent s'ajouter pour fournir une représentation spirituelle plus complète et plus harmonieuse (c'est-à-dire moins contradictoire) de ce signe; avec la réserve que les éons, qui sont des sages, savent que les généralisations successives, aussi nombreuses soient-elles, n'atteindront jamais à une représentation *absolue* du monde extérieur et que la Connaissance est un chemin qui va s'élargissant mais ne se termine jamais. Il est vrai que les éons, nous le savons aussi, ont l'éternité devant eux!

CHAPITRE XI

De l'Amour

L'Amour est communication directe des consciences. — L'Amour est découverte réciproque de significations complémentaires pour bâtir notre représentation du monde. — Les gestes de l'Amour. — L'Amour révélateur d'infini. — Les « semblants » de l'Amour. — L'Amour ne comporte pas d'interdits sociaux. — L'Amour-passion. — L'amitié. — La haine. — Comment aimer celui que l'on croit haïr? — Une grâce : l'amour toujours. — L'Amour authentique est toujours « sauvage ». — Aimer autrui, c'est d'abord reconnaître son identité. — Dieu a donné le monde à Adam et Lilith, et non pas à Adam et Ève. — La civilisation « virile » : raz le bol!

Avec l'Amour, nous pénétrons dans la plus intense, la plus enrichissante, la plus exaltante des propriétés psychologiques de l'Esprit. Nous avons la chance, après l'analyse de l'Esprit à laquelle nous nous sommes livrés sur le plan de l'électron, de savoir de quoi est faite et comment fonctionne cette opération d'Amour [1]. Nous allons pousser maintenant cette analyse un peu plus avant en recherchant comment se traduit cette propriété d'Amour au niveau d'une « machine » qui nous intéresse singulièrement, la machine humaine.

Dès le niveau de l'électron individuel, *l'Amour est communication directe des consciences.*

---

1. Voir ce que nous avons déjà dit ci-dessus de l'Amour (notamment au chapitre x), et aussi dans *L'Esprit, cet inconnu, op. cit.*

Rappelons que la Connaissance était une communication de l'Esprit (c'est-à-dire de la conscience de l'électron) avec le monde extérieur de la Matière, à l'exclusion d'une communication directe avec l'Esprit des autres électrons, qui font cependant naturellement partie également du monde « extérieur » à un électron donné. En d'autres termes, l'Amour est l'Esprit connaissant directement l'Esprit de l'Autre, alors que la Connaissance est l'Esprit se formant une représentation du monde extérieur de la Matière. L'Amour est donc le complément de la Connaissance de la Matière, nous avons même dit qu'on pouvait le nommer une Connaissance télépathique, car ce n'est plus une Connaissance de la Matière mais une Connaissance directe de l'Esprit de l'Autre.

La Connaissance, nous nous en souvenons, consistait à interpréter les signes en provenance du monde extérieur en leur associant une signification. Cette signification peut être « inventée » par l'individu lui-même, à partir des informations antérieures qu'il possède déjà dans son Esprit : si je cueille un fruit inconnu et le goûte, ce « signe » du monde extérieur pourra, par exemple, sans que personne d'autre ait besoin de me le suggérer, être interprété comme : « Le goût de ce fruit nouveau est bon pour moi. » Nous avons vu aussi que la signification des signes du monde extérieur pouvait nous être apprise par l'Éducation, par le truchement du langage. C'est ici, en somme, une sorte de communication de la conscience d'un individu avec la conscience sociale du moment. Mais ceci ne doit nullement être confondu avec la communication *directe* des consciences qu'est l'Amour. Il n'existe pas d'être social ayant un Esprit autonome, l'être social ne peut posséder que l'Esprit des individus qui participent à la société. On peut reprendre ici l'image de l'orchestre jouant une symphonie : il y a bien un langage qu'utilise l'orchestre, mais il n'y a pas un Esprit de l'orchestre, je ne peux donc pas communiquer directement par ma conscience avec un soi-disant « Esprit » de l'orchestre; seuls les musiciens possèdent l'Esprit, ce n'est qu'avec eux, individuellement, que je peux établir une communication directe de conscience à conscience.

L'Amour se distingue donc bien de la Connaissance habituelle, ce n'est pas entre l'Esprit d'un individu et la Matière que s'établit la communication, c'est entre l'Esprit d'un individu et celle d'un autre individu.

En quoi consiste cette communication? Qu'est-ce qu'échangent deux Esprits qui communiquent dans l'Amour? Nous allons répondre en pensant ici, plus particulièrement, à la machine humaine : mais en fait, ne perdons pas de vue qu'il y a *identité* (et non pas seulement analogie) de nature entre l'Amour au niveau de nos électrons et l'Amour au niveau humain, puisque l'Esprit de l'homme individuel ne ressemble pas seulement à l'Esprit des éons de son corps, *c'est* l'Esprit des éons de son corps, et ce que nous allons dire de l'Amour humain s'inspire directement de l'analyse de l'Amour au niveau des éons.

Ce que les Esprits échangent dans l'Amour, ce sont des *significations complémentaires* données à certains signes du monde extérieur. Par « complémentaire », nous entendons, rappelons-le, des significations qui s'ajoutent en se complétant l'une l'autre, comme les pièces emboîtantes d'un puzzle, nous approchant d'une sorte de « plénitude », c'est-à-dire nous fournissant une conscience plus élevée du monde extérieur.

Cette plénitude, nous pouvons en approcher sa signification dans le cas le plus extrême : c'est la plénitude totale qu'on pourrait avoir en « comprenant » le monde à travers deux significations *exactement* complémentaires, comme par exemple : « Le monde est l'association du blanc et du non-blanc. » On voit bien que le monde ne peut pas être « autre chose », parce que ces deux significations de « blanc » et « non-blanc » couvrent *la totalité*, rien n'y échappe, c'est le tout, le plein, la plénitude de la description. Malheureusement, cette sorte de complémentarité est factice, ou plus exactement « transparente » pour notre conscience : elle est bien une description *possible* du tout, mais elle ne nous apprend rien sur le tout, ce n'est pas une information « compréhensible » par notre conscience, cette conscience qui procède par analyse et généralisation. Notre Esprit élève son niveau de conscience en « emboîtant » l'une dans l'autre des significations complémentaires, nous permettant *d'approcher ainsi sans cesse* de la Connaissance du Tout, par étapes successives, graduellement, asymptotiquement diraient les mathématiciens.

L'image du puzzle est ici très utile pour voir comment on peut découvrir, dans la conscience d'autrui, des significations *complémentaires* pour un signe donné du monde extérieur. Notre propre Esprit a interprété ce signe par un ensemble de significations qui forment, nous l'avons dit, comme les pièces emboîtées *d'une partie* seulement d'un puzzle; en d'autres termes, on a déjà couvert une petite partie du puzzle, avec des pièces (des significations) qui sont *cohérentes,* en ce sens qu'elles « collent » bien l'une avec l'autre, et nous présentent un bout d'image *cohérent* du puzzle complet. En « lisant » dans l'Esprit de l'autre, on peut découvrir deux sortes de significations nouvelles à un signe donné : des significations qui sont comme une pièce de puzzle ne venant nullement s'emboîter dans la partie du puzzle que nous avons déjà constituée : nous dirons que c'est une signification différente, mais non pas complémentaire, et nous ne pouvons pas directement la prendre et l'utiliser pour venir enrichir la partie du puzzle que nous avons déjà rassemblée. Ou alors c'est une pièce de puzzle qui vient directement s'emboîter sur les bords de la partie du puzzle déjà constituée : alors nous dirons qu'il s'agit d'une signification complémentaire, et on conçoit qu'elle enrichit notre vision de l'interprétation à donner au signe du monde extérieur, puisque cette signification vient *agrandir* l'image que nous avions de ce signe du monde extérieur. D'où, également, ce sentiment de *plénitude* que nous éprouvons quand nous découvrons, dans la conscience d'autrui, cette signification complémentaire, qui nous fait « être plus » en élevant notre conscience à un niveau supérieur de connaissance du monde qui nous entoure.

En fait, l'opération d'Amour, telle qu'on l'analyse au niveau de nos éons, est même une opération plus compliquée qu'un puzzle simple : c'est en réalité un puzzle *double,* en ce sens que pour que s'opère cette communication d'Amour il faut que non seulement je trouve dans l'Esprit de l'autre la signification complémentaire à la mienne, mais encore que l'Autre trouve dans mon propre Esprit une signification qui, pour lui, sera aussi complémentaire. Il faut donc *être deux* pour faire l'Amour, et qui plus est deux individus consentants. Le véritable Amour ne tolère pas le « viol » des consciences.

J'ai expliqué ce dernier point quand j'ai développé, dans mon récent ouvrage [1], le mécanisme selon lequel s'effectuait l'opération d'Amour au niveau des éons. C'est une loi de conservation (conservation du spin total disent les physiciens) qui intervient ici, l'un ne peut pas s'approprier la signification complémentaire d'un autre, sans que, simultanément, l'autre s'approprie, prélevée chez l'un, une signification complémentaire des siennes.

On dit souvent que les deux partenaires qui communiquent par l'Amour donnent lieu à un *don de soi* de l'un à l'autre, en même temps qu'une *appropriation* de l'autre par le premier. Ces deux caractéristiques, sans être véritablement erronées, définissent cependant incomplètement le processus d'Amour. Il est vrai que je fais, d'une certaine manière, don à l'autre de ce qu'il y a de plus profond chez moi, puisque je lui apporte ce qui forme le fond même de mon contenu spirituel, en lui découvrant les significations que je fournis à un signe du monde extérieur. Mais, en fait, je n'ai rien *donné* à l'autre, en ce sens que je conserve pour moi, dans mon Esprit, la signification que j'ai découverte à l'autre. Pour reprendre l'image du puzzle, l'autre découvre chez moi la pièce complémentaire qui lui permet d'élargir son « champ de conscience » (son puzzle déjà construit); mais je ne fais pas « don » à l'autre de cette signification, auquel cas j'en serais moi-même dépossédé : il suffit à l'autre d'avoir découvert chez moi cette signification complémentaire pour qu'il reproduise *lui-même* cette signification, et l'adjoigne à son champ de conscience.

De même, on le voit, je ne m'approprie pas l'autre en découvrant chez lui des significations complémentaires des miennes, puisque je ne lui soustrais nullement, dans cette opération d'Amour, les significations qui étaient les siennes, il me suffit de

1. *L'Esprit, cet inconnu, op. cit.,* voir la théorie du matricialisme.

les avoir découvertes chez lui pour pouvoir les reproduire chez moi.

Il y a donc, dans l'Amour, essentiellement une caractéristique de *réciprocité,* je me montre à l'autre en même temps qu'il se montre à moi et nous découvrons, simultanément, que nous avons des champs de conscience à significations complémentaires. Nous sommes alors *réciproquement* poussés l'un vers l'autre, non pas pour céder à l'autre une part de notre conscience en même temps qu'on s'approprierait une part de la conscience de l'autre, mais pour une *découverte réciproque* des parties complémentaires de nos champs de conscience et une « création », chez chacun de nous, des éléments spirituels complémentaires découverts chez l'autre. Avec, et ceci aussi est essentiel dans l'opération d'Amour, ce sentiment de plénitude, cette émotion heureuse, que nous ressentons quand nous élargissons, de cette manière, notre champ de conscience.

Quand deux éons se rencontrent et communiquent ainsi par l'Amour, c'est *la totalité* de leur Esprit qu'ils mettent à la disposition de l'autre, pour que l'autre y découvre éventuellement des significations complémentaires. Transposé sur le plan humain, on doit donc s'attendre à ce que ce soit la totalité de notre Esprit, c'est-à-dire notre conscient *et* notre inconscient, ce que nous avons nommé Esprit cosmique, qui s'offre à l'autre pour une communication d'Amour.

Cette communication *se répercute* naturellement sur nos organes des sens, c'est-à-dire que nous avons *conscience* qu'une certaine communication a lieu. Mais les impressions de nos organes des sens ne nous révèlent pas véritablement un langage direct de l'un à l'autre des partenaires de l'Amour : car un langage, nous l'avons dit, est un échange de signes auxquels nous sommes capables d'associer une signification *conventionnelle.* Or, il ne peut y avoir convention dans l'Amour, puisqu'on découvre chez l'Autre des significations *nouvelles,* des significations qui ne sont donc nullement figées par une convention quelconque dont j'aurais déjà eu connaissance. C'est pourquoi on

238 . MORT, VOICI TA DÉFAITE...

parle parfois improprement d'un « langage » amoureux : en fait, si un tel langage existe, il n'a de signification *que pour le couple* qui fait l'Amour; ce qu'on exprime d'ailleurs parfois en disant que « les amoureux sont seuls au monde ».

Il y a des signes extérieurs de l'Amour, bien entendu, en ce sens que toute opération de notre Esprit n'est *jamais* séparée d'un certain comportement de notre corps. Les regards, les gestes, les paroles des amoureux révèlent cette communication profonde qui s'opère entre eux à travers la relation d'Amour. Mais nul, sauf les deux protagonistes, ne peut « profiter » pour enrichir son propre Esprit de ce langage non conventionnel que les amoureux établissent entre eux. Nul ne peut découvrir, à travers le regard qu'échangent deux êtres qui s'aiment, le *contenu* de ce qui est échangé, c'est-à-dire ces significations complémentaires qui permettent aux amoureux de ressentir, pour un moment au moins, ce sentiment de plénitude qu'éprouve l'Esprit quand il fait un pas en avant vers la découverte (cependant toujours inaccessible) de l'absolu.

Je pense que c'est dans l'acte d'amour lui-même, c'est-à-dire dans l'accouplement objectif des deux êtres qui s'aiment, que s'opère la plus intense communication entre les Esprits, notamment sur le plan de *l'inconscient*. A ce niveau inconscient, tout langage de communication est inexistant, les inconscients de deux êtres différents ne disposent d'aucune « convention » pour communiquer, puisque toute convention se place, par définition, au niveau du conscient. Mais l'analyse de l'Esprit que nous venons de faire n'interdit nullement de penser que les éons de deux êtres humains puissent communiquer entre eux *directement,* à distance, sans d'ailleurs révéler au *conscient* de ces deux êtres le « résultat » de cette communication (puisque les significations échangées se situent au niveau de *l'inconscient*). Je ne crois pas, comme on l'a parfois soutenu, que *l'unique* objectif de l'acte d'amour entre deux êtres soit, sur le plan de l'évolution, associé à la reproduction et la multiplication des êtres vivants. Je crois que la communication directe des Esprits au niveau inconscient qui accompagne cet acte d'amour est au moins aussi essentielle, pour l'évolution spirituelle du monde, que l'objectif de reproduction que la nature associe à cet acte (la reproduction ayant aussi, nul ne prétend le contester, une importance évolutive certaine).

Dans un très bel ouvrage [1], Gérard Mourgues faisait vivre un Amour à la fois très pur et très intense à ses deux personnages principaux, et l'homme déclarait qu'Evanthia, qu'il aimait, était sa « révélatrice d'infini ».

L'amour authentique, c'est exactement cela. A travers les éclairs de plénitude qu'il fait entrevoir à notre Esprit, il nous procure, de manière fugitive, des impressions hors du temps et de l'espace, qui sont comme de brèves images de l'absolu, des images issues de l'infini.

Je sais qu'il y a quelque ambition démesurée à prétendre vouloir « disséquer » un sentiment profond comme l'Amour; parce qu'il est précisément à la fois le grand moteur et le grand mystère de la vie psychologique des êtres humains, il y aurait quelque profanation à se munir d'un scalpel pour en oser faire l'analyse. Au niveau des éons, nous l'avons reconnu aussi comme le processus le plus fondamental d'élévation du niveau de conscience : mais n'est-ce pas précisément parce que cette analyse éonique nous fait enfin apparaître l'Amour dépouillé de tous ses artifices conventionnels, mettant ainsi à nu ses mécanismes profonds, qu'il est intéressant de tenter de dire ce que l'Amour humain est ou n'est pas? Car, encore une fois, ce n'est pas une simple analogie mais une véritable *identité* qu'il y a entre les opérations spirituelles telles qu'elles se découvrent au niveau des éons et les mêmes opérations spirituelles au niveau de la machine humaine tout entière.

J'ai précisé ce que fait l'interaction d'Amour : elle permet à deux consciences de communiquer directement, pour un échange réciproque de significations complémentaires. Il y a bien un comportement du corps, c'est-à-dire des signes (comme par

---

1. *Évanthia ou le Nouveau Moïse,* éd. France-Empire, 1977.

exemple un échange de regards ou de caresses), qui accompagne cette communication des consciences; toutefois, ces signes ne constituent pas un langage, car ils ne reposent pas sur une convention sociale, ils ne sont pas interprétables par d'autres que par le duo d'amoureux.

J'ai illustré cette communication d'Amour par l'image du double puzzle auquel joueraient les deux protagonistes de l'Amour : si tu trouves chez moi, parmi les pièces de mon puzzle (c'est-à-dire les significations contenues dans mon Esprit), une pièce qui vient s'ajouter sur la partie du puzzle que tu as déjà constituée (ensemble de significations pour interpréter un signe), et si je peux en faire *simultanément* autant avec ton propre puzzle, alors l'échange réciproque auquel donne lieu l'Amour est possible, ton Esprit « copie » la pièce qui te convient pendant que j'en fais autant de mon côté, et nous avons ainsi réciproquement agrandi nos champs de conscience. Cette élévation de conscience se traduit, dans la machine humaine comme chez les éons individuels, par une sorte d'émotion heureuse, qui accompagne un fort sentiment de plénitude (c'est-à-dire de ce qu'on peut nommer parfois un bonheur « comblé »).

Maintenant, il est bien clair que cette opération d'Amour peut s'effectuer avec des intensités variables. Si je conserve l'image du double puzzle, on peut dire que les deux partenaires du jeu peuvent trouver, à un instant donné, plus ou moins de pièces qui viennent s'ajuster; par ailleurs, les pièces de l'autre peuvent venir plus ou moins bien s'emboîter dans mon puzzle, il est possible qu'il soit parfois nécessaire de modifier légèrement la pièce découverte (à l'aide de la propriété de Réflexion de mon Esprit) pour qu'elle vienne prendre harmonieusement sa place dans ma propre représentation du monde. Ainsi pouvons-nous dire qu'il y a toute une gamme de degrés d'intensité, dans la communication des consciences par Amour. On aura l'Amour-passion, qui est si intense qu'autrui (c'est-à-dire ceux qui ne sont pas dans le duo d'Amour) pourra dire que, selon les normes de la convention sociale, le comportement des amoureux est si excessif qu'il traduit une sorte de dérèglement de l'Esprit; l'Amour pourra prendre aussi des formes plus tempérées, comme dans l'amitié. Il peut aussi y avoir, entre deux Esprits, une réelle difficulté pour communiquer, voire une impossibilité, parce que ces Esprits ne contiennent que des significations contradictoires, et non pas complémentaires ou même seulement compatibles : on parlera alors d'aversion, de haine[1]. La haine apparaît donc ici à travers son aspect négatif, elle est absence totale de communication des consciences par Amour entre deux êtres. Cela ne veut pas dire que ces deux êtres qui se haïssent ne communiquent pas entre eux, mais ils le font *seulement* à travers le langage, c'est-à-dire en utilisant un moyen basé sur la convention sociale.

J'ai dit que la communication *directe* des consciences à laquelle l'Amour donne lieu était accompagnée, habituellement, par des signes extérieurs : le « dialogue » amoureux, ce dialogue sans véritable langage car il n'est compréhensible complètement que par les deux partenaires, constitue ce type de signes extérieurs, quand l'Amour opère.

Entendons-nous : je ne prétends pas que, en voyant faire des amoureux, une tierce personne ne sera pas capable d'interpréter ce qu'ils disent ou ce qu'ils font. Mais, ce que je veux dire, c'est que l'échange réciproque de significations qui s'opère dans le couple amoureux, par le truchement de l'Amour, n'est pas « visible » de l'extérieur, quels que soient les signes extérieurs manifestés par les amoureux. Pour prendre un cas extrême, il est évident que le fait de voir un couple « faire l'amour », dans le sens ordinaire de l'expression, ne permettra nullement à un spectateur éventuel de deviner les échanges de *significations* sur le plan *inconscient* qui s'opèrent, pendant ce temps-là, chez les deux partenaires du couple, alors que cependant le spectateur n'aura sans doute aucun mal pour dire que le comportement (donc le langage) actuel des amoureux traduit le fait qu'ils font présentement l'amour.

1. Nous verrons plus loin que la sympathie, ou son contraire l'antipathie, ne sont *pas* une véritable communication entre consciences, mais un sentiment souvent à sens unique, assimilable à l'opération de Connaissance (et non à celle d'Amour) vis-à-vis d'un autre être (Connaissance d'autrui). Cet autre être peut être un inconnu, ou peut ignorer ce sentiment de sympathie que ressent un Esprit donné vis-à-vis de lui.

Il importe d'ailleurs de ne pas confondre ce qui pourrait paraître les signes extérieurs de l'Amour avec l'Amour lui-même. Il y a aussi des « semblants » du jeu d'Amour. Par exemple, quand deux acteurs représentent sur la scène d'un théâtre *Roméo et Juliette,* ils peuvent simuler parfaitement tous les signes extérieurs de l'Amour authentique, mais il ne s'agit bien là que d'un semblant, puisqu'il n'y a naturellement pas pour autant cette communication directe entre Esprits qu'est l'Amour authentique. Ce n'est pas non plus parce qu'un couple paraît, pour les autres, s'harmoniser parfaitement et mener une vie apparemment heureuse et sans problème, que ce couple démontre que, sur le plan psychologique profond, s'opère présentement entre les partenaires le processus que nous avons nommé Amour. C'est peut-être vrai, mais les signes extérieurs ne peuvent donner qu'une *présomption,* on peut dire que les signes manifestés traduisent, selon la convention sociale, l'idée que les partenaires du couple considéré « s'aiment ». Mais s'aiment-ils vraiment, c'est-à-dire y a-t-il entre eux cet échange réciproque de significations complémentaires qui caractérise l'Amour, nul ne peut l'affirmer. Même si Amour il y a, on ne peut rien dire de son intensité à travers les signes extérieurs apparents : est-ce de l'Amour, ou simplement de l'amitié, ou de la sympathie; ou, pourquoi pas (cela se rencontre), de la haine habillée en amour?

N'est pas nécessairement Amour non plus, en dépit des apparences, l'acte d'Amour lui-même, et notamment l'orgasme. S'il en était ainsi, je ne vois pas avec quel partenaire communiquerait l'Esprit de celui ou celle qui se livre à la masturbation solitaire. Et je partage tout à fait, en cette matière, l'excellent mot de Pauwels[1] : « J'aurais la plus vive sympathie et de l'admiration pour le monsieur qui, ayant crié " Je t'aime " dans l'orgasme, se mettrait à l'amende de sincérité et dirait : " Excusez-moi, c'était l'excès de plaisir ". »

Sans doute la convention sociale, le note encore Pauwels,

1. Louis PAUWELS, *Comment devient-on ce que l'on est,* Stock, 1978.

dénoncerait ce monsieur comme un abominable cynique. En fait, chacun sait bien pourtant que dire « Je t'aime », quelles que soient les circonstances pendant lesquelles les paroles sont prononcées, est fort loin de démontrer que les partenaires du couple dont il s'agit communiquent entre eux à cet instant par un Amour authentique, dans le sens strict où nous avons défini ce mot Amour.

Qu'il soit aussi bien entendu que je donne ici à l'expression « Amour du couple » une portée *générale*. J'ai cherché à « démonter » le mécanisme de l'Amour, j'ai constaté qu'il s'agissait d'un échange réciproque d'informations entre un couple d'individus, mais je n'ai nullement tiré de cette analyse les « limitations » ou les « tabous » qui sont ceux de la convention sociale (variables d'ailleurs d'un pays à l'autre et, dans le même pays, d'une époque à l'autre). Il est bien clair que les éons ne sont nullement préoccupés par les conventions sociales appliquées sur notre planète Terre, en cette fin du IIe millénaire. Ce sont des êtres universels, qui possèdent parmi leurs propriétés celle de pouvoir communiquer directement par couples, et qui ont créé, pour perfectionner encore cette communication, des machines, dont la machine humaine. La communication directe des Esprits par Amour, au niveau de la machine humaine, paraît être un important processus évolutif, sans *aucune* limitation de sexe ou d'âge des deux éléments du couple. Quand je parle ici d'Amour, je voudrais donc qu'il soit bien compris qu'il peut s'agir de couples formés de partenaires du même sexe ou de sexes différents, d'âges voisins ou d'âges très différents. C'est évident, et personne ne s'en scandalisera, pour l'Amour parental, et aussi pour l'amitié, ou la haine. Mais cela me paraît tout aussi évident pour l'amour tout court, tel que le mot commun l'entend le plus généralement. Et d'ailleurs, comment serait-il possible de faire ici des restrictions de cette nature, en distinguant selon les formes d'Amour, puisqu'il s'agit dans *tous* les cas d'un mécanisme identique de communication directe entre Esprits? Certes, ces mécanismes peuvent avoir des intensités différentes, et s'accompagner aussi

de signes extérieurs différents, mais nous avons vu que cette intensité ou ces signes ne traduisent nullement *le contenu* des échanges
de significations qui s'opèrent effectivement au cours du processus
d'Amour. Si j'enlevais au mot Amour la portée générale qu'il a,
dès qu'il est reconnu comme une des quatre grandes propriétés
de l'Esprit, ce serait retomber dans la « cuisine » de la convention
sociale, qui a vraiment mis maintenant le mot « aimer » à toutes
les sauces : aimer une femme, aimer la mécanique, aimer le civet
de lièvre, aimer faire du vélo, aimer la solitude...

Je reviens sur l'une des formes *extrêmes* de l'Amour, l'*Amour-
passion,* tel qu'on peut le rencontrer chez un couple d'êtres
humains qui s'aiment intensément.

Cette forme de relation amoureuse survient quand l'un des
éléments du couple découvre chez l'autre des significations
complémentaires si bien « ajustées » aux siennes propres que cela
confère à cette relation de l'Amour-passion un sentiment de plénitude et une joie intérieure intense tout à fait particuliers. Les
significations complémentaires paraissent ici se situer surtout
dans l'inconscient des amants. Ceux-ci n'ont d'ailleurs nul besoin
de parler : le seul fait qu'ils soient en présence l'un de l'autre les
remplit d'une exaltation intérieure inexplicable par les mots, et
qui traduit cette complémentarité profonde, invisible de l'extérieur,
entre les deux êtres qui s'aiment.

Pour les autres, l'Amour-passion va d'ailleurs généralement
paraître excessif, et même fou.

Excessif, parce que dans la relation d'Amour passionné il va
émaner de l'être aimé comme des valeurs qui, *pour celui qui
aime,* sont des valeurs supérieures, alors qu'elles paraîtront, *pour
les autres,* beaucoup plus modestes, voire même des contre-
valeurs. On voit bien comment l'amoureux va distinguer chez l'être
aimé des valeurs supérieures : il découvre, chez cet être aimé,
des significations qui prennent leur valeur élevée, non pas par
leur contenu « sémantique », mais par le seul fait qu'elles sont
exactement *complémentaires* des siennes. Pour lui, mais pour
lui seulement, ces valeurs sont « supérieures », car elles vont

lui apporter ce sentiment de plénitude dont nous avons parlé. Mais, pour le commun des mortels, la valeur attachée à telle ou telle signification émanant de l'un des partenaires du duo d'Amour n'aura généralement que la valeur *conventionnelle* que lui attribue la société. Et, par conséquent, cette société va juger que les interprétations amoureuses sont excessives, et même erronées, dans le dialogue d'Amour. Ces interprétations seront parfois jugées par les tiers comme traduisant un véritable dérèglement de l'Esprit, alors que c'est en réalité l'Esprit qui s'achemine vers la plénitude, c'est-à-dire vers la réorganisation unitaire de ses propres significations du moment. Cette « survalorisation » des signes apparents de l'être aimé est due au fait que l'Amour-passion est en marge totale de la convention sociale, qui est habituellement la norme à laquelle on se réfère pour distribuer les valeurs aux signes du monde extérieur. Stendhal, qui est l'auteur comme on sait d'un ouvrage intitulé *De l'Amour,* décrit parfaitement cette survalorisation apparente à laquelle donne lieu la passion amoureuse. « Un officier de mes amis, point fat et homme d'esprit, était tombé amoureux d'une dame italienne. Ce qui me frappait, c'était la nuance de folie qui sans cesse augmentait dans les réflexions de l'officier. A chaque moment, ce qu'il disait peignait d'une manière moins ressemblante la femme qu'il commençait à aimer... Par exemple, il se mit à vanter sa main qu'elle avait eu frappée par la petite vérole étant enfant, et qui en était restée très marquée et très brune. »

L'Amour-passion est d'ailleurs, comme nous l'avons dit, non seulement estimé habituellement excessif, mais parfois il est même jugé comme *fou* dès qu'on tente de le rapporter aux normes de la société (qui prétend aussi pouvoir établir les normes de la folie!). Stendhal encore, par exemple, nous décrit dans *Le Rouge et le Noir* comment Julien Sorel risque, en pleine nuit, le coup de fusil destiné aux simples voleurs, en se servant d'une échelle pour atteindre la fenêtre de Mathilde. Cette imprudence sera jugée « folle » par les autres, on pensera que ce comportement imprudent traduit, une nouvelle fois, un dérèglement de l'Esprit.

Mais, là encore, un tel comportement ne devrait-il pas plutôt être jugé, non pas en considérant les moyens qu'il utilise, mais plutôt en rapport avec l'objectif qu'il cherche à atteindre. Si vraiment, comme je le pense, et comme nous l'a montré l'analyse de l'Amour en général dans ses mécanismes éoniques, l'Amour-passion et la plénitude qu'il confère possède une valeur « humaniste », en ce sens qu'il conduit à une élévation du niveau de conscience, ne faut-il pas dire que la passion des amoureux est la recherche *d'une sagesse,* et non pas un égarement momentané de l'Esprit? « Rien de grand, remarquait l'écrivain canadien Marcel Henri Dugas, ne se fait sans passion. » Et, de fait, l'Amour passionné ne nous permet-il pas de sortir de nos mouvantes conventions sociales, ces conventions qui nous contraignent à de continuels compromis entre nos actes et nos tendances profondes? L'Amour-passion n'est-il pas, en définitive, un accès à une vision plus unifiante de ce que nous sommes? La passion est peut-être un raz de marée, mais un raz de marée dont les vagues nous permettent de nous remettre en question, en établissant un nouvel ordre entre les significations que l'on donnait auparavant aux signes du monde extérieur.

L'Amour ne possède pas seulement une forme « aiguë », qui est l'Amour-passion, mais aussi une forme tempérée, qui est *l'amitié.*

Dans l'amitié, l'autre et moi découvrons, simultanément, une sorte *d'accord tacite* entre nous sur les significations à accepter pour interpréter les signes du monde extérieur. Ceci ne veut pas dire que mon ami prête à ces signes extérieurs exactement les mêmes significations que moi : dans ce cas, il n'y aurait plus aucune communication véritable, puisque rien d'original ne serait échangé d'un Esprit à l'autre. Les significations de mon ami sont donc habituellement différentes des miennes, mais elles restent *compatibles* avec les miennes, je peux les considérer avec plaisir, je sens que je pourrais vivre dans l'ensemble de significations qui forme le contenu de l'Esprit de mon ami, comme je sens que, dans certains paysages, je pourrais volontiers venir vivre. Ce sont donc des significations complémentaires au sens large qu'échangent les deux amis; mais on retrouve bien ici, néanmoins, ce transfert *à double sens* de l'un vers l'autre. Il s'agit donc bien, avec l'amitié, d'une forme atténuée de l'Amour. Ce qui distingue peut-être le plus nettement l'amitié de l'Amour, c'est que la communication des Esprits entre amis porte essentiellement sur *le conscient,* alors que l'Amour fait porter les échanges à la fois sur le conscient et sur l'inconscient; et que, on s'en souvient, à l'autre extrême du processus amoureux, l'Amour-passion était une communication portant essentiellement sur le contenu *inconscient* des deux Esprits en cause. Le dialogue entre amis se rapporte souvent au vécu passé, dont les deux amis ont fait l'expérience en commun : les souvenirs de l'un viennent compléter ceux de l'autre; ces souvenirs marquent aussi des « nuances » par rapport à mes propres souvenirs des mêmes événements et ces nuances enrichissent toujours plus ma conscience, non pas tant en me disant ce que ces événements ont vraiment été (les amis ont souvent tendance à enjoliver les choses!), mais en me suggérant ce qu'ils auraient pu être pour mieux harmoniser encore l'ensemble des significations de mon expérience vécue.

A vrai dire, le fait que l'amitié et l'Amour soient des processus psychologiques de *même* nature (communication directe entre deux Esprits) entraîne que la frange est parfois bien mince pour passer continûment de l'une des formes à l'autre, et dans les deux sens d'ailleurs. Chacun de nous a à l'esprit de nombreux exemples pour illustrer cette remarque, où l'on voit l'amitié se transformer en Amour, ou l'Amour se cristalliser en une simple amitié.

Notons qu'il y a lieu de bien distinguer la sympathie de l'amitié. S'il est vrai que, étymologiquement, le mot sympathie signifie « éprouver ensemble », la sympathie n'est cependant pas obligatoirement, il s'en faut, un sentiment *réciproque* : on peut éprouver de la sympathie pour un inconnu, ou pour quelqu'un que notre sympathie laissera complètement indifférent. La sympathie est une opération psychologique qui se range plutôt dans la Connaissance : on éprouve le désir de mieux connaître l'autre, et on considère donc avec intérêt les signes extérieurs qu'il manifeste. Comment naît un tel sentiment de sympathie, une telle curiosité bienveillante pour l'autre? Sans aucun doute, du fait que les signes extérieurs manifestés par le personnage sympathique suggèrent pour nous des significations qui viennent harmonieusement s'insérer entre les nôtres. Mais il n'y a pas, dans le cas général, et singulièrement si l'autre reste indifférent à nos marques de sympathie, ce commencement d'émotion heureuse qu'on éprouve dès que l'autre réagit à notre sympathie en éprouvant lui-même, vis-à-vis de nous, une curiosité analogue. On peut cependant passer, encore ici, graduellement de la sympathie à l'amitié. Mais la sympathie, tant qu'elle demeure un désir de connaissance *à sens unique* d'un être pour l'autre, ne peut pas être cataloguée comme une forme d'Amour, puisqu'il n'y a pas dans ce cas « communication » entre consciences.

De même que deux Esprits peuvent, comme nous l'avons vu, communiquer en échangeant des significations complémentaires (Amour) ou au moins compatibles (amitié), de même une première approche entre deux êtres peut révéler que les contenus de leurs Esprits sont faits de significations *contradictoires,* ou au moins incompatibles. Nous sommes ici en présence de *la haine,* ou de l'aversion. Notons bien que la haine, contrairement à l'Amour, *n'est pas* une communication entre les Esprits, c'est *l'absence* de communication avec l'Esprit de l'autre. On ne s'échange nullement ici des significations contradictoires, à la manière dont deux personnes s'enverraient l'une l'autre des projectiles pour se faire du mal. Un Esprit donné ne possède pas de mécanismes pour échanger avec autrui des significations qui ne seraient pas au moins compatibles (sinon complémentaires) avec son propre ensemble de significations. C'est *l'absence* de communications que traduit donc la haine, et non pas la communication de significations contradictoires. Ceci ne veut pas dire que deux personnes qui se haïssent ne vont pas chercher à se faire du mal, par leur comportement ou leur langage : mais ce sont alors là de simples *Actes,* il ne s'agit nullement d'une communication entre Esprits.

Dans cette mesure, la haine est *antiévolutive,* car l'élévation du niveau de conscience de l'Esprit va de pair avec une certaine forme de communication des consciences. Certes, nous l'avons vu, une conscience individuelle peut élever son propre niveau de conscience par la Connaissance, sans faire nécessairement appel à l'Amour. Mais, sans échange du contenu de cette Connaissance avec *les autres* Esprits (et ceci ne peut avoir lieu que par l'Amour), l'individu *s'isole* du reste du monde, il n'est plus « relié », il ne bénéficie plus de l'immense regard sur le monde que les autres peuvent lui prêter, dès qu'il peut avec ces autres échanger des significations pour interpréter les signes extérieurs. « L'enfer, c'est les autres », fera dire Jean-Paul Sartre à l'un de ses personnages de *Huis clos;* à vrai dire, l'individu serait désespérément seul sans les autres [1]. Et, comme le notait beaucoup plus justement Pierre Teilhard de Chardin [2] : « Il ne faut pas confondre individualité et personnalité. En cherchant à se séparer le plus possible des autres, l'élément s'individualise; mais, ce faisant, il retombe et cherche à entraîner le monde en arrière... Pour être pleinement nous-mêmes, c'est dans le sens d'une convergence avec tout le reste, c'est vers l'Autre qu'il nous faut avancer. Le bout de nous-mêmes, le comble de notre originalité, ce n'est pas notre individualité, c'est notre personne; et celle-ci, de par la structure évolutive du monde, nous ne pouvons la trouver qu'en nous unissant. »

Mais que faire pour un Esprit qui comporte en lui des significations si contradictoires avec les Autres que, bon gré mal gré, il semble devoir demeurer spirituellement isolé des autres?

Ici, nous devons nous rappeler que les significations qu'on peut imaginer pour interpréter les signes de notre monde extérieur ne sont *jamais* des significations *absolues*. Ces significations ne sont toujours qu'une *représentation* que nous nous forgeons de « ce qui est », mais ce n'est *jamais* la description de ce qui est. Les mathématiciens nous diront que notre représentation du monde est toujours construite comme une « axiomatique », c'est-à-dire qu'on accepte au départ certaines significations créées de toutes pièces

1. Et d'ailleurs, Jean-Paul Sartre a corrigé plus tard lui-même son affirmation si célèbre de *Huis clos* dans son ouvrage *Les Mots.*
2. Teilhard DE CHARDIN, *Le Phénomène humain,* Le Seuil, 1955.

par l'Esprit, *sans relations directes avec l'expérience* [1], qu'on nomme axiomes ou présupposés. A partir de ces axiomes, on enchaîne « logiquement » les significations les unes aux autres (avec encore, naturellement, plusieurs types de « logiques » possibles pour opérer ces enchaînements). A ce titre, *aucune* signification fournie pour un signe du monde extérieur n'est plus vraie ou plus fausse qu'une autre, elle dépend des axiomes qu'on a librement choisis, et de la logique que nous avons adoptée pour enchaîner les significations les unes aux autres à partir des axiomes initiaux. Il faudrait ajouter à cela un fameux théorème, découvert dans les années 30 par le logicien-mathématicien Kurt Gödel, et qui nous dit à peu près ceci : deux systèmes de significations utilisant la *même* logique et des axiomes de départ différents mais tels qu'aucun axiome du premier système ne soit *contradictoire* à aucun axiome du second, conduiront cependant *toujours,* après un certain nombre d'enchaînements logiques dans chaque système, à une ou plusieurs significations *contradictoires* d'un système à l'autre.

Autrement dit, deux individus qui pensaient avoir, pour se représenter le monde, des présupposés voisins, bref qui croyaient pouvoir « s'entendre », vont *toujours* découvrir, à un certain moment, que ces présupposés compatibles les conduisent néanmoins à des conclusions logiques *contradictoires* : celui-ci dira, par exemple, que tel signe du monde extérieur doit être qualifié de blanc, tandis que l'autre sera contraint d'affirmer que le même signe est noir. Comme le même signe ne peut apparemment pas être à la fois blanc et noir, il est probable que l'un comme l'autre des deux individus en cause en viendra à soupçonner la bonne foi de l'autre, ou considérera que l'autre est stupide, ou ignorant... ou se livrera sur l'autre à certaines voies de fait pour lui « apprendre » à distinguer le blanc du noir.

Ceci peut avoir l'air un peu caricatural, mais un tel désaccord a séparé pendant quelque vingt ans les physiciens, au début du siècle, quand ils disputaient du problème de savoir si la Matière

---

1. Rappelons-nous une fois encore le mot d'Einstein : « Une théorie physique peut être vérifiée par l'expérience, mais aucun chemin ne mène de l'expérience à la création d'une théorie. » *(Op. cit.)*

était faite d'ondes ou faite de corpuscules. La même Matière ne peut pas, à première vue, être à la fois onde et corpuscule, puisque ces deux attributs sont aussi contradictoires que le discontinu et le continu, ou le blanc et le noir.

Nous avons expliqué, dans notre chapitre sur la Connaissance, comment une telle contradiction a fini par être surmontée au moyen de ce qu'on nomme *la généralisation :* la généralisation remonte d'abord aux deux ensembles d'axiomes de départ conduisant, par enchaînement logique, à énoncer ces deux conclusions contradictoires; puis la généralisation crée un troisième système d'axiomes, dans lequel les significations du même signe extérieur ne seront plus contradictoires (mais simplement, et habituellement, complémentaires). On a toujours le droit de choisir ainsi un *nouvel* ensemble d'axiomes, puisque ces axiomes sont, par définition, des données de départ *librement choisies,* c'est-à-dire des données premières non démontrables, mais simplement « imaginées ».

Tout ceci semble nous avoir éloignés un peu de la haine, il n'en est rien cependant.

Que doit faire un individu dont les significations pour se représenter le monde sont contradictoires avec celles de son voisin, et qui pour cette raison est dans l'incapacité d'avoir une communication authentique, Esprit à Esprit, avec ce voisin?

Il doit surtout éviter de croire qu'il a « raison » de manière absolue; et il n'est pas non plus autorisé à se comporter, dans ce jugement, en distribuant à l'autre des qualificatifs plus ou moins agressifs[1]. Il doit utiliser une des autres propriétés fondamentales que son Esprit met à sa disposition, à savoir *la Réflexion.* Nous avons vu que cette Réflexion (chapitre IX) pouvait lui permettre *d'inventer* de nouvelles significations pour les signes extérieurs, à partir des significations qu'il possède déjà. Cet effort d'invention devra consister à remettre en question ses anciennes significations et, sans pour cela en oublier aucune (les éons, souve-

---

1. « La bêtise, remarquait justement Gustave Flaubert, consiste à vouloir conclure. »

nons-nous, sont « incapables » d'oublier quoi que ce soit), à se doter de nouvelles significations, nous dirons d'une nouvelle axiomatique, qui permettra de ne plus mettre partout son Esprit en opposition avec celui de son voisin, et ouvrira enfin des voies possibles de communication avec l'autre. Ces voies existent *toujours,* il suffit de bien les chercher. Elles existent, puisque toute signification n'est *jamais absolue,* elle n'est jamais le monde extérieur lui-même mais une *représentation possible* de ce monde extérieur. Et, de même que dans les kaléidoscopes on peut organiser les mêmes objets entre eux pour en former des images très différentes, je pourrais toujours me faire une nouvelle *représentation* du monde qui ne sera plus contradictoire avec celle de mon voisin. Je n'en abandonne pas pour autant ma représentation ancienne, mais je *l'agrandis* pour qu'elle me fasse apercevoir la face de l'Univers que, de sa fenêtre, le regard de mon voisin jette sur le monde. En bref, je dois chercher à vivre dans une représentation du monde possédant suffisamment de fenêtres pour communiquer avec la représentation que mon voisin s'est choisie, et pouvoir élargir ainsi mon propre champ de conscience du monde, grâce au regard d'autrui. La Réflexion, c'est-à-dire la méditation et l'imagination, est donc aussi la propriété de l'Esprit qui est capable, si on veut bien en user, de transformer graduellement la haine en Amour.

En nous disant « Aimez-vous les uns les autres », Jésus ne faisait pas autre chose que de nous montrer du doigt la route ascendante de l'aventure spirituelle du monde.

D'aucuns s'étonneront sans doute que je me sois borné jusqu'ici, dans ce chapitre, à parler de certaines formes « extrêmes » de l'Amour, comme l'Amour-passion, l'amitié ou la haine. Je me refuse, n'en déplaise à mon lecteur, de discuter ici de certaines formes de « relations amoureuses » qui, même si elles contiennent aussi une bonne part d'Amour authentique, ont cependant des caractéristiques bien trop étroitement liées aux *conventions sociales.* L'Amour, je l'ai dit, est communication *directe* entre les consciences, il n'est en aucune façon un *langage,* il part du cœur et non de la tête. En ce sens, il n'existe pas de « règles » pour l'exercice de l'Amour, tout élément conventionnel, quel qu'il soit, *dénature* l'Amour, au moins l'Amour tel que je l'entends ici, le seul Amour dont je veuille dire quelque chose. *L'Amour authentique est toujours sauvage,* car il reste en marge de toute convention sociale.

Ceci ne signifie pas que je ne crois pas à la possibilité d'un Amour authentique se prolongeant la vie entière. Je veux au contraire y croire, et je pense que c'est même sans doute cela la forme la plus vraie, la plus pure, la plus solide de l'Amour. Ici, les pièces des puzzles « s'épousent » si bien qu'elles finissent par se souder. Ceux qui s'aiment vraiment ne peuvent être heureux si l'autre ne l'est pas, ils vivent les mêmes joies, les mêmes douleurs, ils font ensemble le chemin de la vie, bien serrés l'un contre l'autre, leur amour est une évidence, il est éternel, il dure après la mort.

Mais, de ce type d'Amour, que je crois fort rare, il n'y a rien à dire, il est la force de vivre pour ceux qui ont reçu cette grâce, il ne supporte aucune analyse, *il est,* tout simplement.

Si je laisse de côté ce joyau, qui éclipse par sa brillance toutes les autres formes d'Amour, que reste-t-il qui, dans nos relations humaines, ressemble à cette communication *directe* entre Esprits qui nous est apparue comme l'une des quatre grandes propriétés des éons, propriété que j'ai nommée Amour à ce niveau élémentaire? L'Amour-passion et l'amitié m'ont paru deux formes extrêmes d'Amour manifestées par la machine humaine, des formes où j'ai pu reconnaître certaines caractéristiques essentielles démontrées par l'Esprit universel. Je me méfie de dire quelque chose sur l'« entre-deux », sur l'amour où on parle de fidélité et de jalousie, l'amour où on est autorisé, suivant le pays ou l'époque, à un ou plusieurs partenaires, l'amour qui traite inégalement l'homme et la femme, l'amour qui condamne certaines pratiques de l'amour, l'amour qui veut s'assurer que les partenaires sont bien d'âges et sexes convenables, l'amour légal et l'amour interdit, l'amour-propre et l'amour sale. Ces amours-là, ce sont des langages pour vivre en société et, comme tout langage, ils changent d'un lieu ou d'un moment à l'autre. Je n'ai rien contre ces langages, puisque je vis moi-même en société; mais l'Amour qui me préoccupe n'est précisément pas un langage, il se moque des autorisations et des interdits sociaux, il ne réclame pas la bénédiction des pouvoirs établis, il est cette communication silencieuse que j'ai avec l'informulé, quand je suis seul devant la mer, par une claire nuit d'été.

Alors, je vous en prie, passons à un autre sujet...

Toutes les religions nous ont expliqué que l'Amour était l'attitude que chacun de nous devait s'efforcer d'avoir vis-à-vis de son prochain. Mais peut-on, en conclusion à cette analyse sur l'Amour, nous demander en quoi doit consister au juste cette attitude générale d'*Amour vis-à-vis d'autrui,* recommandée par les sages et les prophètes?

Si nous devions résumer en quelques mots cette attitude, nous dirions : l'Amour de l'Autre, c'est d'abord reconnaître *l'identité* de l'Autre. J'entends, par là, reconnaître que c'est son droit le plus strict, et en même temps une richesse pour nous-même, que cet Autre soit *différent* de nous.

Nous avons dit que le mécanisme de l'Amour était un échange réciproque de significations *complémentaires,* concernant la connaissance du monde extérieur. Mais le mot « complémentaire », nous y avons déjà insisté, doit être pris dans son sens *généraliste :* la signification complémentaire n'est pas celle qui viendrait simplement compléter la nôtre, pour nous fournir par exemple des détails que nous ne possédons pas encore. La signification complémentaire que nous échangeons avec l'autre est une signification qui est avant tout *différente* de celle qu'on possédait, et elle est différente en ce sens qu'elle ne se définit nullement comme un regard supplémentaire affinant notre vision du monde mais comme un regard qui *renouvelle* notre vision du monde, un regard qui nous oblige donc à *remettre en question* cette vision du monde. Le mot « complémentaire » doit être pris dans le sens que les mathématiciens lui donnent en théorie des ensembles, la signification B complémentaire de la signification A nous dit que B est en fait *tout ce que A n'est pas,* c'est le non-A; et, par conséquent, c'est l'affirmation d'une vision *différente* (et non supplémentaire) de celle que A manifeste vis-à-vis du monde.

La véritable relation d'Amour vis-à-vis de l'Autre consiste donc d'abord à reconnaître cet Autre comme *différent*, c'est-à-dire à reconnaître son *identité* par rapport à nous-même. L'Autre n'est ni inférieur, ni égal, ni supérieur à nous, il est *lui-même*, c'est-à-dire un être *différent*.

Ne pas reconnaître cette identité c'est, en fait, manifester non pas de l'Amour mais ce qu'on a coutume de nommer du *racisme* vis-à-vis de l'Autre.

Il n'est pas difficile d' « aimer » son esclave, ou son égal, ou son supérieur. Au temps de la colonisation, les Blancs déclaraient volontiers qu'ils aimaient bien le « bon petit nègre », et on les comprenait volontiers compte tenu du profit qu'ils tiraient de cette exploitation d'autrui; inversement d'ailleurs, les « bons petits nègres » aimaient bien les « bons colons blancs », puisque la plupart de leurs efforts, même passée l'époque coloniale, ont consisté à vouloir imiter la civilisation des Blancs. De même, on déclare souvent « aimer » fréquenter ceux qui sont du « même milieu » que nous, c'est-à-dire nos pairs. Mais il n'y a pas d'Amour véritable dans *aucun* de ces types de relation avec autrui. La relation d'Amour suppose d'abord *d'accepter* l'autre comme un *étranger*, c'est-à-dire de savoir qu'il est *unique*, qu'il ne peut jamais être assimilé à un élément *d'un groupe*, qu'il n'est donc pas possible de lui « coller une étiquette », comme s'il s'agissait de quelqu'un ne possédant pas sa propre *identité*. Peu m'importe que l'Autre soit blanc, noir ou jaune, qu'il soit plus riche, moins riche ou aussi riche que moi, que sa religion ait ou non des points communs avec la mienne, que ses opinions politiques soient ou non très différentes des miennes : cet Autre est avant tout, pour moi, *un étranger,* un être unique dont rien dans ses pensées ou son comportement n'a à être jaugé avec ma propre échelle de valeurs; j'ai, bien sûr, droit à cette échelle de valeurs; mais cette échelle n'est *jamais* un absolu pour juger les autres, elle est seulement faite pour être *remise en question* au contact des Autres : c'est là la richesse spirituelle qui s'exprime dans la relation d'Amour authentique. Et c'est pourquoi, finalement, ma véritable richesse, c'est les autres.

Je vais choisir, pour illustrer cette malfaçon d'aimer, un exemple très universel, et qui je crois a un impact néfaste sur une grande part des affaires humaines : il s'agit de la quasi-impossibilité où se trouvent la plupart des hommes de reconnaître la véritable *identité* de la femme.

Le problème ne date pas d'hier, bien entendu. Mais il n'est pas non plus, comme on le croit parfois, un problème qui s'est posé de toute éternité, et l'on peut même distinguer à quel moment la relation homme-femme a « basculé », pour faire de la femme un être sans identité véritable, sans réelle participation au destin de la société, comme si ce destin pouvait s'accomplir dans un cadre bâti autour de valeurs purement masculines.

Relisons l'Ancien Testament, dans la Bible, et plus spécialement dans la Genèse. Il y a deux versions de la création du monde. D'abord une version, tirée de textes très anciens, datant probablement de neuf ou dix siècles avant Jésus-Christ. Ce premier récit de la création nous dit que l'homme et la femme furent créés tous deux en même temps par Dieu, et tous deux à partir du limon de la terre. « Il créa le mâle et la femelle. Dieu les bénit : fructifiez, dit-il, remplissez la terre et la soumettez, je vous donne toutes herbes portant semence sur toute la surface de la terre, ainsi que tous les arbres fruitiers. » L'homme avait pour nom Adam, la femme Lilith. Tous deux étaient aussi *différents* que le sont le mâle et la femelle chez les animaux, aucun lien de subordination ne voulait soumettre la femme à l'homme, chacun avait sa propre *identité,* chacun était *différent* de l'autre, physiquement et spirituellement. Et les affaires du monde leur étaient confiées à tous deux, sans privilège aucun de l'un vis-à-vis de l'autre. Puis est venu le second récit de la Genèse, écrit quelques siècles plus tard, et où l'on distingue ce basculement vers une « allégeance », sinon une véritable subordination, de la femme par rapport à l'homme. Cette fois-ci, Dieu crée l'homme *seul* à partir du limon de la terre, et le nomme encore Adam; puis il crée la femme, Ève, à partir d'une côte enlevée à l'homme, un peu comme si l'homme avait « enfanté » la femme.

Et Adam de déclarer fièrement : « Voilà maintenant l'os de mes os et la chair de ma chair, elle sera appelée femme car elle a été prise de l'homme. » C'en est fait alors de *l'identité* de la femme, il n'est plus question pour elle d'avoir une identité personnelle, puisqu'elle n'est plus « différente » de l'homme, elle est en quelque sorte un « produit » tiré de l'homme; elle ne forme plus « qu'une seule chair » avec l'homme, a d'ailleurs précisé Adam. Et Dieu de bien confirmer cette situation en disant à la femme : « Tes désirs te porteront vers ton mari, et il dominera sur toi. » Voilà tout ce qu'il fallait, semble-t-il, pour donner bonne conscience à l'homme, en construisant, au cours des siècles suivants, une civilisation reposant sur des critères *uniquement* masculins. La femme n'aura pas d'identité propre, elle devra vivre dans le moule d'un monde créé par l'homme et pour l'homme : tout au plus, si elle est suffisamment adroite, pourra-t-elle s'élever jusqu'à être l'égale de l'homme. Cette « égalité », certes, admet volontiers que quelques femmes puissent être supérieures à certains hommes. Mais les critères de valeur pour en décider seront uniquement des critères d'évaluation propres au sexe masculin.

Il faudra bien, pourtant, que l'homme comprenne et admette un jour que la femme n'est pas « la chair de sa chair » [1], mais une chair ayant son identité propre, une chair tirée comme lui, à l'origine, directement du limon de la terre, une chair aussi *différente* de lui que l'homme est lui-même différent des animaux et des végétaux.

Mais l'erreur de l'homme en cette matière ne doit pas être doublée d'une erreur de la femme elle-même : seuls les préjugés d'une éducation et d'une structure sociale construits sur le modèle purement masculin ont pu si longtemps laisser croire aux femmes qu'elles étaient des filles d'Ève : en fait, *toutes* les femmes sont des descendantes de Lilith.

Si ce « racisme » contre les femmes a tellement d'importance,

---

1. En tout état de cause d'ailleurs, puisque la femme détient *seule* l'immense privilège de donner la vie, ce serait plutôt l'homme qui serait la chair de la chair de la femme.

cela ne me paraît pas tant parce que, comme tout racisme, il traduit une grave situation d'injustice. Ce qui est ici le plus dramatique est le fait que le monde, comme l'annonce le premier récit de la Genèse, ne me paraît pouvoir fonctionner de manière *équilibrée* que s'il est manifesté, non pas par Adam et son esclave Ève, mais par deux êtres ayant droit *à part entière* à l'existence et à leur identité propre, comme c'est le cas pour Adam et Lilith. Le chemin d'une évolution supportée par l'Amour vrai ne peut trouver son équilibre que par une comparaison constante entre les regards sur le monde que peuvent avoir ces deux êtres, à identités indépendantes, que sont l'homme et la femme. Il n'y a pas d'Amour véritable entre Adam et « son » Ève; l'Amour authentique, encore une fois, ne peut exister qu'à condition de reconnaître pleinement *l'identité* de l'Autre. Seuls Adam et Lilith peuvent porter le monde sur leurs épaules en s'aimant. Avec un Autre assujetti à vivre dans votre propre vision du monde, que reste-t-il de ces échanges réciproques de visions *différentes,* qui sont à la base de la relation d'Amour? C'est pourtant seulement quand ces échanges sont permis que l'évolution peut, à chaque instant, rechercher un « juste équilibre », et rattraper à temps les inévitables « erreurs de parcours » de la civilisation vers des objectifs qui s'avèrent, à l'expérience, ne pas être souhaitables.

On objectera que, après tout, notre civilisation ne « marche » pas si mal que cela, qu'elle a inventé l'avion et l'ordinateur, qu'elle a fait accomplir, au cours du dernier siècle, des progrès énormes à la médecine, que les moyens éducatifs se répandent de plus en plus vite à la surface de la planète entière. Tout cela est vrai, mais croit-on pour autant que les choses « marchent » si bien? Pour qui est attentif, ne distingue-t-on pas aujourd'hui des signes avant-coureurs d'une « perte d'équilibre », d'un point de rupture, dans le progrès évolutif? Le « tableau de chasse » de la civilisation masculine ne comporte pas, hélas, que des bons points, il s'en faut. J'emprunte volontairement à une femme, Mariella Righini [1], quelques « détails » supplémentaires sur les

---

1. Je recommande vivement, aux hommes qui n'ont pas encore bien pris conscience de *l'identité* de la femme, la lecture de l'excellent livre de Mariella RIGHINI, *Écoute ma différence,* Grasset, 1978.

produits actuels de la civilisation « virile » : « En un demi-siècle, j'ai déclenché deux guerres mondiales. J'ai lâché l'atome sur Hiroshima, le napalm sur le Vietnam. J'ai gazé six millions de Juifs dans les camps, j'ai surgelé cinquante millions de détenus dans le Goulag. J'ai criminalisé des opposants, psychiatrisé des dissidents. J'ai néo-colonisé les Noirs d'Afrique et d'Amérique. J'ai exécuté les Rouges dans les stades chiliens. J'ai torturé dans les cachots Algériens et Israéliens, Iraniens et Argentins. J'ai pendu, fusillé, électrocuté, guillotiné, suicidé des prisonniers. J'ai trucidé des hommes, martyrisé des enfants, violé des femmes. J'ai pillé trois continents, exterminé les ressources et les espèces. Rasé les villes, bétonné la terre, défolié les campagnes, tondu les forêts, éventré les déserts, empoisonné les mers, obscurci les cieux. J'ai bafoué la vie. »

Et je partage tout à fait l'opinion de Mariella quand elle conclut, en s'adressant à l'homme : « Je ne dis pas que moi, toute seule, je veux dire sans toi, je n'aurais pas fait aussi mal, aussi bête. Mais, jusqu'ici, c'est toi qui as porté le monde sur tes épaules. Toi seul... De l'émergence féminine dans notre civilisation unijambiste, crois-moi, tu n'as rien à perdre, et tout à gagner. Rendre l'humanité plus féminine, laissant affleurer enfin les valeurs refoulées de l'histoire, serait la rendre plus humaine. Le seul espoir, peut-être, de sauver ce qui lui reste encore de souffle et de cœur. »

Il est grand temps qu'Adam se souvienne que Dieu avait confié les destinées du monde, non pas à lui seul, mais à lui et Lilith. Il faut deux yeux pour marcher en équilibre sur le chemin escarpé et périlleux de l'évolution.

CHAPITRE XII

Les pouvoirs mal connus de l'Esprit

Trois siècles sur une mauvaise route : l'Esprit ne peut être
« enfanté » par la Matière, quelle que soit sa complexité. — L'Esprit est, au contraire, logé dans l'extrêmement simple : l'électron. — L'étude des « pouvoirs » spirituels de l'électron ouvre la
voie à l'étude des « pouvoirs » mal connus de notre Esprit. —
Deux Esprits peuvent-ils communiquer « à distance »? — L'intensité des communications entre Esprits diminue-t-elle avec la
distance? — Nous recevons des nouvelles du bout du monde.
— Le monde est à nous. — Peut-on avoir une vision du futur? —
Une conséquence de la liberté de nos Actes : pas de passé
immuable, pas de futur préexistant. — Puisque l'Amour existe,
la télépathie paraît possible. — L'Esprit est premier, et il faut
commencer par son étude.

Que l'Esprit soit, encore aujourd'hui, un phénomène mal
connu, cela paraît ne faire aucun doute pour personne. Certes,
on sait à peu près comment se manifeste ordinairement l'Esprit,
et la psychologie est la branche de la science qui s'efforce de
nous en parler. Mais que sait-on de la structure de l'Esprit
(c'est-à-dire de quoi est-il fait)? Que sait-on de ses mécanismes
de fonctionnement, et de ses « pouvoirs » (c'est-à-dire ses propriétés)? On n'est, sur ces différents points, guère plus avancé
qu'il y a quelques siècles.

On dit souvent, et j'en suis d'accord, que ce retard de l'étude
de l'Esprit par rapport à l'étude de la Matière provient de la direction qu'a délibérément choisie la Science dès le XVIIᵉ siècle, à
partir de Newton notamment. En effet, on sortait alors de la

connaissance moyenâgeuse, qui se bornait en grande partie à répéter encore ce que disait Aristote deux mille années avant. La Connaissance était alors beaucoup plus le fruit de la spéculation philosophique que de l'observation. Le tournant scientifique s'amorce avec l'intensification des techniques et de l'instrumentation d'observation. Dès lors, on se lance résolument dans l'étude de ce qui est *observable*, et on prétend même refuser (comme le remarquait Newton lui-même) de faire des « hypothèses » pour expliquer le « pourquoi » des phénomènes observés. La gravitation, nous dit Newton, je veux m'efforcer de dire « comment » elle a lieu, selon quelles lois deux corps matériels s'attirent l'un vers l'autre. Mais « pourquoi » ils s'attirent, quelle est la raison profonde qui justifie que la Nature a choisi cette particularité, plutôt que par exemple celle de faire que les corps se repoussent l'un l'autre au lieu de s'attirer, cela je n'en veux rien dire.

Il faudra en fait attendre le milieu de notre xxᵉ siècle pour trouver des physiciens découvrant, comme le notait Einstein, que *l'expérience* ne permet nullement de « créer » une théorie physique; notre représentation du monde n'est pas construite à partir des signes observables que ce monde adresse à nos sens, c'est une opération qui se déroule essentiellement « dans notre tête », c'est notre Esprit qui « imagine » l'image cohérente qu'il propose pour représenter le monde; ensuite, on pourra demander à l'expérience de *vérifier* que la représentation donnée rend compte du « comment », c'est-à-dire des phénomènes observés. Mais la représentation elle-même n'est pas « vraie », puisqu'on pourrait tout aussi bien fournir une représentation complètement différente, qui permette de rendre compte aussi bien, avec autant de précision, de l'observation expérimentale. Ce point est encore très mal compris de beaucoup de physiciens actuels, puisqu'ils sont par exemple encore nombreux à se demander si l'espace est « vraiment » courbé, comme l'a représenté Einstein dans sa théorie de la Relativité générale. Or, jamais Einstein n'a prétendu que l'espace était « vraiment » courbé; s'il l'avait fait, on aurait pu alors l'accuser de croire qu'il donnait une représentation *absolue* de notre monde, ce qui n'était en aucune façon le point de vue sur la Connaissance qu'avait le grand physicien; il savait qu'il construisait une simple « axiomatique », dont les présupposés de base (les axiomes) avaient été librement imaginés par son Esprit, et donc que la représentation du monde qu'il proposait n'était jamais que *relative*, relative aux présupposés qu'il avait imaginés (c'est là d'ailleurs le sens profond du mot Relativité).

En bref, puisque la Science avait depuis Newton choisi *l'observation* comme souveraine pour faire progresser la Connaissance, on considéra que l'Esprit lui-même et ses caractéristiques pourraient être aussi un jour expliqués à partir des faits observables. La Science des deux derniers siècles n'a donc pas (comme on le prétend parfois injustement) systématiquement *refusé* l'étude de l'Esprit, mais elle a implicitement admis que l'Esprit finirait par dévoiler ses mécanismes quand on connaîtrait mieux cette Matière que les physiciens et les biologistes étudiaient. On ne doutait pas cependant du fait que l'Esprit était un mécanisme « compliqué », et nul ne s'étonnait tellement que, même après plusieurs siècles « d'observation », l'Esprit ne soit toujours pas apparu dans la structure de la Matière. Jusque récemment encore, les biologistes les plus nombreux étaient ceux qu'on nomme aujourd'hui les « réductionnistes » : ceux-ci ont la conviction que l'Esprit et ses propriétés émanent d'une structure *extrêmement complexe* de la Matière, mais que dans son essence l'Esprit pourra être réduit à la Matière elle-même; il s'agit, en somme, de la conviction que le Vivant n'est jamais qu'un « super-robot ». Conviction toute gratuite d'ailleurs, si on veut bien y réfléchir, car rien n'a jamais pu justifier que quelque chose ressemblant, même de loin, à l'Esprit, pourrait comme « émerger » de la Matière, du seul fait qu'on a juxtaposé entre eux d'une manière suffisamment complexe les particules de cette Matière, dont chacune serait dépourvue d'Esprit. Relisons Diderot, déjà cité, qui dans sa lettre du 15 octobre 1759 à son amie Sophie Voland exprime en termes clairs cette impossibilité de voir le spirituel émerger du non-spirituel, c'est-à-dire de la Matière brute : « Supposer qu'en mettant à côté d'une particule morte une, deux ou trois particules mortes on formera un système de corps vivant, c'est avancer, ce me semble, une absurdité très forte, ou je ne m'y connais pas. Quoi! la particule A placée à gauche de la particule B n'avait point la conscience de son existence, ne sentait point, était inerte et morte; et voilà que celle qui était à gauche mise à droite et celle qui était à droite mise à gauche, le tout vit, se connaît, se sent! Cela ne se peut. Que fait ici la droite ou la gauche? »

Comment est-il possible de réfuter ce raisonnement plein de bon sens de Diderot? Comment croire que la conscience d'exister puisse jamais émerger d'un « robot » de matière, aussi complexe que puisse être l'agencement entre eux des éléments de matière de ce robot?

Et, de fait, nous commençons à nous apercevoir aujourd'hui que, si les générations scientifiques précédentes ont pleinement réussi dans l'étude de la Matière inerte, ils ont par contre fait fausse route en espérant que l'Esprit, qui les intéresse aussi naturellement, commencerait à être compris dès qu'on aurait réussi à analyser et à expliquer le comportement de structures matérielles suffisamment complexes. Ce n'est pas dans l'extrêmement complexe que se cachait l'Esprit, c'est au contraire dans *l'extrêmement simple,* dans la particule de matière la plus petite, la plus légère, la plus anciennement connue : l'électron. On conçoit qu'il s'agisse là d'un renversement complet de situation. Alors qu'on pensait que des analyses scientifiques très élaborées seraient encore nécessaires pour découvrir la structure complexe pensante, l'Esprit fait son apparition chez une particule dont l'étude théorique et expérimentale est déjà largement avancée. Alors qu'on croyait que l'Esprit ne se montrerait dans le laboratoire qu'au prix de très longues investigations, réclamant un matériel et des techniques dont on pensait qu'elles restaient encore à imaginer, l'Esprit était déjà là, juste derrière la porte du laboratoire. Encore fallait-il lui ouvrir la porte et, comme je l'ai déjà souvent noté, notre Science restait jusqu'à ces dernières années une Connaissance laissant « l'Esprit à la porte », par crainte d'une pollution des sciences dites « exactes » par les spéculations métaphysiques. Aujourd'hui, il va bien falloir que les choses changent : car si la Métaphysique est bien, comme chacun le reconnaît, la science de l'Esprit, comment l'exclure encore du laboratoire si l'on a enfin ouvert la porte à l'Esprit qui patientait depuis bien longtemps derrière cette porte? A vous de répondre, Messieurs qui vous nommez « la Science »!

Qu'on ne s'attende surtout pas à me voir commettre ici l'erreur de parler des pouvoirs « mal connus » de l'Esprit en me lançant tête baissée dans une analyse des phénomènes dits « parapsychologiques », comme la clairvoyance, la télépathie ou la télékinèse, par exemple. Aristote nous disait, souvenons-nous-en, que « pour voir les choses clairement il faut les prendre par leur commencement ». Or, ce qu'il y a d'essentiellement nouveau dans la situation de la Connaissance contemporaine vis-à-vis de l'Esprit, c'est qu'on tient enfin, précisément, le « commencement » des mécanismes de l'Esprit, dès le niveau le plus élémentaire. C'est donc en ce commencement que constitue l'électron porteur d'Esprit que je me placerai pour chercher à deviner quels sont les pouvoirs spirituels auxquels on peut s'attendre dans la « machine humaine ». Cette machine sera considérée comme contenant des électrons, donc de l'Esprit, et *ne contenant en outre pas d'autre Esprit* que celui de ces électrons qui composent la machine humaine. De cette manière, l'étude des propriétés de l'Esprit chez l'électron *individuel* va me permettre de dire à quels « pouvoirs » de l'Esprit on est en droit de s'attendre dans la machine humaine achevée. Autrement dit, je veux entamer ici une étude des pouvoirs de l'Esprit en partant de *la source* spirituelle, et non pas en considérant les manifestations de l'Esprit telles que *l'observable* peut les discerner dans le comportement de la machine humaine.

En effet, on peut discuter à perte de vue (et on le fait d'ailleurs) pour savoir si les phénomènes spirituels mal connus, comme la télépathie, existent ou non « vraiment ». Des quantités de personnes, parfaitement bien constituées sur le plan de l'esprit, et trop nombreuses pour qu'il soit raisonnable de soupçonner en bloc leur bonne foi ou leur crédulité, vous diront qu'elles ont assisté à des manifestations télépathiques. Mais d'autres personnes, tout aussi nombreuses, et dont je ne voudrais pas non plus soupçonner l'intelligence ou la bonne foi, soutien-

dront aussi énergiquement que les manifestations dites « télépathiques » ne sont, en réalité, que de simples « coïncidences »,
comme peut d'ailleurs en témoigner le calcul des probabilités.
   Je crois que tant qu'on ne savait *rien* sur les mécanismes
profonds de l'Esprit, la question de déduire les pouvoirs possibles
de l'Esprit à partir de ses manifestations « observées » était une
question mal posée. Faites défiler des êtres primitifs, n'ayant eu
que la simple expérience de leur forêt natale, devant un poste
récepteur de radio, et laissez-les en tourner les boutons. De
temps en temps, on trouvera un individu tournant, au moment
propice, le « bon » bouton, et il sortira alors de la musique du
récepteur. Pour la plupart des sujets exécutant cette expérience,
cependant, le poste restera muet, soit parce qu'il n'y a pas d'émission radio à cet instant, soit parce que l'opérateur inexpérimenté
n'aura pas découvert le « bon » bouton. Il ne serait d'ailleurs
pas interdit de considérer les « succès » comme de pures coïncidences : l'opérateur a tourné, *par hasard,* le bon bouton, et il y
avait *par hasard* une émission radio à cet instant-là. Un tel
« hasard » se prêterait, sans doute, au calcul des probabilités.
   On voit où je veux en venir. Tant qu'on ne connaît pas
comment fonctionne le récepteur radio, on ne peut s'attendre à
obtenir dans cette expérience cent pour cent de succès; on dira
encore que le phénomène étudié ne se manifeste pas avec succès
de manière « répétitive ». Par contre, dès que l'opérateur connaît
ce fonctionnement, il sera facile d'obtenir à chaque fois des
résultats positifs — même si les opérateurs sont des indigènes venus
du plus profond des forêts d'Amazonie.
   C'est la même chose pour l'Esprit. Que savions-nous, jusqu'à
récemment, de ses conditions de fonctionnement? Je n'hésiterais
pas à répondre : pratiquement rien. Sur son aspect « extérieur »,
c'est-à-dire ses manifestations, certes, nous possédions beaucoup
d'observations. La plus claire de ces observations étant d'ailleurs
que l'Esprit se manifeste avec beaucoup de *liberté,* c'est-à-dire
de manière non répétitive; nous serions souvent bien embarrassés
pour prévoir exactement comment l'Esprit d'un individu va
réagir quand on le met en face d'une situation donnée. On sait
aussi que les « signes » du monde extérieur sont transmis par nos

organes des sens à quelque chose que nous nommons notre
« Esprit » : mais comment fonctionne cet Esprit, n'est-il sensible
au monde extérieur que par les informations cheminant le long
de nos organes des sens, ou est-il capable de recevoir des informations *directement,* sans transit sensoriel? Peut-il y avoir une
communication directe de conscience à conscience? Avec l'argument du manque de répétitivité, on serait tenté de répondre
négativement. Mais ce manque de répétitivité n'est-il pas dû
à notre méconnaissance des conditions de fonctionnement de
l'Esprit, puisque de tels phénomènes « extra-sensoriels » paraissent
avoir été observés?

Mais voici que, enfin, nous commençons à discerner ce qu'est
l'Esprit et comment il fonctionne. Devançons donc les observations, et déduisons directement des propriétés du « porteur » de
l'Esprit, l'électron, les caractéristiques « scientifiquement plau-
sibles » auxquelles on doit s'attendre quand l'Esprit humain fait
étalage de ses « pouvoirs ».

Commençons par *l'action à distance.* Oublions nos organes
des sens, puisqu'on sait que l'Esprit dans nos éons n'a pas besoin
d'eux pour fonctionner. Dans les deux cellules germinales, qui
vont par leur multiplication engendrer l'être vivant complet,
par exemple, les électrons communiquent bien entre eux (puisque,
précisément, on assiste à des Actes coordonnés de l'ensemble
des cellules, et notamment la duplication cellulaire) et il n'existe
cependant pas encore d'organes des sens.

Je prends donc deux électrons isolés et je demande : peuvent-ils
communiquer par une action « à distance », c'est-à-dire par un
échange d'informations ne transitant pas par un « messager »
qui irait de l'un à l'autre?

La réponse est *affirmative,* et je n'ai nul besoin pour le prou-
ver de m'en référer aux propriétés dites « psychologiques » de
l'électron (Acte, Réflexion, Connaissance et Amour). Je prendrai simplement pour exemple l'une des propriétés *physiques* de
l'électron : l'interaction électromagnétique entre deux électrons.

Ici, il nous faut rappeler un peu de Physique élémentaire. Chacun sait que l'électron est comme une petite sphère électrisée,

ce qui lui confère la propriété d'agir sur un électron éloigné, également électrisé, qui vient à passer près de lui. Si les deux électrons en présence ont le même signe électrique ils vont se repousser; dans le cas contraire, ils vont s'attirer.

Or, et nous sommes ici devant un point particulièrement important pour notre propos, comment croit-on qu'on explique, en Physique contemporaine, l'action qu'exercent ainsi l'un sur l'autre les deux électrons?

On pourrait croire que « quelque chose » part du premier électron et va frapper le second, exerçant ainsi sur lui une certaine force qui le repousse ou l'attire; il n'en est rien, répondent les physiciens, aucun objet réel ne chemine de l'un à l'autre.

Alors, pourrait-on encore penser, c'est peut-être que chaque électron déforme l'espace autour de lui, comme c'est le cas pour rendre compte des effets gravifiques d'une masse sur l'autre; dans cet espace déformé, les électrons auraient tendance à « tomber » l'un vers l'autre (comme dans un entonnoir), ou au contraire à s'éloigner l'un de l'autre (comme ils le feraient sur la surface d'une sphère). Non, répondent encore les physiciens modernes, il n'en est rien non plus; s'il est vrai que la gravitation, et sans doute aussi les interactions entre particules du noyau atomique (interactions fortes), déforment bien l'espace, ce n'est pas le cas de l'électron. Cet électron n'est doué que d'interactions dites « faibles » et « électromagnétiques », et celles-ci ne sont pas la conséquence d'une déformation quelconque de l'espace.

Alors, comment « communiquent » donc entre eux les électrons qui s'attirent ou se repoussent, comment l'un agit-il ainsi à distance sur l'autre? Et bien, répondront nos physiciens en raisonnant comme M. Jourdain faisait de la prose, les électrons agissent l'un sur l'autre par une véritable « action à distance » : *rien* ne chemine de l'un à l'autre, mais on explique l'interaction « comme si » un photon fictif (dit pour cette raison photon « virtuel ») avait cheminé de l'un à l'autre des électrons, entraînant une force sur le premier quand il le quitte, et une force sur le second quand il l'atteint [1].

---

1. Tout cela obéissant aux lois sacro-saintes de la conservation de l'impulsion-énergie.

Notons bien, et répétons-le car si on ne le voit pas clairement on n'a rien compris de cette très curieuse transmission d'informations, il n'y a *rien* de réel cheminant de l'un à l'autre, et notamment pas le photon virtuel, qui n'existe pas vraiment et ne sert qu'à dire que « si ce photon était là » on aurait eu comme résultat de son passage de l'un à l'autre des électrons le mouvement observé dans l'interaction électrostatique des électrons. Mais le photon n'est pas là, aucun instrument de mesure ne sera donc jamais capable de le détecter. En résumé, les simples propriétés *physiques* de l'électron montrent que deux électrons sont capables de *communiquer à distance,* sans qu'il soit nécessaire pour cette communication de croire à la nécessité d'une sorte de projectile, porteur de l'information, qui comme un messager irait de l'un à l'autre. Certes, on explique le transfert d'information en « imaginant » qu'un photon allant de l'un à l'autre aurait pu faire l'affaire et expliquer le phénomène. Mais ce photon n'existe pas.

Transposons maintenant cela sur le plan de ce qu'on prétend pouvoir se passer (que cela se passe effectivement ou non, cela n'est pas ici mon propos) dans les expériences de clairvoyance. J'enferme, par exemple, un objet dans un carton de papier aux parois épaisses et sans fissures. On admet qu'*aucun objet matériel,* comme un projectile messager par exemple, ne peut traverser les parois de la boîte. Je demande alors à un personnage extérieur à la boîte, qui n'a pas vu l'objet dans la boîte, de « deviner » quel est cet objet. Ce qui m'intéresse seulement ici, c'est de savoir si, *dans le principe,* des informations contenues à l'intérieur de la boîte en papier peuvent être transmises à l'extérieur sans qu'aucun objet (messager) ne chemine de l'intérieur à l'extérieur de la boîte. Si je pense que l'émetteur et le récepteur de l'information sont des électrons, l'expérience précédente concernant l'interaction électrique des électrons entre eux nous indique qu'il faut sans nul doute répondre par l'affirmative. Ce que les physiciens nomment le « champ électrique » des électrons *intérieurs* à la boîte est sensible à des électrons situés *à l'extérieur* de la boîte, et les effets l'une sur l'autre de ces deux catégories d'électrons se feront sans qu'il soit nécessaire que quelque objet matériel vienne traverser les parois de la boîte (ce qui a d'ailleurs été supposé impossible). Si je dis maintenant que les électrons sont de simples objets de matière, sans propriétés spirituelles, le résultat précédent n'a guère de conséquences pour entamer une possibilité d'explication de la clairvoyance. Mais si les électrons sont capables d'être porteurs d'Esprit (et nous savons qu'ils le sont, et sont même les seuls à posséder cette propriété dans l'Univers), alors nous voyons les choses sous un angle très différent : nous ne pouvons pas affirmer que la machine humaine est capable de clairvoyance, mais nous pouvons en tout cas affirmer que cette machine est porteuse de particules, les électrons, qui sont capables de communiquer les unes avec les autres *à distance,* au travers de parois complètement opaques à tout projectile. En d'autres termes, nous avons en nous des particules porteuses d'Esprit qui, la Physique le démontre, sont capables de communiquer directement à distance, comme elles le font au cours de l'interaction électrique entre électrons. Dans ce cas, pourquoi ne pas penser aussi comme théoriquement possible un échange *spirituel* à distance entre ces électrons porteurs d'Esprit?

Que la clairvoyance ne soit pas encore un fait bien établi, notamment si on se base sur le critère de « répétitivité », soit; mais, puisqu'une communication directe entre électrons, même séparés par des parois impénétrables, est acceptée par la Physique contemporaine, la clairvoyance n'est-elle pas une possibilité de l'Esprit qui mériterait une investigation *scientifique* plus poussée? Je laisse chacun juge de la réponse à fournir à cette question.

Quelques mots maintenant sur les *effets de distance :* les possibilités de communication directe entre électrons diminuent-elles quand les électrons sont plus éloignés les uns des autres?

Si on compare avec les effets électriques entre électrons, il semble qu'on soit conduit à dire que l'intensité de la communication entre électrons diminue effectivement avec la distance[1].

---

1. Pour l'interaction électrostatique, cette intensité est inversement proportionnelle au carré de la distance, comme pour l'interaction gravitationnelle entre deux masses : deux fois plus loin signifie quatre fois moins intense, trois fois plus loin neuf fois moins intense, etc.

Mais il en va ici un peu de même que quand nous explorons le cosmos avec nos télescopes optiques et nos radiotélescopes : une source de lumière lointaine, comme une galaxie par exemple, émet tellement de photons dans l'espace qui l'entoure que, même si ces photons sont presque tous perdus pour nous qui regardons cette galaxie depuis notre Terre, il en reste cependant encore assez pour que nos plaques photographiques nous montrent cette galaxie éloignée. C'est vrai pour les galaxies proches comme Andromède, mais également pour celles qui sont pratiquement « au bout du monde », à des milliards d'années-lumière. Or, ce que nous voyons sur la plaque photographique, ce n'est pas autre chose que le résultat de l'impact de ces photons de lumière venant du fond de l'Univers sur les électrons de la plaque photographique. Tout ceci pour dire que nos électrons, comme ceux de la plaque photographique, sont certainement sensibles à des informations venant de *tous* les points de l'Univers, aussi éloignés soient-ils. Il y a donc bien, pour notre Esprit, diminution de l'intensité des informations reçues au fur et à mesure que ces informations viennent de plus loin; mais tellement d'informations voyagent dans l'Univers que, parmi celles-ci, il y en a néanmoins à chaque instant quelques-unes qui proviennent du « bout du monde ».

Ces remarques tendraient à donner un support scientifique à *l'astrologie,* au moins dans le sens large. Je ne veux pas entrer ici dans les nombreuses *interprétations* que peut fournir l'astrologie concernant l'influence de la position des astres sur le déroulement des événements proches de nous. Mais, encore une fois, c'est simplement *au principe* des effets auxquels je m'intéresse ici. Et je dis que, *en principe,* nos éons porteurs de notre Esprit ne sont pas à l'abri des influences du bout du monde. Et, d'ailleurs, n'est-ce pas une énorme évidence, pour qui sait voir? Comment croire que notre Univers serait fait d'objets qui ne soient pas partout en communication les uns avec les autres? Cet Univers est un vaste milieu *continu,* où chaque objet, aussi petit soit-il, n'est jamais complètement isolé de tout le reste, et n'est jamais non plus sans avoir quelqu'influence sur tout le reste. L'Un est inséparable du Tout.

Un autre point remarquable à noter, quand on pense à la communication entre eux d'électrons très distants, est ce fait qu'un électron du « bout du monde », c'est-à-dire distant de millions ou de milliards d'années-lumière, peut dans certaines conditions prendre des vitesses telles qu'il parviendra jusqu'à nous en quelques minutes seulement. Ce résultat est une conséquence de la Théorie de la Relativité d'Einstein; et il ne s'agit nullement là d'un effet « théorique », il a été parfaitement vérifié sur le plan expérimental, il l'est en fait chaque jour dans nos grands accélérateurs de particules, qui font précisément voyager des électrons à très grande vitesse. Comme on le sait, la vitesse d'un objet est *limitée* (c'est Einstein aussi qui l'a démontré), car l'énergie d'un objet quelconque croît avec sa vitesse et devient infinie à la vitesse de la lumière (300 000 kilomètres par seconde). Comme un objet, quel qu'il soit, un électron par exemple, ne peut jamais posséder une énergie plus grande qu'une énergie infinie, la vitesse limite que peut atteindre un électron est donc la vitesse de la lumière. Mais, à de telles énormes vitesses, il se passe un phénomène curieux : quand un électron (ou tout autre objet d'ailleurs) approche la vitesse de la lumière, tout se passe comme s'il parvenait à découvrir des « raccourcis » dans l'espace. Un électron provenant d'Andromède verra, s'il voyage lentement, notre Terre à deux millions d'années-lumière devant lui; mais, s'il vient vers nous à une vitesse proche de celle de la lumière, alors il verra notre Terre beaucoup plus rapprochée; cette « distance » de la Terre diminue au fur et à mesure que l'électron approche plus la vitesse de la lumière, et deviendrait rigoureusement nulle si l'électron avait *exactement* cette vitesse de la lumière. Mais un électron ne peut pas avoir « exactement » cette vitesse, car, comme nous l'avons dit, il aurait alors une énergie infinie. Il peut s'en approcher suffisamment cependant pour parcourir, grâce au « raccourci » auquel sa vitesse lui donne accès, la distance Andromède-Terre en quelques minutes, ou même quelques secondes seulement.

Des particules ayant ces vitesses très proches de celle de la lumière existent en très grand nombre dans le cosmos. On les appelle les particules primaires du rayonnement cosmique. Ce sont, pour la plupart, des protons; mais il y a aussi des électrons. Certaines de ces particules ont une telle vitesse qu'on en déduit qu'elles n'auraient mis que quelques minutes pour nous parvenir, non pas d'Andromède seulement, mais même des points *les plus reculés* du cosmos. En bref, on peut dire que, à chaque seconde, sur notre Terre, notre corps est traversé par des électrons qui, il y a quelques minutes encore, étaient sur une étoile ou une planète appartenant à l'une de ces galaxies dont on évalue la distance en milliards d'années-lumière. Mais si nous ajoutons maintenant à ces constatations expérimentales le fait que les électrons sont *les porteurs de l'Esprit* dans l'Univers, on voit que nos propres électrons peuvent profiter, à chaque instant, de l'expérience vécue par l'Esprit d'un bout à l'autre de notre Univers; nos électrons ont en effet constamment dans leur voisinage des voyageurs apportant des nouvelles des confins du cosmos. Inversement, d'ailleurs, si notre Esprit est restitué à la poussière après notre mort corporelle, cela signifie que des milliards d'électrons porteurs de notre Esprit *complet* (comme nous l'avons expliqué dans les chapitres qui précèdent) vont être libérés dans l'espace : nul doute que certains de ceux-ci finiront par devenir eux-mêmes des particules du rayonnement cosmique, ce qui signifie en clair que notre Esprit entreprendra, après notre mort corporelle, le plus grand des voyages; aucun point du cosmos ne lui sera interdit, et nous irons sans doute voir d'un peu plus près ces étoiles qui ne se découvrent à nous que comme de petits points lumineux, par les beaux soirs d'été. C'est exaltant, non!

On se demande souvent pourquoi, s'il est vrai que selon toute probabilité des milliards de planètes du ciel ressemblent à notre Terre, et donc que des milliards d'humanités comme la nôtre peuplent le cosmos (pour ne pas parler des humanités *différentes* de la nôtre, qui ont également toutes chances d'exister par milliards), on se demande pourquoi dans ces conditions nous n'avons pas de façon certaine [1] déjà constaté le « débarquement » de ces

---

1. Je sais que beaucoup pensent que des visiteurs d'une autre planète ont déjà, soit dans le passé, soit plus récemment, débarqué sur notre Terre. Je

humains de l'Ailleurs. Il est difficile, après les premiers pas encourageants que nous avons nous-mêmes accomplis en astronautique, de ne pas penser que ces humanités d'ailleurs n'auraient pas, au moins pour certaines, atteint un degré de technicité suffisant pour venir nous rendre visite.

Beaucoup d'arguments peuvent être avancés pour expliquer la « rareté » de ces visiteurs de l'Ailleurs — et, singulièrement, l'argument que nous ne sommes peut-être pas, à l'échelle de l'Univers, les êtres pensants les plus « intéressants » à visiter! Je pense cependant, personnellement, que la « bonne » réponse n'est pas celle-ci. Nous sommes effectivement visités par des porteurs de l'Esprit venant de toutes les régions de l'Univers, et cela à chaque seconde. Mais l'aventure de l'Esprit, à l'échelle de l'Univers entier, n'est pas celle des *machines* créées par l'Esprit, comme les humains de la Terre par exemple; cette aventure est celle des *éons,* c'est-à-dire celle de ces électrons porteurs de l'Esprit du monde, qui seuls sont capables de s'accélérer sans dommage jusqu'aux énormes vitesses nécessaires pour faire d'Andromède la simple « banlieue » de notre Terre.

N'allons d'ailleurs surtout pas envier l'aventure éonique, promue à un si haut destin dans l'espace et le temps : car, souvenons-nous-en à nouveau, l'aventure des éons est *notre* aventure, nous avons été éons et nous serons encore éons, nous avons été et nous serons encore un jour du « grand voyage ».

Parlons maintenant un peu *du temps.*

Nous avons vu que l'Esprit avait une connaissance du *présent* et du *passé.* Au niveau des électrons, cette mémoire du vécu passé est même, nous l'avons dit, indélébile. Les éons *ne peuvent*

l'admets volontiers comme une possibilité, mais je pense aussi que, comme la télépathie, il manque encore une étude suffisante pour avoir de ces « débarquements » une preuve rigoureuse, à l'abri de toute contestation. Qu'il soit donc bien compris ici que je ne mets en doute ni la valeur intrinsèque, ni surtout la bonne foi, des résultats de ceux qui étudient les O.V.N.I. (objets volants non identifiés). Mais, encore une fois, je préfère rester dans cet ouvrage à l'abri de ces controverses : il me paraît y avoir suffisamment d'autres éléments, démontrés par la science contemporaine, pour faire la preuve de l'universalité de l'Esprit.

oublier aucune des informations qu'ils ont mémorisées, ils possèdent une mémoire parfaite [1].

Mais les éons peuvent-ils avoir aussi une vision du *futur?* Il faut bien s'entendre ici sur l'expression « vision du futur ». Que nous ayons, nous les hommes, une certaine forme de vision du futur, c'est incontestable. Par exemple, je peux décider que je vais prendre ce livre qui est posé sur ma cheminée, et quelques secondes après je prendrai effectivement ce livre : cette possibilité de « prévoir », que démontre aussi bien l'intelligence humaine qu'animale (quoique à des degrés variables) est une certaine forme de vision du futur. On a dit que l'Homme était un animal en « projet » continuel; ce projet démontre que son Esprit est capable d'anticiper sur ses actes, et qu'il peut voir dans l'instant, au moins en partie, ce que deviendra son entourage à un instant ultérieur, précisément comme conséquence des actes qu'il a projeté d'effectuer.

Si notre Esprit humain est capable de cette forme de vision du futur, c'est qu'il en est également ainsi de l'Esprit des éons, puisque notre Esprit *est* celui des éons qui nous composent. Mais il ne s'agit pas là, en réalité, d'une véritable « vision du futur ». On peut seulement dire que ce que nous projetons de faire nous donne une idée partielle d'un *futur possible,* si rien ne vient interférer avec les actes que nous avons projetés. La véritable « vision du futur » suppose qu'on puisse avoir connaissance d'un état futur de l'Univers qui se réalisera de façon *inéluctable,* c'est-à-dire sans que rien ni personne ne puisse le changer. Car, si ce futur a une possibilité d'être modifié, aussi peu cela soit-il, nous n'avions évidemment pas eu une vision d'un futur « préexistant », mais seulement une vision d'un futur *possible,* sans existence *réelle* avant qu'il ne soit entré dans le présent.

---

1. Rappelons que ceci provient du fait que l'Esprit des éons est logé dans un espace du type « trou noir », c'est-à-dire à néguentropie non décroissante, au lieu de notre espace ordinaire de la Matière, celui où nous évoluons avec notre corps, qui est à entropie non décroissante. Dans l'espace électronique, les informations ne peuvent faire que s'accumuler, elles ne peuvent jamais « sortir » de la mémoire où elles sont venues s'enregistrer, pas plus qu'un photon de lumière ne peut sortir d'un trou noir.

A prime abord, on semblerait devoir refuser, en s'appuyant sur de simples arguments *logiques,* la possibilité d'un tel futur « figé » à l'avance, et donc refuser à l'Esprit de pouvoir discerner un tel futur figé. En effet, imaginons que ma vision du futur soit celle de la journée de demain et comporte, par exemple, la particularité de se présenter avec tel livre posé demain sur ma cheminée. Il me suffira de prendre dès aujourd'hui ce livre et de le jeter dans le feu : dès lors, il ne pourra plus être demain sur ma cheminée... et donc je n'avais pas eu une véritable vision du futur puisque le futur réel n'est pas exactement conforme à la vision que je croyais en avoir eue. On est donc là dans une impasse logique : ou bien le futur « existe » et peut alors, au moins en principe, être « vu » dès maintenant; mais alors je ne suis plus libre de mes Actes. Ou il n'existe pas, je ne peux donc pas le voir, mais je suis libre de mes Actes.

La grande question devient dans ce cas celle-ci : est-on vraiment *libre* de nos Actes? Étais-je ou non libre de retirer le livre de ma cheminée et le brûler, la veille du jour où, au cours d'une vision du futur, je l'avais aperçu le lendemain encore posé sur ma cheminée?

Je répondrais volontiers que nous sommes libres de nos Actes, que ceci paraît d'ailleurs être une observation commune, à chaque instant renouvelée; et que, même au niveau des éons, nous avons constaté que l'Esprit est un *Esprit qui cherche,* dont l'objectif évolutif lui-même n'est pas un « donné » *a priori,* mais quelque chose qui est librement choisi à chaque instant au cours de l'aventure spirituelle du monde, au fur et à mesure que l'Esprit éonique accumule l'information et accroît son niveau de conscience.

Cependant, la cause ne peut pas être entendue aussi facilement. Prenons par exemple les « modèles » d'Univers que développent les cosmologistes contemporains, comme ils le font notamment depuis que la théorie de la Relativité leur en a donné la possibilité. Ces modèles supposent que l'Univers est un espace-temps en quelque sorte « figé », où passé, présent et futur existent *simultanément.* Ces modèles nous expliquent que l'Univers est né il y a quinze milliards d'années environ, qu'il est actuellement en expansion, que cette expansion sera *inéluctablement* suivie d'une compression, débouchant sur une « fin » de l'Univers dans quelques dizaines de milliards d'années. Les données quantitatives varient d'un modèle à l'autre, c'est-à-dire suivant le physicien qui propose cette évolution de l'Univers : mais tous les cosmologistes de la Relativité ont en commun cette opinion que passé, présent et futur forment, comme ils disent, un « bloc », où le futur « existe » en quelque sorte déjà, et qu'il serait vain de tenter de modifier un futur qui est le jeu des lois physiques à l'œuvre à l'échelle de l'Univers entier, des lois qui sont *immuables* dans le temps.

Je pense que nous mettons là le doigt sur « ce qui cloche » dans le raisonnement des cosmologistes : si les lois physiques sont bien *immuables,* et entraînent donc un comportement des phénomènes physiques *exactement* prévisibles à l'avance (à supposer qu'on connaisse *exactement* toutes ces lois et les conditions initiales de l'évolution), il n'en est pas de même de l'Esprit, dont le comportement n'est pas soumis à des lois immuables, mais dépend *des informations accumulées* au cours de l'expérience vécue et du *libre choix* auquel l'Esprit procède à partir de son stock d'informations. La Matière elle-même, et nous en revenons ici à ce que nous disions dès le début de cet ouvrage, la Matière n'a pas d'existence propre en dehors de l'idée que l'Esprit se fait de ce qu'est cette Matière. La Matière, comme toute chose, est née du Verbe, c'est un enfant de l'Esprit, et comme lui sa nature profonde, en dernière analyse, est *spirituelle.* Le monde n'est, à un instant donné, que ce que l'Esprit a convenu qu'il soit. Et ceci reste naturellement vrai pour les modèles d'Univers de nos cosmologistes. Ces modèles ne décrivent nullement une réalité *absolue,* qui préexisterait à l'Esprit lui-même : ce sont seulement *des cartes,* dont tous les éléments sont issus de présupposés *imaginés par l'Esprit.* Si demain ces présupposés changent (et ils changent nécessairement avec l'accumulation d'informations nouvelles), le monde lui-même, *à la fois passé et futur,* changera. Hier, l'Esprit disait que le monde était né il y a 6 000 ans : et il était *vraiment* né il y a 6 000 ans, dans la mesure où *tous* les Esprits en avaient convenu. A la fin du siècle dernier, les scientifiques disaient que le monde avait, d'après la Science, quelques millions d'années; il en a maintenant, toujours d'après la Science, quelques milliards. Tout ceci n'est ni vrai, ni faux : les choses « ne sont pas » de manière absolue, elles ne sont que ce que l'Esprit pense d'elles.

La conclusion qu'il nous faut donner ici, c'est que *nos Actes* présents *sont bien libres,* mais qu'ils agissent sur un monde de *nature spirituelle,* et qu'à ce titre *non seulement le futur mais encore le passé* même n'ont aucune existence absolue, et ne sont à un instant donné que ce que l'Esprit formule à leur propos à ce même instant.

On ne peut donc pas avoir une « vision » d'un *futur* qui serait comme préexistant, nous ne pouvons même pas non plus avoir une vision d'un *passé* qui serait comme immuable. C'est là la conséquence de la liberté attachée à nos Actes *présents,* et plus spécialement à notre *liberté de pensée :* cette liberté entraîne la possibilité qu'un nouveau choix de présupposés pour nous représenter le monde *changera ce monde lui-même,* le passé comme le futur. Certes, nous pourrons avoir la mémoire de ce qu'hier le monde était pour nous : mais nous qualifierons d'erronée cette représentation d'hier dès qu'aujourd'hui l'aura modifiée; et la représentation d'aujourd'hui n'est pas une garantie plus sûre de ce qu'était « vraiment » le monde passé, puisque demain peut à nouveau modifier l'idée qu'on s'en fait aujourd'hui.

L'impossibilité où nous sommes d'avoir une vision *rigoureuse* du passé comme du futur n'implique nullement cependant que, dans l'instant présent, à partir de nos informations mémorisées, nous ne puissions pas dire « en gros » ce que nous pensons que, d'après ces informations et nos choix de présupposés, le monde d'hier était et le monde de demain sera. Il est même certain que, plus s'élèvera notre niveau de conscience, plus ces « cartes » dressées dans l'instant présent du passé et du futur seront conformes, jusque dans leurs détails. Mais nous ne sommes jamais à l'abri d'une *intervention de l'Esprit,* qui rendra demain caduque une plus ou moins grande partie de ces cartes.

C'est le prix que nous devons payer pour la liberté de l'Esprit. Une liberté que, cependant, nous ne payerons *jamais* trop cher.

Un mot encore sur la *transmission de pensée,* et plus généralement les phénomènes télépathiques. Ici on demande à un sujet de penser à quelque chose, tandis qu'on réclame d'un autre sujet, plus ou moins distant du premier, de dire ce que le premier a pensé. On aide cette transmission en limitant le choix des pensées entre lesquelles le premier sujet doit décider : par exemple, dans le procédé bien connu des cartes de Zener, l'« émetteur » aura le choix entre cinq symboles possibles inscrits sur de grandes cartes; la croix, l'étoile, le carré, les ondulations et le cercle. Le « récepteur » doit deviner le symbole que regarde dans l'instant l'émetteur, parmi les cinq symboles possibles. En fait, il s'agit de démontrer ici que, dans certaines conditions, il pourrait y avoir communication *directe* des consciences entre deux individus, sans passer en aucune façon par leurs organes des sens.

Mon lecteur ne s'attend pas, je suppose, à ce qu'après le chapitre précédent, où j'ai cherché à montrer que l'Amour était une forme de communication directe entre les consciences, une communication télépathique ai-je même précisé, je sois maintenant enclin à dire que ce même type de communication, lorsqu'elle est proposée par les parapsychologues, apparaît *dans son principe* comme irréalisable. Il est d'ailleurs très curieux, et à un certain point irritant, de constater que la communication directe entre les consciences occupe de larges chapitres de la Philosophie contemporaine, où cette communication est généralement reconnue comme possible (notamment dans l'Amour); et que, pendant ce temps-là, les physiciens, qui ne sont pas censés être des spécialistes de l'Esprit comme les philosophes, mais plutôt des spécialistes de la Matière, n'hésitent pas à se prononcer en grand nombre contre l'existence réelle de phénomènes télépathiques. Ici, c'est la convention sociale qui tranche, et elle uniquement : comme cette convention accepte que la Physique soit une science plus « exacte » que la Philosophie, on donne généralement raison aux physiciens contre les philosophes. On oublie seulement que

c'est aussi donner raison au non-spécialiste contre le spécialiste!
Quoi qu'il en soit, je pense que la communication directe entre
les consciences est, comme je l'ai déjà souligné, une des quatre
propriétés fondamentales de l'Esprit, au moins au niveau des éons.
Et je pense aussi qu'une meilleure connaissance du « fonctionnement » de cette propriété devrait probablement nous amener à
mieux discerner comment la machine humaine tout entière pourrait mieux « domestiquer » cette propriété télépathique. De toute
manière, et comme notre chapitre précédent l'explique, l'Amour
est la démonstration, au moins je le pense, d'une possibilité de
communication directe entre l'Esprit de deux éléments d'un
couple d'individus, que ce soit la mère et son enfant, ou un
homme et une femme, ou deux individus quelconques qui, précisément parce qu'ils communiquent sur ce plan de l'Esprit, sont
dits des individus qui s'aiment.

Nous pouvons cependant noter, à la lumière de ce que nous
avons dit sur l'Amour, que les expériences télépathiques devraient
sans doute tenir compte plus qu'elles ne le font habituellement du
caractère *complémentaire* nécessaire pour les significations qui
vont être échangées; et, par ailleurs, tenir compte du fait qu'il doit
bien s'agir d'un échange *réciproque* [1], c'est-à-dire que les *deux*
partenaires du couple télépathique doivent être *à la fois* émetteur
et récepteur. En fait, il n'est nul besoin de « se concentrer » pour
opérer une telle transmission de pensée : il suffirait par exemple,
dans son principe, que chacun des deux partenaires mémorise
d'abord des symboles en nombre limité, deux à deux complémentaires; puis, tous deux en même temps, à des instants déterminés
à l'avance, « penseraient » un symbole autorisé, et l'inscriraient sur
une feuille de papier. On chercherait ensuite à voir si les symboles
pensés simultanément sont bien deux à deux complémentaires.
Encore s'agirait-il alors de s'entendre sur ce que, au niveau des
structures d'Esprit des deux sujets qui communiquent, on entend
par symboles « complémentaires ».

Comprenons bien que je ne cherche nullement ici à définir un
processus possible d'expériences télépathiques. Mais je pense

---

1. Pour respecter notamment une propriété de conservation du spin total,
dont nous avons parlé.

que, sans aucun doute, cette communication directe entre les consciences est une propriété de l'Esprit qui est digne de faire l'objet d'études « scientifiques » suivies. Cela viendra, je pense, quand ceux qui, de leur fauteuil, décident des destinées de la Science, auront enfin suffisamment d'esprit pour affirmer que l'Esprit, lui aussi, mérite qu'on investisse sur lui quelques crédits de recherche.

Que dire des propriétés encore plus particulières de l'Esprit, que certains prétendent avoir constatées, sans que là encore ils aient réussi à faire l'unanimité : je pense à la télékinèse (déplacement d'objets à distance par le seul pouvoir de l'Esprit), ou à la communication des vivants avec des Esprits de personnes disparues, ou encore aux expériences de « sortie » de son corps (l'Esprit voit son propre corps de l'extérieur), ou à l'Esprit « réincarné » d'une personne disparue parlant par la bouche d'une personne vivante, etc.

Je suis, d'une manière générale, « sympathisant » à l'idée que des phénomènes de ce type soient plus largement étudiés; d'abord tout simplement parce que ce n'est pas une attitude acceptable de se contenter de soupçonner la bonne foi, ou l'intelligence, des personnes (et elles sont nombreuses) qui prétendent que ces types de phénomènes spirituels se sont manifestés à elles.

Mais je voudrais, pour terminer ce chapitre, dire que j'ai vis-à-vis de toutes ces propriétés « mal connues » de l'Esprit une attitude encore plus générale.

J'ai dit et redit, dans le cours de cet ouvrage, que notre représentation du monde est d'essence *spirituelle,* et que par conséquent cette représentation ne nous dit pas « ce que sont » les choses, mais seulement comment elles nous *apparaissent,* compte tenu des présupposés que nous utilisons pour les décrire, et de l'ensemble des informations qui meublent notre Esprit au moment où nous effectuons cette description. Tant que les scientifiques croiront que le progrès de leur Science s'effectue en affinant toujours plus la description d'une réalité *préexistante,* qui serait là *indépendamment* de leur propre Esprit, et qui existerait donc tout aussi bien si l'Esprit n'existait pas, on sera conduit à porter sur les soi-disant « propriétés » de l'Esprit un jugement péjoratif. « Les choses sont telles que notre tête *les peint,* il faut donc connaître cette tête », remarquait Stendhal. Si, au contraire de Stendhal, on pense que les choses sont telles que notre tête *les voit,* ce n'est plus connaître cette tête qu'il faut, c'est améliorer *la vue* dont jouit cette tête, pour lui faire mieux discerner les fins détails préexistants dans ce que nous dévoile l'Univers *de la Matière,* le seul qui constituerait, selon cette thèse, le monde dit « objectif ». En d'autres termes, le but de la Science serait une meilleure connaissance, au moyen d'un perfectionnement de l'Esprit, d'une Matière préexistante; alors que, en suivant Stendhal, nous prétendons que l'Esprit est *premier* et que, dans le plein sens du mot, l'Esprit *crée* la Matière et crée plus généralement notre représentation du monde.

Quand je dis qu'il faut prêter attention aux propriétés de l'Esprit, et étudier celles-ci en priorité sur celles de la Matière, c'est parce que je suis intimement convaincu (et je ne suis heureusement pas le seul) que *l'Esprit est ainsi premier* et ne donne pas nécessairement à plusieurs individus *la même* représentation du monde, car le monde dit « objectif » n'existe pas, il n'existe que comme une *création* de l'Esprit. Certes, nous l'avons dit, la convention sociale, et avec elle le langage qu'elle permet, fait que nous réussissons généralement à nous mettre d'accord à plusieurs sur une représentation *unique* du monde, et ceci conduit à nous faire croire de manière erronée à une certaine « objectivité » de ce monde. Mais il n'en est rien, dans son essence le monde est une représentation subjective, cette essence est spirituelle, et il est parfaitement possible que plusieurs groupes d'individus ne donnent pas, pour cette raison, la même « signification » aux mêmes « signes » du monde extérieur. Il pourra même arriver que certains individus soient *incapables* d'attribuer une signification quelconque à certains signes de ce monde extérieur; pour ceux-ci alors, ces signes ne seront pas visibles, ces individus seront aveugles à certains phénomènes, dans leur représentation du monde (qui est faite de significations « emboîtées » l'une dans l'autre), ces phénomènes seront déclarés *absents.* Cela veut-il dire que l'étude de ces signes, à la limite du visible, ne doive pas être entreprise, si ceux qui les aperçoivent et savent leur donner une signification sont suffisamment nombreux, intelligents et de bonne foi? Doit-on prétendre être tous capables de discerner *tous* les signes du monde extérieur, alors que nous ne sommes même pas capables de voir les signes que distinguent et interprètent les oiseaux migrateurs?

C'est en ce sens que je suis sympathisant, comme je l'ai dit, à un très large développement de toutes les études concernant l'Esprit et ses propriétés. Et je crois, comme André Malraux, que le prochain siècle sera celui où, enfin, l'Homme conviendra qu'il est grand temps de mieux se connaître lui-même, afin de mieux savoir ce qu'il fait : « Le vingt et unième siècle sera spirituel ou ne sera pas. »

CHAPITRE XIII

Deviens celui que tu es

Comprendre les sages et les prophètes, c'est les interpréter à travers une double trame de significations complémentaires. — La chute originelle et l'Arbre de la Connaissance. — L'Arbre de Vie et la vie éternelle. — Ton Esprit est éternel... mais éternel dans un monde créé par ton Esprit. — Deviens celui que tu es et « invente » ce monde que tu souhaites voir éclore.

Nous avons déjà insisté sur le fait que, pour améliorer notre représentation du monde en élevant notre niveau de conscience, nous devrions nous tourner aussi souvent que possible vers cette sorte de « voix intérieure » qui est capable de parler en nous. En effet, notre Esprit comporte, comme nous l'avons dit, à côté d'une petite part *consciente* faite de l'expérience vécue depuis notre naissance, une beaucoup plus large part *inconsciente,* dont l'expérience vécue porte sur des millions d'années dans le passé. La machine humaine est donc en droit de s'attendre à « mieux penser » et « mieux agir » si elle est capable d'entendre et d'interpréter cette voix de l'inconscient.

Mais, nous l'avons remarqué aussi, cette voix de l'inconscient ne parle naturellement pas notre langage de tous les jours, elle est porteuse de ces grands archétypes évolutionnels dont nous entretenait Carl G. Jung, archétypes qui émergent dans notre conscience sous forme d'un langage *symbolique.* La difficulté est alors, pour notre conscient, de savoir *interpréter* les symboles de ce langage, en lui fournissant des significations.

Pour mieux interpréter les symboles nous devons nous efforcer, comme nous l'avons expliqué dans notre chapitre sur la Connaissance, d'associer à leur sujet deux significations *complémentaires*. Entendons par là que si un sage s'exprime dans un langage symbolique, il ne suffira pas de chercher à prêter à ce langage une signification déduite directement de ce que représente pour nous les symboles exprimés, il faudra joindre cette signification à la signification *complémentaire*.

Les sages ou les prophètes, qui ont jalonné l'histoire de notre humanité, sont précisément des individus qui ont su « écouter » cette voix intérieure parlant en eux, souvent par le moyen de longues et intenses méditations. Eux-mêmes ou leurs disciples ont cherché à faire ensuite connaître aux autres hommes le fruit de cette méditation intérieure, et ils l'ont fait (ce qui ne doit nullement nous étonner) en utilisant un langage très souvent chargé de symboles. Les textes sacrés comme le Tao Tö King, la Bhagavad Gîtâ, le Coran ou la Bible sont tout imprégnés de ce langage symbolique. C'est parce que de tels textes représentent en fait, pour une large part, la voix de l'inconscient collectif parlant au conscient des Hommes, qu'ils offrent un si grand intérêt et que chaque génération s'y réfère souvent pour orienter sa pensée profonde ou son comportement.

Mais, nous venons de le souligner, il importe d'interpréter ces textes symboliques non pas en cherchant à leur donner *une* signification seulement, mais une signification *et* la signification *complémentaire*. Nous allons illustrer cette remarque sur le texte biblique de la Genèse, et voir que ceci éclaire d'un jour particulièrement intéressant l'évolution de l'Esprit dans la machine humaine.

Considérons la première partie de la Genèse, qui nous parle de la *chute originelle*. Relisons ensemble ce texte de la Genèse : « Le Seigneur Dieu prit Adam et le plaça dans le jardin d'Éden, pour le cultiver et le garder. Il lui donna cet ordre : " Tu peux manger du fruit de tous les arbres du jardin, mais le fruit de l'Arbre de la Connaissance du bien et du mal, tu n'en mangeras pas, car le jour où tu en mangerais tu mourrais certainement. "
Puis Dieu entreprend la création des animaux, et aussi d'une

femme, Ève, qu'il tire d'une côte qu'il avait enlevée à Adam [1].
« L'homme et la femme étaient nus tous deux, remarque le texte
biblique, sans en ressentir de honte. »
   Vient ensuite le serpent, qui va entraîner Ève et Adam dans ce
qu'on nomme habituellement la « chute originelle », en leur faisant
manger le fruit de l'Arbre de la Connaissance, acte interdit par
Dieu comme nous l'avons vu.
   « Si vous mangez ce fruit, dit le serpent à Ève, vous ne mour-
rez pas comme Dieu vous l'a prédit, mais vos yeux s'ouvriront et
vous serez comme des dieux, connaissant le bien et le mal. »
   On sait la suite : Ève goûta d'abord au fruit, le trouva bon, le
proposa à Adam, qui le trouva bon à son tour et en mangea également. « Alors, nous dit la Genèse, leurs yeux s'ouvrirent, ils
virent qu'ils étaient nus. »
   On distingue ici, à l'examen, des significations complémentaires
deux à deux pour interpréter l'Arbre de la Connaissance lui-même.
D'abord la signification donnée par Dieu, selon laquelle manger
ce fruit est mauvais (puisqu'on en meurt, ajoute Dieu); d'autre
part, la signification du serpent, qui fait écho à Dieu par un symbole complémentaire : manger le fruit de l'arbre est bon, puisqu'on deviendra comme des dieux, connaissant le bien et le mal.
Ce qui indique d'abord que toute connaissance du monde extérieur comporte *deux* aspects complémentaires, symbolisés par le
bien et le mal; il n'y a donc pas de connaissance absolue du
monde extérieur, la « voix de Dieu » parle en termes de bien et
de mal, le monde que nous connaissons est de nature spirituelle
(comme le bien ou le mal) et nous devons, pour le décrire, interpréter les « signes » du monde extérieur en leur fournissant des
significations deux à deux complémentaires.
   On constate aussi que le pendant à la « chute originelle » est
son complément, l'élévation du niveau de conscience d'Adam et
d'Ève; ceux-ci, après avoir mangé le fruit défendu, acquièrent la
méthode pour « connaître » (en termes de bien et mal) et
deviennent alors « comme des dieux ». C'est donc bien une

---

1. Rappelons-nous aussi qu'il existe *deux* versions de la Création; dans la
première version, c'est Adam et Lilith qui sont créés, tous deux à partir de la
terre (voir chapitre IX, « De l'Amour »).

« chute », car on peut penser qu'Adam et Ève avaient d'abord
une sorte de connaissance absolue, intuitive (et on a vu, au premier chapitre, que c'était effectivement l'état du monde « avant »
la création du Verbe). Mais ce n'est pas seulement une « chute »,
mais aussi une « élévation », puisque cette connaissance absolue
était irreprésentable dans un langage quelconque, ce que va
permettre la connaissance exprimée par un langage comportant
toujours des significations complémentaires.

En bref, ce que nous dit ici la « voix de l'inconscient », parlant
par l'intermédiaire des textes bibliques, c'est : « Méfiez-vous du
langage, il est indispensable pour permettre la représentation
du monde et élever toujours plus le niveau de conscience de
l'Esprit, mais il n'est pas représentation « absolue » des choses et
du monde, il n'est en fait qu' « illusion » par rapport à ce qui est,
il donne au monde une consistance purement spirituelle (bien et
mal).

C'est, finalement, ceci que nous avons tenté d'expliquer dans
notre chapitre sur la Connaissance, et également dans le chapitre
qui précède sur les pouvoirs mal connus de l'Esprit.

Continuons à lire la Genèse, pour interpréter maintenant ce
que nous révèle ce texte sur l'Arbre de Vie, et la vie « éternelle ».
Le Seigneur Dieu dit : « Voilà l'Homme devenu comme l'un de
nous, pour la connaissance du bien et du mal. Attention, maintenant, qu'il n'étende la main et ne prenne aussi des fruits de
l'Arbre de Vie et qu'après en avoir mangé il ne vive éternellement. » Le Seigneur Dieu expulsa alors l'Homme du jardin d'Éden,
pour qu'il cultivât la terre, d'où il avait été tiré. Après avoir chassé
l'Homme, il posta à l'orient du jardin d'Éden des chérubins armés
d'un glaive à lame flamboyante, pour garder le chemin de l'arbre
de vie.

Ainsi voit-on une nouvelle fois Dieu intervenant ici au travers
de symboles *complémentaires*. D'une part, il nous dit qu'il a placé
dans le jardin d'Éden, à côté de l'arbre interdit de la Connaissance, un autre arbre auquel l'Homme n'a pas non plus le droit de
toucher, l'Arbre de Vie; mais, d'autre part, il a mis les fruits de

l'Arbre de Vie facilement accessibles (il suffit à l'Homme d'étendre la main pour cueillir ces fruits), et cet Arbre de Vie confère à l'Homme un attribut qui est bon en soi, puisqu'il rendra l'Homme l'égal des dieux : il lui conférera la vie éternelle.

Après avoir chassé l'homme du jardin d'Éden, Dieu veut encore protéger l'Arbre de Vie de la main de l'Homme. Mais qui place-t-il pour garder ce trésor théoriquement interdit : des dragons, des reptiles aux lourdes écailles et à la bouche enflammée, des géants armés de lourdes massues? non, le Seigneur Dieu ne fait garder l'Arbre de vie que par des chérubins, c'est-à-dire de petits anges ailés semblables à ces petits « amours » qu'on aperçoit volant autour des couples qui s'aiment. Sans doute Dieu a-t-il placé des glaives dans la main de ces chérubins, mais les lames flamboyantes de ces glaives ressemblent beaucoup plus à des torches éclairantes pour désigner à l'Homme le chemin de l'Arbre de Vie qu'à des armes véritables destinées à interdire l'accès à cet Arbre.

Là encore, on voit donc autour du symbole de l'Arbre de Vie de l'Ancien Testament apparaître des significations complémentaires. Ces significations suggèrent de transcender l'image première qui se présente à l'Esprit, Dieu n'interdit nullement à l'Homme la vie éternelle, il le renvoie d'ailleurs à la terre d'où il est sorti et où il retournera (« tu es poussière et tu retourneras en poussière »), c'est-à-dire lui confère par là même un statut d'éternité (il sera *toujours* poussière) : mais, comme nous l'avons vu, s'il accède à l'Arbre de Vie, il comprendra que c'est dans cette poussière que se joue toute l'aventure spirituelle du monde; c'est précisément parce que, dans son essence, *l'Homme est poussière,* qu'il a accès à la vie éternelle. Par quel meilleur symbole pourrait-on illustrer les éons porteurs de tout l'Esprit du monde, si ce n'est par la matière la plus élémentaire, la poussière de la terre? Ce symbole d'éternité qu'est l'arbre de Vie a émergé, comme on pouvait s'y attendre, de l'inconscient vers le conscient des Hommes d'un bout à l'autre de la planète. J'ai tapissé le fond de ma chambre avec une immense tenture, qui me vient de l'Inde, et où figure cet Arbre de Vie. Je porte au cou un symbole de Vie, qui ressemble lui aussi à un arbre, que je me suis procuré en

Égypte et qui remonte aux pharaons d'il y a plus de 3 000 ans. Je me rends souvent à Bagdad et je m'émerveille toujours du mystérieux charme qui persiste dans les ruines de Babylone et de la Mésopotamie, ce berceau de l'humanité. Certes, les Ziggourats qui s'élançaient il y a 5 000 ans vers le ciel ne sont plus, bien souvent, que des amoncellements de briques : mais ces briques ont gardé leurs ailes [1], et nous disent encore comment l'Homme a rêvé de s'envoler jusqu'aux dieux du ciel pour devenir, comme eux, éternel.

Que devons-nous comprendre, à travers ce symbole de l'Arbre de Vie? Qu'il nous suffit de « tendre la main » pour avoir accès à ce qu'une voix intérieure nous désigne, et devenir conscient du fait que nous ne participons pas seulement à cet infime instant de la durée qu'est notre vie terrestre mais que, chacun de nous, nous vivons une aventure de l'Esprit qui a commencé il y a des milliards d'années, avec l'Univers lui-même, et qui ne se terminera qu'avec lui. Ce n'est pas seulement une « promesse » ou un « dogme », comme on peut le trouver cependant dans la presque totalité des religions de notre Terre. Cette vie éternelle de l'Esprit est inscrite dans la représentation du monde que nous dévoile la Connaissance, elle a la même « objectivité » que le monde extérieur lui-même.

Mais attention aussi, l'Arbre de la Connaissance du bien et du mal doit nous avoir ouvert les yeux à ce sujet : nous aurions anticipé dangereusement si nous avions été convaincus de la vie éternelle comme d'une donnée « absolue », si nous avions goûté au fruit de l'Arbre de Vie *avant* d'avoir une conscience plus juste de la valeur de la Connaissance. Cette croyance prématurée à notre vie « éternelle » n'aurait alors été qu'une volonté de puissance exacerbée, où l'Homme aurait prétendu être maître du temps lui-même : l'Homme non seulement égal de Dieu, mais encore l'Homme maître pour toujours d'un Univers à consistance « absolue », dont l'Esprit ne serait qu'un des aspects.

Rappelons encore une dernière fois ce qu'il y a au fond du

---

1. « Cette civilisation aux ailes de briques », comme le remarque si bien mon ami Christian de Bartillat dans son livre si poétique et si révélateur de symboles inconscients (*La Culture aux ailes de brique*, Albin Michel, 1979).

fruit de l'Arbre de Connaissance : l'Esprit n'est pas un simple phénomène appartenant à un Univers « objectif » (c'est-à-dire existant indépendamment de l'Esprit), l'Esprit est *le créateur* de ce que nous nommons l'Univers, avec toute la Matière et l'énergie qu'il contient. Pas d'Univers sans Esprit. L'éternité de notre Esprit ne peut donc pas être, elle non plus, une « donnée » plus objective que ce que la Connaissance nous fournit pour notre représentation du monde. Comme cette représentation, l'éternité de la vie n'est pas inscrite ici dans un temps absolu, c'est une *signification* venant s'insérer parmi les autres significations servant à nous fournir une image cohérente et harmonieuse du monde. Elle n'est ni plus vraie, ni plus fausse, que toutes les autres significations qui nous servent, à chaque instant, pour interpréter les « signes » d'un monde pour toujours inconnu et dont seul notre Esprit peut nous livrer *les apparences*. L'illusion dont doit nous avoir débarrassé le fruit de l'Arbre de la Connaissance, c'est celle de confondre ces apparences avec un monde « en soi », qui existerait indépendamment de *l'idée* qu'on se forme de lui.

Ainsi, pour que l'Homme devienne ce qu'il est au fond de sa chair, c'est-à-dire une créature ayant la conscience d'être porteuse, avec tout le reste de la création, de l'Esprit du monde, il lui suffit de tendre la main pour cueillir ces fruits merveilleux que le Seigneur Dieu a placés, bien en évidence, « au milieu » même du jardin d'Éden : les fruits de l'Arbre de Connaissance et ceux de l'Arbre de Vie.

Les fruits de ces arbres nous invitent à nous tourner plus souvent vers cette voix inconsciente intérieure que chacun de nous porte en lui, car cette voix saura, si nous sommes capables de l'entendre, nous fournir cet immense recul enjambant le passé qui conférerait à nos actes présents plus de lucidité et plus de sagesse et nous aiderait à mieux choisir l'avenir.

Car souviens-toi, ami ou amie qui me lis, ce n'est pas tant qu'il soit difficile à ton Esprit de « faire » le monde, mais bien plutôt qu'il est difficile pour toi, comme pour tes éons d'ailleurs, de discerner *ce que tu souhaites* que ce monde soit. La Connaissance et l'Amour seront capables d'élever toujours plus ton niveau de conscience, *mais garde-toi le temps suffisant de Réflexion,* afin de mieux préparer tes Actes. Ne te hâte pas, tu as tout ton temps, cette vie n'est pas la seule qui verra ta participation à l'évolution spirituelle du monde. Le fruit de l'Arbre de Vie t'a permis d'affronter la Mort, et de la défaire. Ta vie terrestre vient s'insérer dans la continuité d'une grande Vie; cette vie terrestre n'est donc ni trop courte, ni trop longue, quelle que soit sa durée; elle n'est faite ni pour courir sans penser, ni pour penser sans agir : elle est seulement faite pour être *vraiment* vécue. Vivre c'est faire un pas de plus en avant sur le chemin d'où nous venons, qui a commencé aux premiers âges de l'Univers.

N'aie aucune impatience, il viendra toujours le temps de ce que tu as choisi, car c'est toi et toi seul qui, avec ton Esprit, inventeras et donneras existence à cet Univers que tu souhaites voir éclore. Et tu possèdes l'éternité devant toi pour enfanter ce monde qui sortira de ton Esprit, et le Vivre.

Villebon, mai 1979.

Cet ouvrage
a été composé
et achevé d'imprimer
en janvier 1990
par l'Imprimerie Floch à Mayenne
pour les Éditions Albin Michel

AM

N° d'édition 11038. N° d'impression 28902
Dépôt légal : janvier 1990

Imprimé en France